住房和城乡建设领域"十四五"热点培训教材

建设工程造价经济技术
指标·指数分析案例

（市政类）

建成工程咨询股份有限公司　著

中国建筑工业出版社

图书在版编目（CIP）数据

建设工程造价经济技术指标·指数分析案例.市政类 /
建成工程咨询股份有限公司著 .—北京：中国建筑工业
出版社，2023.8（2024.11重印）

住房和城乡建设领域"十四五"热点培训教材

ISBN 978-7-112-28861-8

Ⅰ.①建…　Ⅱ.①建…　Ⅲ.①建筑造价—指标—分析—
案例②建筑造价—指数—分析—案例　Ⅳ.① TU723.3

中国国家版本馆 CIP 数据核字（2023）第 113939 号

本书节选建成工程咨询股份有限公司智能工程大数据系统的工程造价指标、指数数据，包括道路、隧道、桥梁、公园、管网等指标分析案例，以及常用材料价格趋势、指数分析，通过对造价数据的深层挖掘，形成规范化、清晰化的造价指标。本书建立了高效、优质的项目划分方式，并对项目的主要工程概况进行清晰的描述，以图表形式展现项目的专业指标及造价构成；运用指数运算方式对项目材料的价格趋势进行分析及预测，以辅助结合实际项目进行项目造价指标市场的价格预估。

本书可供工程造价从业人员、建筑行业相关部门（包括政府及行业管理部门、建设单位及其他参与项目管理的单位）借鉴参考。

读者阅读本书过程中，如有问题，请与编辑联系。微信号：13683541163，邮箱：5562990@qq.com。

责任编辑：周娟华

责任校对：张　颖

校对整理：董　楠

住房和城乡建设领域"十四五"热点培训教材
建设工程造价经济技术指标·指数分析案例
（市政类）
建成工程咨询股份有限公司　著
＊
中国建筑工业出版社出版、发行（北京海淀三里河路9号）
各地新华书店、建筑书店经销
北京雅盈中佳图文设计公司制版
建工社（河北）印刷有限公司印刷
＊
开本：787毫米×1092毫米　1/16　印张：$17\frac{1}{2}$　字数：423千字
2024年1月第一版　2024年11月第二次印刷
定价：**88.00**元
ISBN 978-7-112-28861-8
　（41235）

本书编委会

主　编：胡健琨　赵穗迎

副主编：陈燕霞　林锦柱　伍玉丹

参　编：李向建　徐千杰　张佳伟

　　　　高锦辉　陈　达　吴立浩

　　　　梁国洪　郑永润　黄云峰

主　审：张素华

序

自电子计算机发明以来，社会经济发生了重大变化。大数据、云计算、区块链、人工智能等数字技术的出现对传统产业造成了巨大的冲击，也为传统行业注入了崭新的内容并带来空前的活力。

工程造价由原计划经济时期的工程概预算而来，随着改革开放而生长。我国工程造价管理主要基于计价依据而管理，有别于欧、美等西方国家依靠市场定价、合同条款为主要管理手段。随着我国市场经济的迅猛发展，以经济建设为中心的指导思想下，计划经济时代因社会发展基础薄弱、生产力不足而采用的传统计价办法已渐不满足市场交易的需求。2020年，《住房和城乡建设部办公厅关于印发工程造价改革工作方案的通知》（建办标〔2020〕38号）明确，改革工作的主要任务"（三）加强工程造价数据积累：加快建立国有资金投资的工程造价数据库，按地区、工程类型、建筑结构等分类发布人工、材料、项目等造价指标指数，利用大数据、人工智能等信息化技术为概预算编制提供依据。加快推进工程总承包和全过程工程咨询，综合运用造价指标指数和市场价格信息，控制设计限额、建造标准、合同价格，确保工程的投资效益得到有效发挥。"在此政策基础上，无论是工程造价管理部门还是专业咨询人士，乃至于每一个造价工作者，都要尽快利用以大数据为基础的计算机技术对工程造价行业的深度改革，尽快建立行业、公司、个人的数据库，要尽快掌握后疫情时代下新经济环境和计算机技术飞速发展背景下工程造价应采用的新技术和新方法。

建成工程咨询股份有限公司一如既往地顺应社会发展及行业变革的大趋势，一直非常重视企业信息化建设工作，并加大投入研发建设企业自己的工程造价数据库。编写出版《建设工程造价经济技术指标·指数分析案例（市政类）》亦是我们对国内工程造价市场化改革实践的探索，我们希望是行业的探路人、先行者，使读者能在改革的浪潮中有一个参照的基点，在为行业改革和行业水平的提高打下基础外，还能推动工程造价行业大数据的应用和发展。工程造价行业在数字化时代抓住跨越式发展的宝贵机会，并依此为基础丰富行业中的市场因素、经济因素，才能更加从容应对不断丰富、发展的市场经济需求，主动向建筑行业工业化、商品化、数字化的方向转型升级。

黄守新

广东省建设工程标准定额站　站长

前言

欢迎翻开《建设工程造价经济技术指标·指数分析案例（市政类）》！看到您手捧本书专心阅读，让我们倍感欣慰。本书的同系列出版物《建设工程造价经济技术指标·指数分析案例（房屋建筑类）》（以下简称前作）出版以来，好评如潮，对此我们倍感荣幸！同时，我们也非常乐于为您展示我们利用大数据技术在工程造价领域的一些尝试和成果。在前作中我们的同行朋友也为书籍提出了很多宝贵意见，在此我们表示衷心感谢！我们的理念思想从未动摇：本书既可供本行业的工作者和专业人员参考，也要切合普通读者在没有专业背景下能广泛全面、易于阅读的需求。

如果你熟悉前作的内容，就会发现很多内容的展现形式并没有太大变化。第一章是从建成工程咨询股份有限公司智能工程大数据系统中选取的部分典型工程造价指标、指数数据，以供读者们参考。第二章是建设工程常用材料价格趋势、指数分析，主要对市政类工程造价占比较大的部分常用材料的信息价或市场价进行收集并分析其价格变化趋势，形成近三年价格指数，以作为工程造价市场化指标分析预测的参考应用。

我们相信，这本书能对业主单位、代建单位、设计单位、咨询单位、行业管理人员及普通读者提供参考。

由于本书选取的项目案例具有典型性及地区性特点，本书难免有疏漏和不足之处，欢迎业界朋友多提宝贵意见，如蒙雅正，不胜感激！

编者

目　录

第一章

建设工程造价经济技术指标案例

说　　明

一、本章节所有工程（项目）均以直观的图表形式，反馈案例项目的工程概况信息、工程造价指标及占比情况，从多维度分析各类工程各专业的经济指标，各图表具体情况说明如下：

1. 工程概况表

工程概况表包含计价时期、计价地区、建设类型、工程造价、计价依据、计税模式及各案例工程（项目）的各专业的主要做法及基础信息。

例如：

工程概况表　　　　　　　　　　　　　　　　　　　表 1-9-1

计价时期	年份	2018	计价地区	省份	广东	建设类型	新建
	月份	8		城市	佛山	工程造价（万元）	3914.01
计价依据（清单）		2013	计价依据（定额）		2010	计税模式	增值税

计价依据（清单）"2013"：是指依据《建设工程工程量清单计价规范》GB 50500—2013 编制；

计价依据（定额）"2010"：是指依据《广东省市政工程综合定额（2010）》《广东省安装工程综合定额（2010）》《广东省园林绿化工程综合定额（2010）》《广东省建筑与装饰工程综合定额（2010）》编制；

计价依据（定额）"2018"：是指依据《广东省市政工程综合定额（2018）》《广东省通用安装工程综合定额（2018）》《广东省园林绿化工程综合定额（2018）》《广东省房屋建筑与装饰工程综合定额（2018）》编制。

2. 工程造价指标分析表

工程造价指标分析表包含工程（项目）总面积、总长度、经济指标、工程造价、造价比例等信息，除工程造价指标分析表下方有特别备注计算基础外，其余经济指标均以总面积、总长度为计算基础。

例如：

工程造价指标分析表　　　　　表 1-9-2

总面积（m²）	18368.75		经济指标（元/m²）		2130.80
总长度（m）	680.32		经济指标（元/m）		57531.51
专业	工程造价（万元）	造价比例	经济指标（元/m²）		经济指标（元/m）
地基处理	929.19	23.74%	505.86①		—
道路	737.31	18.84%	401.39		10837.60
绿化及喷灌	268.26	6.85%	146.04		3943.11
照明	76.57	1.96%	41.68		1125.46
交通设施及监控	58.20	1.49%	31.68		855.41
排水	578.22	14.77%	314.78		8499.19
综合管廊	1266.27	32.35%	689.37②		18621.61③

①地基处理指标是以处理面积为计算基础。
②③综合管廊指标以综合管廊水平投影面积、综合管廊长度为计算基础。

"经济指标（元/m²）"：是指以面积为计算基础，计算各工程（项目）各专业每平方米的经济指标。

"经济指标（元/m）"：是指以长度为计算基础，计算各工程（项目）各专业每米的经济指标。

"造价比例"计算公式：各专业造价比例（%）= 专业工程造价/项目工程造价。

其中，专业工程造价为"工程造价指标分析表"的各专业的工程造价；项目工程造价为"工程概况表"的工程造价。

3. 经济指标对比

经济指标对比图是以柱状图形式，呈现各专业在工程（项目）中每平方米的经济指标。经济指标对比图是以总面积为计算基础。

经济指标计算公式：各专业经济指标 = 各专业工程造价/总面积

其中，专业工程造价为"工程造价指标分析表"的各专业的工程造价；总面积为"工程造价指标分析表"的总面积。

4. 专业造价占比

专业造价占比是以饼状图形式，呈现"工程造价指标分析表"中各专业的造价比例。

二、本章建设工程造价经济技术指标案例包括道路工程、隧道工程、桥梁工程、综合项目、公园、附属工程（管网工程）。具体划分如下：

1. 道路工程

道路工程包括道路及附属绿化及喷灌、照明、交通设施及监控、给水、排水、渠、涵、海绵城市、综合管廊、管沟、地基处理、其他工程，不包括大型土石方，具体内容见指标工程概况表。

1.1　道路工程按道路类别划分为沥青混凝土道路、水泥混凝土道路；按道路等级划分为主干道、次干道、支道。

1.2　道路工程的附属工程包含内容如下：

1.2.1　道路工程中的道路软基处理按常用软基处理方式（例如：堆载预压法、塑料排水板、水泥搅拌桩、旋喷桩、换填砂碎石、换填石屑、换填土方等）设置；

1.2.2　附属绿化及喷灌包括栽植乔木、灌木、露地花卉及地被、绿化配套等；

1.2.3　附属照明包括主要光源及数量；

1.2.4　附属交通设施及监控包括标识标线、信号灯、视频监控、电子警察等；

1.2.5　附属给水包括主要管道及管径、检查井类别及座数、支护方式等；

1.2.6　附属排水包括主要管道材质及管径、检查井类别及座数、支护方式等；

1.2.7　渠、涵包括渠、涵类型及尺寸信息等；

1.2.8　海绵城市包括绿化带的雨水花园、透水管主要管道及其他；

1.2.9　综合管廊包括综合管廊的尺寸信息、基坑支护方式、软基处理、外壁防水做法、地板防水做法、顶板防水做法、管廊内包含系统（如智能化配电系统、智能应急疏散照明系统、电气火灾监控系统等）等；

1.2.10　附属管沟包括电缆沟、人孔井、电缆保护管、检查井、排管等；

1.2.11　附属其他包括路基监测、管线迁改工程、预留沟、亲水平台、园建工程等；

以上具体内容见指标工程概况表。

2.隧道工程

隧道工程包括隧道及附属绿化及喷灌、照明、交通设施及监控、给水、排水、渠、涵、海绵城市、其他工程，具体内容见指标工程概况表。

2.1　隧道工程按隧道类别划分为交通隧道、人行隧道；按穿越介质划分为地下隧道、山岭隧道；按开挖方式划分为明挖法、盾构法、传统矿山法。

2.2　隧道指标考虑隧道开挖深度、内径、外径截面面积、宽度、高度，敞开段和暗埋段水平投影面积、长度，隧道工程指标包括隧道基础、围护结构、主体结构等内容，具体内容见指标工程概况表。

2.3　隧道工程的附属工程包含内容如下：

2.3.1　附属绿化及喷灌包括栽植乔木、灌木、露地花卉及地被等；

2.3.2　附属照明包括主要光源及数量；

2.3.3　附属交通设施及监控包括标识标线、信号灯、视频监控、电子警察等；

2.3.4　附属给水包括主要管道及管径、检查井类别及座数、支护方式等；

2.3.5　附属排水包括主要管道材质及管径、检查井类别及座数、支护方式等；

2.3.6　渠、涵包括渠、涵类型及尺寸信息等；

2.3.7　附属其他包括地基处理、翻挖恢复道路、排水边沟、泵站结构等；

以上具体内容见指标工程概况表。

3. 桥梁工程

桥梁工程包括桥梁及附属绿化及喷灌、照明、交通设施及监控、电力、管沟工程，具体内容见指标工程概况表。

3.1　桥梁工程按桥梁类别划分为立交高架桥、人行天桥、跨江（河）桥；桥梁分类划分为大桥、中桥；按结构类型划分为梁式桥、钢架桥、组合桥、混合式结构桥、桁架桥。

3.2　桥梁工程指标包括基础工程、下部结构（桥墩）、上部结构（主梁）、桥面铺装工程等内容，不包括桥梁艺术装饰等内容。

3.3　部分人行天桥工程考虑天桥电梯和相应的结构费用，具体内容见指标工程概况表。

4. 综合项目

综合项目包括道路、隧道、桥梁等专业工程的不同组合，不同专业工程包括的工程内容、类别划分原则等与上述各专业工程的描述一致，具体内容见指标工程概况表。

5. 公园

公园包括园建、绿化及附属照明、交通、给水、排水工程、其他，具体内容见指标工程概况表。

5.1　园建工程包括园路及铺装、广场、亲水栈道、生态碧道、驿站/书吧等服务用房、楼台亭阁、休息平台、廊架、运动场地、游乐场地及设施、停车场等工程，具体内容见指标工程概况表。

5.2　绿化工程综合考虑乔木、灌木、露地花卉、地被及绿化配套，具体内容见指标工程概况表。

6. 附属工程

附属工程（管网工程）包括道路、地基处理、绿化及喷灌、交通设施及监控、给水管网、其他工程，具体内容见指标工程概况表。

三、建设工程造价经济技术指标中结构特征和材料组成与实际工程不同时，可按分项指标相应项目进行调整。

四、工程量计算规则

1. 道路工程

1.1　道路面积包括机动车道、人行道、非机动车道、绿化带面积。道路宽度包括机动车道、非机动车道、人行道路、绿化带的宽度。

1.2　道路工程中的道路和附属绿化及喷灌、照明、交通设施及监控、给水、排水、渠、涵、海绵城市、管沟、其他工程分别按总面积、总长度以 m^2、m 计算；地基处理按地基处理面积以 m^2 计算；综合管廊分别按综合管廊水平投影面积、综合管廊长度以 m^2、 m 计算。总面积为道路面积，总长度为道路长度，具体内容见指标说明。

2. 隧道工程

隧道工程中的隧道和附属绿化及喷灌、照明、交通设施及监控、给水、排水、渠、涵、海绵城市、其他工程分别按隧道水平投影面积、隧道长度以 m²、m 计算；地基处理按地基处理面积以 m² 计算。具体内容见指标说明。

3. 桥梁工程

桥梁工程中的桥梁和附属绿化及喷灌、照明、交通设施及监控、管沟工程分别按桥梁水平投影面积、多孔跨径以 m²、m 计算，其中人行天桥水平投影面积包括主桥面积和梯道面积，人行天桥总长度包括多孔跨径和梯道长度。具体内容见指标说明。

4. 综合项目

综合项目中的道路、隧道、桥梁分别按照道路面积与长度、隧道水平投影面积与隧道长度、桥梁水平投影面积与多孔跨径以 m²、m 计算；附属绿化及喷灌、照明、交通设施及监控、给水、排水、渠、涵、海绵城市、管沟、其他工程分别按总面积、总长度以 m²、m 计算；地基处理按地基处理面积以 m² 计算；综合管廊分别按综合管廊水平投影面积、综合管廊长度以 m²、m 计算。其中总面积为道路面积、隧道水平投影面积、桥梁水平投影面积（其中人行天桥水平投影面积包括主桥面积和梯道面积）的总和，总长度为道路长度、隧道长度、桥梁多孔跨径，具体内容见指标说明。

5. 公园

公园按总面积以 m² 计算，总面积包括园建面积和绿化面积。园建按园建面积以 m² 计算；绿化按绿化面积以 m² 计算；交通、照明、给水、排水、其他工程按总面积计算。具体内容见指标说明。

6. 附属工程（管网工程）

附属工程（管网工程）中的道路和附属绿化及喷灌、照明、交通设施及监控、给水、排水、海绵城市、管沟、其他工程分别按道路面积、供水管道长度以 m²、m 计算；地基处理按地基处理面积以 m² 计算。具体内容见指标说明。

第一节 道路工程

某沥青主干道1

工程概况表 表 1-1-1

计价时期	年份	2020	计价地区	省份	广东	建设类型	新建
	月份	12		城市	惠州	工程造价（万元）	14822.44
计价依据（清单）		2013	计价依据（定额）		2018	计税模式	增值税
道路工程							
道路等级	主干道		道路类别	沥青混凝土道路		车道数（双向）	6 车道
道路面积（m²）	120724.92			机动车道面积（m²）		69825.52	
				人行道面积（m²）		9249.70	
				非机动车道面积（m²）		9249.70	
				绿化带面积（m²）		32400.00	
道路长度（m）	2700.00			道路宽度（m）		42.00	
道路	机动车道		面层做法	4cm 细粒式改性沥青混凝土（AC-13C）+6cm 中粒式改性沥青混凝土（AC-20C）+8cm 粗粒式沥青混合料（AC-25C）			
			基层做法	18cm5% 水泥稳定碎石 +18cm5% 水泥稳定碎石 +18cm4% 水泥稳定碎石			
			机动车道平石	花岗岩			
			平石尺寸	100mm × 250mm × 500mm			
	人行道		面层做法	15cmC20 透水混凝土			
			基层做法	15cm 级配碎石			
			侧石尺寸	150mm × 400mm × 500mm			
			压条尺寸	600mm × 250mm × 50mm			
	非机动车道		面层做法	15cmC20 透水混凝土			
			基层做法	15cm 级配碎石			
	绿化带		侧石尺寸	150mm × 400mm × 500mm			
			绿化带宽度（m）	6+3 × 2			

续表

附属工程	
绿化及喷灌	乔木（胸径）：香樟 25cm、大腹木棉 25~30cm、腊肠树 19~20cm；养护期：12 个月
	灌木（苗高 × 冠幅）：万年麻 100cm×100cm、华灰莉 120cm×100cm；养护期：12 个月
	露地花卉及地被（种植密度）：大叶龙船花 36 株 /m²、海南洒金榕 36 株 /m²、马尼拉草满铺；养护期：12 个月
	绿化配套：全圆自动喷嘴，射程 1~3m
照明	LED 灯 157 套
交通设施及监控	标识标线、信号灯、视频监控
排水	污水：高密度聚乙烯管（HDPE）φ200~φ500、混凝土井 203 座
	雨水：混凝土管 φ400~φ1800、混凝土井 206 座
	支护方式：钢板桩
管沟	电缆沟、人孔井、电缆保护管、新建 6 根哈夫管 φ160+ 新增 4 根电力管 φ160
其他	景观工程，电力迁改

工程造价指标分析表　　　　　　　　　　表 1-1-2

总面积（m²）	120724.92	经济指标（元 /m²）		1227.79
总长度（m）	2700.00	经济指标（元 /m）		54897.94
专业	工程造价（万元）	造价比例	经济指标（元 /m²）	经济指标（元 /m）
道路	7307.05	49.30%	605.26	27063.13
绿化及喷灌	591.33	3.99%	48.98	2190.11
照明	397.49	2.68%	32.93	1472.20
交通设施及监控	296.39	2.00%	24.55	1097.73
排水	3924.73	26.48%	325.10	14536.03
管沟	1409.17	9.51%	116.73	5219.15
其他	896.29	6.04%	74.24	3319.59

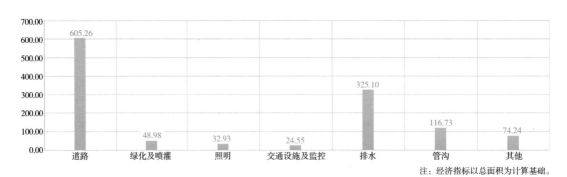

注：经济指标以总面积为计算基础。

图 1-1-1　经济指标对比（元 /m²）

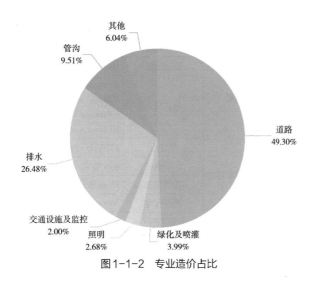

图1-1-2　专业造价占比

某沥青主干道2

工程概况表

表1-2-1

计价时期	年份	2014	计价地区	省份	广东	建设类型	新建
	月份	9		城市	佛山	工程造价（万元）	4017.98
计价依据（清单）		2013	计价依据（定额）		2010	计税模式	营业税
道路工程							
道路等级		主干道	道路类别	沥青混凝土道路		车道数（双向）	4车道
道路面积（m²）		42792.00		机动车道面积（m²）	26709.00		
				人行道面积（m²）	6857.00		
				非机动车道面积（m²）	3097.00		
				绿化带面积（m²）	6129.00		
道路长度（m）		1090.00		道路宽度（m）	40.00		
道路		机动车道	面层做法	4cm 细粒式改性沥青混凝土（AC-13C）+5cm 中粒式沥青混凝土（AC-20C）+7cm 粗粒式沥青混凝土（AC-25C）			
			基层做法	18cm 4.5% 水泥稳定碎石 +18cm 4% 水泥稳定碎石 +20cm 3.5% 水泥稳定石屑			
			机动车道平石	水泥混凝土			
			平石尺寸	1000mm × 250mm × 150mm			

续表

道路	人行道	面层做法	4cm 烧结砖面砖
		基层做法	10cmC15 混凝土 +8cm 未筛分碎石
		侧石尺寸	1000mm×200mm×100mmA4 型花岗岩缘石、1000mm×250mm×120mmA3 型花岗岩缘石、1000mm×250mm×120mmA3R 型花岗岩缘石、1000mm×500mm×250mm 特 5 型花岗岩防撞缘石
		车止石	ϕ250mm×600mm 花岗岩
	非机动车道	面层做法	4cm 细粒式改性沥青混凝土（AC–13C）
		基层做法	15cm 水泥混凝土 +8cm 未筛分碎石
	绿化带	侧石尺寸	1000mm×250mm×120mmA3 型花岗岩缘石
		绿化带宽度（m）	6
附属工程			
地基处理	处理面积 30341.92m^2，处理方式为换填砂碎石		
绿化及喷灌	乔木（胸径）：大腹木棉 25~26cm、尖叶杜英 25~26cm、凤凰木 23~24cm、串钱柳 13~14cm、秋枫 15~16cm、水石榕 10~11cm、宫粉紫荆 7~8cm；养护期：12 个月		
	灌木（苗高 × 冠幅）：细叶紫薇 150cm×120cm、红千层 150cm×120cm、红乌桕 150cm×120cm、勒杜鹃球 120cm×120cm、桂花 150cm×120cm、毛杜鹃球 120cm×120cm、硬枝黄蝉 100cm×100cm、鸳鸯茉莉 100cm×100cm、胡椒木 100cm×100cm；养护期：12 个月		
	露地花卉及地被（种植密度）：毛杜鹃 36 株 /m^2、银边草 36 株 /m^2、鸭脚木 36 株 /m^2、剪刀兰 36 株 /m^2、彩叶草 36 株 /m^2、葱兰 36 株 /m^2、肾蕨 36 株 /m^2、紫花马樱丹 49 株 /m^2、风雨花 36 株 /m^2、玉龙草 81 株 /m^2、台湾草满铺；养护期：12 个月		
照明	LED 灯 83 套		
交通设施及监控	标识标线、信号灯、视频监控、电子警察		
排水	污水：高密度聚乙烯管（HDPE）ϕ400~ϕ500、砌筑井 56 座		
	雨水：混凝土管 ϕ800、砌筑井 30 座		
	支护方式：钢板桩		
渠、涵	渠、涵类型：混凝土箱涵，体积：2070m^3，尺寸：长 × 宽 × 高为 50m×9.2m×4.5m		

工程造价指标分析表　　　　　表 1-2-2

总面积（m^2）	42792.00	经济指标（元 /m^2）		938.96
总长度（m）	1090.00	经济指标（元 /m）		36862.17
专业	工程造价（万元）	造价比例	经济指标（元 /m^2）	经济指标（元 /m）
地基处理	383.35	9.54%	126.34[①]	—
道路	1702.54	42.37%	397.87	15619.67
绿化及喷灌	446.77	11.12%	104.40	4098.78
照明	144.94	3.61%	33.87	1329.75
交通设施及监控	415.41	10.34%	97.08	3811.14
排水	809.31	20.14%	189.13	7424.87
渠、涵	115.64	2.88%	27.02	1060.94

①地基处理指标是以处理面积为计算基础。

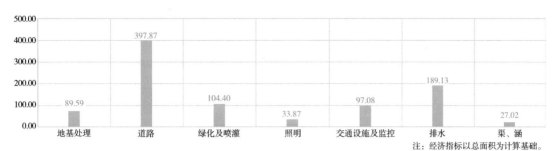

图 1-2-1 经济指标对比 (元 /m²)

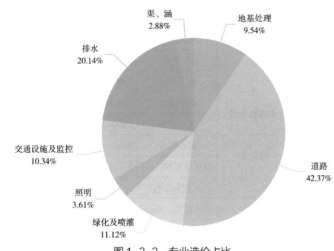

图 1-2-2 专业造价占比

某沥青主干道 3

工程概况表   表 1-3-1

计价时期	年份	2021	计价地区	省份	广东	建设类型	新建
	月份	6		城市	佛山	工程造价 （万元）	1325.16
计价依据（清单）		2013	计价依据（定额）		2018	计税模式	增值税
道路工程							
道路等级	主干道		道路类别	沥青混凝土道路		车道数 （双向）	4 车道
道路面积（m²）	16009.88		机动车道面积 （m²）		11161.15		
			人行道面积 （m²）		2653.88		
			非机动车道面积 （m²）		1281.55		
			绿化带面积 （m²）		913.30		

续表

道路长度（m）	500.00		道路宽度（m）	30.00
道路	机动车道	面层做法	4cm 细粒式改性沥青混凝土（AC-13C）+6cm 中粒式沥青混凝土（AC-20C）	
		基层做法	18cm5% 水泥稳定碎石 +18cm4% 水泥稳定石屑 +15cm 未筛分碎石	
		机动车道平石	水泥混凝土	
		平石尺寸	1000mm×250mm×100mm	
	人行道	面层做法	6cm 建菱砖	
		基层做法	12cmC20 混凝土	
		侧石尺寸	500mm×150mm×300mm	
		压条尺寸	750mm×100mm×100mm	
		车止石	ϕ200mm×1000mm 花岗岩	
		树穴尺寸	1000mm×1000mm	
	非机动车道	面层做法	4cm 细粒式改性沥青混凝土（AC-13C）	
		基层做法	15cmC20 混凝土	
	绿化带	侧石尺寸	500mm×200mm×450mm	
		绿化带宽度（m）	2	
附属工程				
绿化及喷灌	乔木（胸径）：大腹木棉 18~20cm、凤凰木 15~18cm；养护期：12 个月			
	露地花卉及地被（种植密度）：龙船花 36 株 /m²、雪茄花 36 株 /m²、狗尾草 36 株 /m²；养护期：12 个月			
照明	LED 灯 41 套			
交通设施及监控	标识标线			
给水	聚乙烯管（PE）ϕ20~ϕ80、无支护			
排水	污水：混凝土管 ϕ600~ϕ1200、混凝土井 15 座			
	雨水：混凝土管 ϕ600~ϕ1200、混凝土井 16 座			
	支护方式：无支护			

工程造价指标分析表　　　　　　　表 1-3-2

总面积（m²）	16009.88	经济指标（元 /m²）		827.71
总长度（m）	500.00	经济指标（元 /m）		26503.13
专业	工程造价（万元）	造价比例	经济指标（元 /m²）	经济指标（元 /m）
道路	769.59	58.07%	480.70	15391.83
绿化及喷灌	71.58	5.40%	44.71	1431.55
照明	56.25	4.25%	35.14	1125.08
交通设施及监控	62.72	4.73%	39.17	1254.37
给水	12.59	0.95%	7.86	251.73
排水	352.43	26.60%	220.13	7048.57

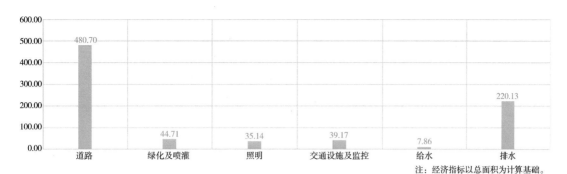

图 1-3-1 经济指标对比（元/m²）

注：经济指标以总面积为计算基础。

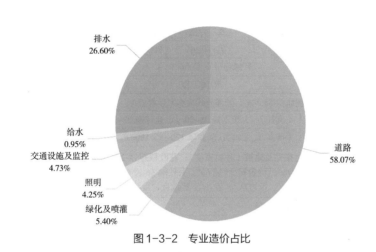

图 1-3-2 专业造价占比

某沥青主干道 4

工程概况表   表 1-4-1

计价时期	年份	2018	计价地区	省份	广东	建设类型	新建
	月份	8		城市	佛山	工程造价（万元）	5458.27
计价依据（清单）		2013	计价依据（定额）		2010	计税模式	增值税
道路工程							
道路等级	主干道		道路类别	沥青混凝土道路		车道数（双向）	6 车道
道路面积（m²）	33543.42			机动车道面积（m²）		23116.76	
				人行道面积（m²）		5340.16	
				非机动车道面积（m²）		2065.10	
				绿化带面积（m²）		3021.40	

续表

道路长度（m）			841.77	道路宽度（m）	36.00
道路	机动车道	面层做法	4cm细粒式改性沥青混凝土（AC-13C）+5cm中粒式普通沥青混凝土（AC-20C）+7cm粗粒式普通沥青混凝土（AC-25C）		
		基层做法	18cm5.5%水泥稳定碎（砾）石+18cm5%级配碎石+18cm4.5%级配碎石		
		机动车道平石	水泥混凝土		
		平石尺寸	250mm×170mm		
	人行道	面层做法	5cm彩色透水砖		
		基层做法	18cmC25原色透水混凝土+12cm级配碎石		
		侧石尺寸	800mm×100mm×150mm		
	非机动车道	面层做法	18cmC25原色透水混凝土		
		基层做法	17cm级配碎石		
	绿化带	侧石尺寸	800mm×300mm×150mm、500mm×650mm×150mm		
		绿化带宽度（m）	3		
附属工程					
地基处理	处理面积8899m²，处理方式为水泥搅拌桩				
绿化及喷灌	乔木（胸径）：大腹木棉28~30cm、蓝花楹23~25cm、麻楝13~14cm；养护期：12个月				
	灌木（苗高×冠幅）：灰莉球120cm×120cm；养护期：12个月				
	露地花卉及地被（种植密度）：花叶假连翘25袋/m²、大花芦莉25袋/m²、双面红继木36袋/m²、黄金榕25袋/m²、毛杜鹃36袋/m²、龙船花36袋/m²、韭兰49袋/m²、葱兰49袋/m²、银边草49袋/m²、爬墙虎、台湾草30cm×30cm/件；养护期：12个月				
照明	LED灯119套				
交通设施及监控	标识标线、信号灯、视频监控、电子警察				
排水	污水：高密度聚乙烯管（HDPE）φ400~φ800、混凝土井65座				
	雨水：高密度聚乙烯管（HDPE）φ300~φ1000、混凝土井60座				
	支护方式：钢板桩				
渠、涵	渠、涵类型：混凝土箱涵修复，体积为1054.62m³，尺寸：长×宽×高为162m×3.1m×2.1m；渠、涵类型：混凝土箱涵修复，体积为83.16m³，尺寸：长×宽×高为11m×3.6m×2.1m；渠、涵类型：混凝土箱涵修复，体积为7704.06m³，尺寸：长×宽×高为581m×5.1m×2.6m				

工程造价指标分析表 表1-4-2

总面积（m²）		33543.42	经济指标（元/m²）		1627.22
总长度（m）		841.77	经济指标（元/m）		64843.05
专业	工程造价（万元）	造价比例	经济指标（元/m²）		经济指标（元/m）
地基处理	1384.00	25.36%	1555.23[①]		—
道路	1634.85	29.95%	487.38		19421.67
绿化及喷灌	163.45	2.99%	48.73		1941.78
照明	144.98	2.66%	43.22		1722.31
交通设施及监控	314.10	5.76%	93.64		3731.40
排水	1809.56	33.15%	539.47		21497.22
渠、涵	7.33	0.13%	2.18		87.05

①地基处理指标是以处理面积为计算基础。

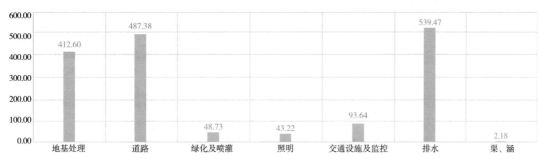

图 1-4-1 经济指标对比（元/m²）

注：经济指标以总面积为计算基础。

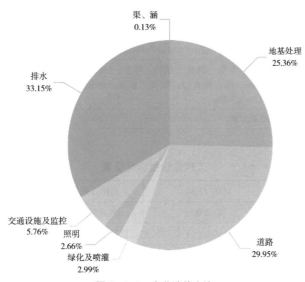

图 1-4-2 专业造价占比

某沥青主干道 5

工程概况表 表 1-5-1

计价时期	年份	2013	计价地区	省份	广东	建设类型	新建
	月份	4		城市	东莞	工程造价（万元）	16222.51
计价依据（清单）		2013	计价依据（定额）		2010	计税模式	营业税
道路工程							
道路等级	主干道		道路类别	沥青混凝土道路		车道数（双向）	4 车道
道路面积（m²）	118123.80		机动车道面积（m²）		82429.24		
			人行道面积（m²）		35694.56		
			非机动车道面积（m²）		0.00		
			绿化带面积（m²）		0.00		

续表

道路长度（m）			4392.00	道路宽度（m）	22.00
道路	机动车道	面层做法	4cm 细粒式改性沥青混凝土（AC-13C）+5cm 中粒式沥青混凝土（AC-20C）+6cm 粗粒式沥青混凝土（AC-25C）		
		基层做法	35cm5% 水泥稳定级配碎石 +20cm4% 水泥稳定石屑		
	人行道	面层做法	30cm×30cm×6cm 环保透水砂砖		
		基层做法	15cm 级配碎石		
		侧石尺寸	100mm×200mm×495mm		
附属工程					
地基处理			处理面积 246819m²，处理方式为塑料排水板、水泥搅拌桩、堆载预压		
交通设施及监控			信号灯、标志牌		
排水			雨水：混凝土管 φ300~φ2000、砌筑井 228 座		
渠、涵			渠、涵类型：混凝土箱涵，体积：3966.27m³，尺寸：长×宽×高为 101m×10.2m×3.85m；渠、涵类型：混凝土箱涵，体积：2316.93m³，尺寸：长×宽×高为 59m×10.2m×3.85m		
其他			路基监测		

工程造价指标分析表 表 1-5-2

总面积（m²）	118123.80		经济指标（元/m²）	1373.35
总长度（m）	4392.00		经济指标（元/m）	36936.50
专业	工程造价（万元）	造价比例	经济指标（元/m²）	经济指标（元/m）
地基处理	8572.75	52.85%	347.33[①]	—
道路	4129.05	25.45%	349.55	9401.29
交通设施及监控	727.79	4.49%	61.61	1657.08
排水	1961.16	12.09%	166.03	4465.31
渠、涵	571.44	3.52%	48.38	1301.09
其他	260.32	1.60%	22.04	592.72

①地基处理指标是以处理面积为计算基础。

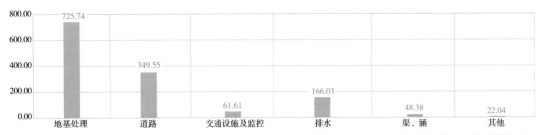

注：经济指标以总面积为计算基础。

图 1-5-1 经济指标对比（元/m²）

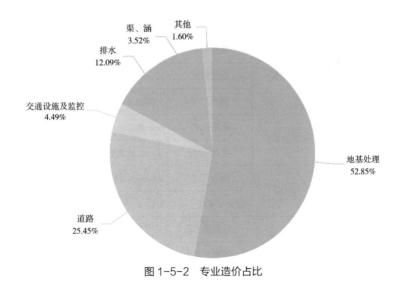

图 1-5-2 专业造价占比

某沥青次干道 1

工程概况表   表 1-6-1

计价时期	年份	2019	计价地区	省份	广东	建设类型	新建
	月份	3		城市	惠州	工程造价（万元）	1984.72
计价依据（清单）		2013	计价依据（定额）	2018		计税模式	增值税
道路工程							
道路等级		次干道	道路类别	沥青混凝土道路		车道数（双向）	4 车道
道路面积（m²）		15085.88		机动车道面积（m²）		9459.03	
				人行道面积（m²）		2749.88	
				非机动车道面积（m²）		1277.97	
				绿化带面积（m²）		1599.00	
道路长度（m）		533.00		道路宽度（m）		26.00	
道路	机动车道		面层做法	4cm 细粒式改性沥青混凝土（AC-13C）+6cm 粗粒式沥青混凝土（AC-20C）			
			基层做法	22cmC35 水泥混凝土面板 +18cm5% 水泥稳定碎石 +18cm4% 水泥稳定碎石			
			机动车道平石	花岗岩			
			平石尺寸	1000mm × 100mm × 250mm			

续表

道路	人行道	面层做法	6cm 彩色透水砖
		基层做法	10cmC20 素色透水混凝土 +15cm 碎石垫层
		侧石尺寸	500mm × 100mm × 200mm
	非机动车道	面层做法	8cm 赭红色透水混凝土
		基层做法	10cmC20 素色透水混凝土 +15cm 碎石垫层
	绿化带	侧石尺寸	500mm × 100mm × 200mm
		绿化带宽度（m）	1.5 × 2

附属工程			
地基处理	处理面积 13780m²，处理方式为换填石屑		
绿化及喷灌	乔木（胸径）：火焰木 14~15cm；养护期：12 个月		
	灌木（苗高 × 冠幅）：福建茶 25cm × 20cm；养护期：12 个月		
交通设施及监控	标识标线、信号灯、视频监控、电子警察		
排水	污水：高密度聚乙烯管（HDPE）ϕ400~ϕ600、混凝土井 29 座		
	雨水：混凝土管 ϕ300~ϕ1800、混凝土井 24 座		
	支护方式：钢板桩		
综合管廊	管廊舱数：2，管廊长度 449.68m，管廊水平投影面积 1187.16m²，平均埋深 2.5m，截面尺寸为 2.64m × 1.4m，断面外仓面积 3.696m²，内径 1000mm×1285mm，外壁壁厚 200mm；基坑支护：无支护；软基处理：回填石屑；外壁防水做法：CPS-CL 反应粘结型高分子湿铺防水卷材 I 型（立面）；地板防水做法：CPS-CL 反应粘结型高分子湿铺防水卷材 I 型（平面）；顶板防水做法：柔性防水层（1.2mm 厚耐根穿刺防水卷材）		

工程造价指标分析表   表 1-6-2

总面积（m²）	15085.88		经济指标（元/m²）	1315.61
总长度（m）	533.00		经济指标（元/m）	37236.71
专业	工程造价（万元）	造价比例	经济指标（元/m²）	经济指标（元/m）
地基处理	251.33	12.66%	182.38[①]	—
道路	873.11	43.99%	578.76	16381.04
绿化及喷灌	51.77	2.61%	34.32	971.30
交通设施及监控	108.69	5.48%	72.05	2039.16
排水	324.27	16.34%	214.95	6083.86
综合管廊	375.55	18.92%	3163.47[②]	8351.60[③]

①地基处理指标是以处理面积为计算基础。
②③综合管廊指标以综合管廊水平投影面积、综合管廊长度为计算基础。

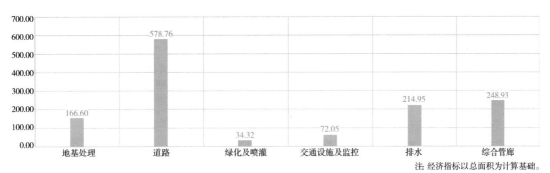

图 1-6-1　经济指标对比（元 /m²）

注：经济指标以总面积为计算基础。

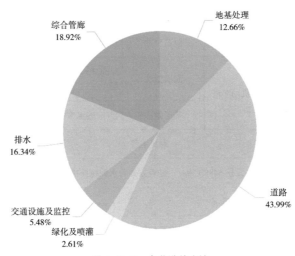

图 1-6-2　专业造价占比

某沥青次干道 2

工程概况表

表 1-7-1

计价时期	年份	2021	计价地区	省份	广东	建设类型	新建
	月份	2		城市	珠海	工程造价（万元）	9066.55
计价依据（清单）		2013	计价依据（定额）		2018	计税模式	增值税
道路工程							
道路等级		次干道	道路类别		沥青混凝土道路	车道数（双向）	4 车道
道路面积（m²）		24014.82	机动车道面积（m²）				15419.83
			人行道面积（m²）				4793.69
			非机动车道面积（m²）				3801.30
			绿化带面积（m²）				0.00

续表

道路长度（m）			763.87	道路宽度（m）	30.00/33.50/37.00
道路	机动车道	面层做法	4cm 细粒式改性沥青混凝土（AC-13C）+6cm 中粒改性沥青混凝土（AC-20C）		
		基层做法	33cm 水泥稳定碎石 +15cm 水泥稳定石屑		
		机动车道平石	花岗岩		
	人行道	面层做法	23cm×11.5cm×6cm 彩色透水砖、30cm×30cm×6cm 黄色盲道砖、23cm×11.5cm×6cm 原色透水砖		
		基层做法	15cm 级配碎石		
		侧石尺寸	1000mm×200mm×100mm、1000mm×150mm×100mm		
	非机动车道	面层做法	3cmC30 彩色强固透水混凝土 +12cmC25 原色透水混凝土		
		基层做法	15cm 透水水泥碎石 +15cm 级配碎石		
附属工程					
地基处理			处理面积 54880.59m²，处理方式为水泥搅拌桩 8723.024m²、堆载预压 46157.565m²		
照明			LED 灯 63 套		
交通设施及监控			标识标线、信号灯、视频监控、电子警察		
给水			铸铁管 DN150~600、砌筑井 16 座、无支护		
排水			污水：铸铁管 DN400~500、混凝土井 35 座		
			雨水：混凝土管 ϕ400~ϕ1000、混凝土井 50 座		
			支护方式：无支护		
渠、涵			渠、涵类型：混凝土箱涵，体积：4968.9m³，尺寸：长×宽×高为 48.47m×20.3m×5.05m		
海绵城市	绿化带	雨水花园做法	1mm 防渗土工布 +60cm 介质土 +5cm 松树皮		
	透水管主要管道		高密度聚乙烯管（HDPE）DN100、无支护、砌筑井 49 座		
	其他		雨水树池		
综合管廊			管廊舱数：2 舱，管廊长度 550.52m，管廊水平投影面积 1585.498m²，平均埋深 1.35m，截面尺寸（3.08×0.1+2.88×0.2+2.48×0.15+0.24×0.9×3）×2m，断面外仓面积 2.52m²，内径 1700mm×900mm，外壁壁厚 240mm；外壁防水做法：1∶2 水泥防水砂浆；地板防水做法：1∶2 水泥防水砂浆；顶板防水做法：1∶2 水泥防水砂浆		
其他			管线迁改工程，预留沟，亲水平台		

工程造价指标分析表 表 1-7-2

总面积（m²）	24014.82		经济指标（元/m²）		3775.40
总长度（m）	763.87		经济指标（元/m）		121498.34
专业	工程造价（万元）	造价比例	经济指标（元/m²）		经济指标（元/m）
地基处理	4316.15	47.60%	786.46①		—
道路	1090.18	12.02%	453.96		14271.82
照明	137.65	1.52%	57.32		1802.02
交通设施及监控	206.27	2.28%	85.89		2700.31
给水	191.10	2.11%	79.58		2501.76
排水	377.32	4.16%	157.12		4939.60
渠、涵	1939.19	21.39%	807.50		25386.48
海绵城市	93.72	1.03%	39.03		1226.89
综合管廊	412.16	4.45%	2599.54②		7486.69③
其他	302.80	3.34%	126.09		3964.07

①地基处理指标是以处理面积为计算基础。
②③综合管廊指标以综合管廊水平投影面积、综合管廊长度为计算基础。

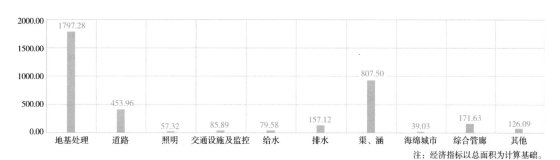

图 1-7-1 经济指标对比（元/m²）

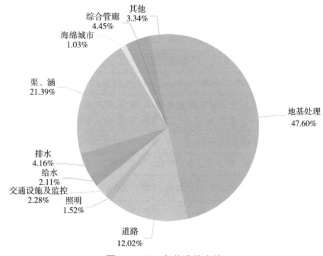

图 1-7-2 专业造价占比

某沥青次干道3

工程概况表 表 1-8-1

计价时期	年份	2021	计价地区	省份	广东	建设类型	新建
	月份	6		城市	珠海	工程造价（万元）	5830.83
计价依据（清单）		2013	计价依据（定额）		2018	计税模式	增值税
道路工程							
道路等级		次干道	道路类别	沥青混凝土道路		车道数（双向）	4 车道
道路面积（m²）		29611.55		机动车道面积（m²）		14808.35	
				人行道面积（m²）		8295.67	
				非机动车道面积（m²）		0.00	
				绿化带面积（m²）		6507.54	
道路长度（m）		1650.51		道路宽度（m）		12.00~26.00	
道路	机动车道		面层做法	4cm 细粒式改性沥青混凝土（AC-13C）+6cm 中粒性改性沥青混凝土（AC-20C）			
			基层做法	30cm 水泥稳定碎石 +16cm 水泥稳定石屑			
			机动车道平石	花岗岩			
			平石尺寸	750mm × 200mm × 150mm			
	人行道		面层做法	23cm × 11.5cm × 6cm 浅灰色透水砖、23cm × 11.5cm × 6cm 深灰色透水砖、70cm × 20cm × 15cm 深灰色透水砖			
			基层做法	15cmC25 透水混凝土 +15cm 级配碎石			
			侧石尺寸	1000mm × 400mm × 150mm、1000mm × 150mm × 100mm			
	绿化带		侧石尺寸	1000mm × 400mm × 150mm、1000mm × 350mm × 120mm			
			绿化带宽度（m）	2、2 × 2、2 × 3			
附属工程							
绿化及喷灌		乔木（胸径）：秋枫 13~14cm、黄花风铃木 13~14cm；养护期：6 个月					
		露地花卉及地被（种植密度）：紫花翠芦莉 36 袋 /m²、沿阶草 36 袋 /m²、巴西鸢尾 36 袋 /m²、朱蕉 36 袋 /m²、皇帝菊 64 袋 /m²；养护期：6 个月					
照明		LED 灯 65 套					
交通设施及监控		标识标线、信号灯、电子警察、视频监控					
给水		铸铁管 DN150~300、砌筑井 33 座、无支护					
排水		污水：铸铁管 DN400~500、混凝土井 83 座					
		雨水：混凝土管 ϕ600~ϕ1200、砌筑井 39 座					

续表

排水	支护方式：钢板桩
渠、涵	渠、涵类型：混凝土箱涵，体积：459.21m³，尺寸：长×宽×高为47.834m×4.8m×2m； 渠、涵类型：单孔雨水渠，体积：331.07m³，尺寸：长×宽×高为95m×2.05m×1.7m； 渠、涵类型：单孔雨水渠，体积：307.8m³，尺寸：长×宽×高为80m×2.25m×1.71m； 渠、涵类型：单孔雨水渠，体积：317.89m³，尺寸：长×宽×高为75m×2.45m×1.73m； 渠、涵类型：单孔雨水渠，体积：423.74m³，尺寸：长×宽×高为84m×2.85m×1.77m； 渠、涵类型：单孔雨水渠，体积：336.72m³，尺寸：长×宽×高为60m×3.05m×1.84m； 渠、涵类型：单孔雨水渠，体积：696.73m³，尺寸：长×宽×高为95m×3.8m×1.93m； 渠、涵类型：单孔雨水渠，体积：705.6m³，尺寸：长×宽×高为90m×4m×1.96m； 渠、涵类型：单孔雨水渠，体积：759.78m³，尺寸：长×宽×高为90m×4.2m×2.01m； 渠、涵类型：单孔雨水渠，体积：459.89m³，尺寸：长×宽×高为52m×4.4m×2.01m； 渠、涵类型：双孔雨水渠，体积：600.25m³，尺寸：长×宽×高为70m×4.9m×1.75m； 渠、涵类型：双孔雨水渠，体积：930.03m³，尺寸：长×宽×高为99.14m×5.3m×1.77m； 渠、涵类型：双孔雨水渠，体积：1742.26m³，尺寸：长×宽×高为110.13m×7m×2.26m； 渠、涵类型：双孔雨水渠，体积：1909.58m³，尺寸：长×宽×高为98.26m×8.2m×2.37m； 渠、涵类型：双孔雨水渠，体积：2388.79m³，尺寸：长×宽×高为116.22m×8.6m×2.39m

海绵城市	绿化带	雨水花园做法	1mm防渗土工布+30cm绿化回填土+40cm碎石滤层
	透水管主要管道		硬聚氯乙烯管（UPVC）DN150、无支护、砌筑井42座
	其他		生态树池

综合管廊	管廊舱数：2舱，管廊长度480.193m，管廊水平投影面积1636.654m²，平均埋深1.55m，截面尺寸（2.98×0.1+2.88×0.2+2.48×1.05）m，断面外仓面积3.478m²，内径850mm×900mm，外壁壁厚240mm；外壁防水做法：1∶2水泥防水砂浆；地板防水做法：1∶2水泥防水砂浆，顶板防水做法：1∶2水泥防水砂浆
管沟	纤维编绕拉挤电缆导管，18×DB-BWERP150×5.5-SN50
其他	预留沟工程，截洪沟工程

工程造价指标分析表

表1-8-2

总面积（m²）	29611.55	经济指标（元/m²）		1969.11
总长度（m）	1650.51	经济指标（元/m）		35327.45
专业	工程造价（万元）	造价比例	经济指标（元/m²）	经济指标（元/m）
道路	1503.80	25.79%	507.85	9111.11
绿化及喷灌	79.53	1.36%	26.86	481.87
照明	204.67	3.51%	69.12	1240.05
交通设施及监控	253.21	4.34%	85.51	1534.14
给水	241.20	4.14%	81.45	1461.34
排水	1631.74	27.99%	551.05	9886.26
渠、涵	986.10	16.91%	333.01	5974.51
海绵城市	117.49	2.02%	39.68	711.82
综合管廊	415.31	7.12%	2537.57[①]	8648.85[②]
管沟	275.85	4.73%	93.15	1671.27
其他	121.94	2.09%	41.18	738.81

①②综合管廊指标以综合管廊水平投影面积、综合管廊长度为计算基础。

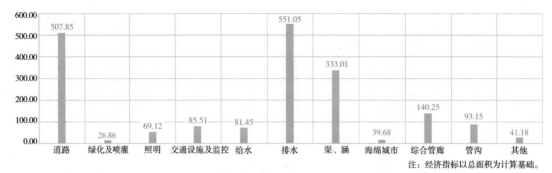

注：经济指标以总面积为计算基础。

图 1-8-1 经济指标对比（元 /m²）

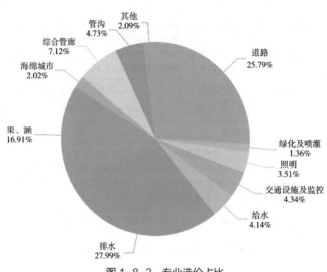

图 1-8-2 专业造价占比

某沥青次干道 4

工程概况表 表 1-9-1

计价时期	年份	2018	计价地区	省份	广东	建设类型	新建
	月份	8		城市	佛山	工程造价（万元）	3914.01
计价依据（清单）		2013	计价依据（定额）		2010	计税模式	增值税
道路工程							
道路等级		次干道	道路类别	沥青混凝土道路		车道数（双向）	4 车道
道路面积（m²）		18368.75	机动车道面积（m²）		10204.86		
			人行道面积（m²）		2040.97		
			非机动车道面积（m²）		3401.62		
			绿化带面积（m²）		2721.30		

续表

道路长度（m）		680.32		道路宽度（m）	30.00
道路	机动车道	面层做法	4cm 细粒式改性沥青混凝土（AC-13C）+8cm 粗粒式普通沥青混凝土（AC-25C）		
		基层做法	16cm5.5% 水泥稳定级配碎石层 +16cm4% 水泥稳定级配碎石层 +18cm4% 水泥稳定级配石屑层		
		机动车道平石	花岗岩		
		平石尺寸	500mm×300mm×120mm		
	人行道	面层做法	3cm 火烧面花岗岩砖		
		基层做法	15cmC15 混凝土		
		侧石尺寸	500mm×150mm×600mm、500mm×150mm×300mm		
		压条尺寸	490mm×150mm×230mm		
		车止石	ϕ240mm×700mm 花岗岩		
		树穴尺寸	1200mm×1200mm		
	非机动车道	面层做法	3cm 火烧面花岗岩砖		
		基层做法	15cmC15 混凝土		
	绿化带	侧石尺寸	500mm×150mm×600mm		
		绿化带宽度（m）	4		

附属工程	
地基处理	处理面积 20369.40m^2，处理方式为水泥搅拌桩
绿化及喷灌	乔木（胸径）：宫粉紫荆 20~22cm、香樟 28~30cm、美丽异木棉大 33~35cm、红鸡蛋花 180cm×180cm；养护期：12 个月
	灌木（苗高 × 冠幅）：红继木球 100cm×100cm、花叶女贞球（120~150cm）×（120~150cm）、勒杜鹃球（120~150cm）×（120~150cm）、伞型黄榕 140cm×140cm、伞型十大功劳 130cm×120cm、苏铁 150cm×120cm、银叶金合欢 180cm×150cm、灰莉球 150cm×150cm；养护期：12 个月
	露地花卉及地被（种植密度）：葱兰 49 株 /m^2、双面红继木 25 株 /m^2、黄榕 30 株 /m^2、银边草 36 株 /m^2、非洲凤仙（红色）30 株 /m^2、花叶良姜 16 株 /m^2、毛杜鹃 25 株 /m^2、蜘蛛兰 25 株 /m^2、硬枝黄蝉 25 株 /m^2、美蕊花 25 株 /m^2；养护期：12 个月
照明	LED 灯 45 套
交通设施及监控	标识标线、信号灯
排水	污水：硬聚氯乙烯管（UPVC）ϕ400、砌筑井 34 座
	雨水：混凝土管 ϕ300~ϕ1500、砌筑井 43 座
	支护方式：钢板桩
综合管廊	管廊舱数：1，管廊长度 680m，管廊水平投影面积 1836m^2，平均埋深 2.5m，截面尺寸 2.7m×2.5m，断面外仓面积 6.75m^2，内径 2.1m×1.95m，外壁壁厚 300mm；基坑支护：打拔钢板桩；软基处理：ϕ500mm 水泥搅拌桩；外壁防水做法：1.5mm 高分子自粘胶膜防水卷材 +50mm 聚苯板保护层；地板防水做法：1.5mm 高分子自粘胶膜防水卷材；顶板防水做法：1.5mm 高分子自粘胶膜防水卷材

工程造价指标分析表　　　　　　　　表 1-9-2

总面积（m²）	18368.75		经济指标（元/m²）		2130.80
总长度（m）	680.32		经济指标（元/m）		57531.51
专业	工程造价（万元）	造价比例	经济指标（元/m²）		经济指标（元/m）
地基处理	929.19	23.74%	456.17①		—
道路	737.31	18.84%	401.39		10837.60
绿化及喷灌	268.26	6.85%	146.04		3943.11
照明	76.57	1.96%	41.68		1125.46
交通设施及监控	58.20	1.49%	31.68		855.41
排水	578.22	14.77%	314.78		8499.19
综合管廊	1266.27	32.35%	6896.89②		18621.61③

①地基处理指标是以处理面积为计算基础。

②③综合管廊指标以综合管廊水平投影面积、综合管廊长度为计算基础。

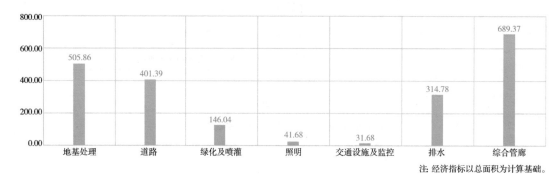

注：经济指标以总面积为计算基础。

图 1-9-1　经济指标对比（元/m²）

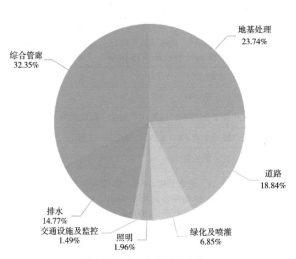

图 1-9-2　专业造价占比

某沥青次干道 5

工程概况表

表 1-10-1

计价时期	年份	2017	计价地区	省份	广东	建设类型	新建
	月份	12		城市	佛山	工程造价（万元）	4125.12
计价依据（清单）		2013	计价依据（定额）		2010	计税模式	增值税
道路工程							
道路等级		次干道	道路类别		沥青混凝土道路	车道数（双向）	4 车道
道路面积（m²）		26774.54	机动车道面积（m²）		19243.94		
			人行道面积（m²）		5098.10		
			非机动车道面积（m²）		0.00		
			绿化带面积（m²）		2432.50		
道路长度（m）		957.45	道路宽度（m）		25.00		
道路	机动车道	面层做法	4cm 细粒式改性沥青混凝土（AC-13C）+8cm 粗粒式沥青混凝土（AC-25）				
		基层做法	18cm6% 水泥稳定级配碎石 +18cm5% 水泥稳定级配碎石 3.5MPa+18cm4% 水泥稳定级配碎石				
		机动车道平石	水泥混凝土				
		平石尺寸	300mm×120mm，沿全线现浇				
	人行道	面层做法	5cm 人行道透水砖、8cm 彩色透水混凝土				
		基层做法	15cmC30 透水混凝土 +15cm 筛分碎石垫层				
		侧石尺寸	490mm×500mm×200mm、490mm×300mm×200mm				
		压条尺寸	490mm×230mm×150mm				
		车止石	ϕ250mm×600mm 花岗岩				
		树穴尺寸	1200mm×1200mm				
	绿化带	侧石尺寸	490mm×300mm×200mm				
		绿化带宽度（m）	2.2				
附属工程							
地基处理		处理面积 23472m²，处理方式为水泥搅拌桩					
绿化及喷灌		乔木（胸径）：台湾相思 14~15cm、大腹木棉 26~28cm、火焰木 12~13cm；养护期：12 个月					
		露地花卉及地被（种植密度）：龙船花 36 株 /m²、翠芦莉 36 株 /m²、银边草 40 株 /m²、台湾草 30cm×30cm/ 件；养护期：12 个月					
照明		LED 灯 60 套					
交通设施及监控		标识标线、信号灯、视频监控					

续表

给水	铸铁管 DN65~400、砌筑井 24 座、无支护		
排水	污水：高密度聚乙烯管（HDPE）φ400~φ800、混凝土井 46 座		
	雨水：混凝土管 φ300~φ1800、混凝土井 49 座		
	支护方式：无支护		
渠、涵	渠、涵类型：混凝土箱涵，体积：592.2m³，尺寸：长 × 宽 × 高为 47m×3.5m×3.6m		
管沟	HDPE 电缆保护管 φ160 δ=8mm		

工程造价指标分析表　　　　　　　　　　　　　　表 1-10-2

总面积（m²）	26774.54		经济指标（元/m²）		1540.69
总长度（m）	957.45		经济指标（元/m）		43084.39
专业	工程造价（万元）	造价比例	经济指标（元/m²）		经济指标（元/m）
地基处理	838.34	20.32%	357.17①		—
道路	1280.91	31.05%	478.41		13378.32
绿化及喷灌	98.20	2.38%	36.68		1025.64
照明	121.32	2.94%	45.31		1267.16
交通设施及监控	167.45	4.06%	62.54		1748.94
给水	157.48	3.82%	58.52		1644.74
排水	932.63	22.61%	348.33		9740.76
渠、涵	256.63	6.22%	95.85		2680.34
管沟	272.15	6.60%	101.65		2842.49

①地基处理指标是以处理面积为计算基础。

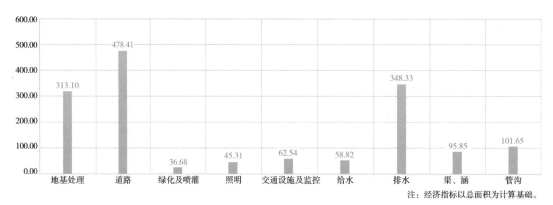

图 1-10-1　经济指标对比（元/m²）

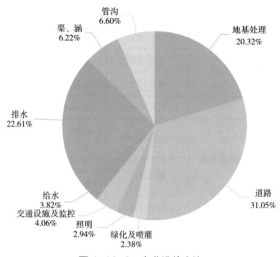

图 1-10-2 专业造价占比

某沥青次干道6

工程概况表   表 1-11-1

<table>
<tr><td rowspan="2">计价时期</td><td>年份</td><td>2020</td><td rowspan="2">计价地区</td><td>省份</td><td>广东</td><td>建设类型</td><td>新建</td></tr>
<tr><td>月份</td><td>6</td><td>城市</td><td>惠州</td><td>工程造价
（万元）</td><td>2587.92</td></tr>
<tr><td>计价依据（清单）</td><td colspan="2">2013</td><td>计价依据（定额）</td><td colspan="2">2018</td><td>计税模式</td><td>增值税</td></tr>
<tr><td colspan="8" align="center">道路工程</td></tr>
<tr><td>道路等级</td><td colspan="2">次干道</td><td>道路类别</td><td colspan="2">沥青混凝土道路</td><td>车道数
（双向）</td><td>4 车道</td></tr>
<tr><td rowspan="4">道路面积（m²）</td><td colspan="3" rowspan="4">22900.04</td><td colspan="2">机动车道面积
（m²）</td><td colspan="2">8936.26</td></tr>
<tr><td colspan="2">人行道面积
（m²）</td><td colspan="2">6137.13</td></tr>
<tr><td colspan="2">非机动车道面积
（m²）</td><td colspan="2">6383.05</td></tr>
<tr><td colspan="2">绿化带面积
（m²）</td><td colspan="2">1443.60</td></tr>
<tr><td>道路长度（m）</td><td colspan="2">601.50</td><td>道路宽度（m）</td><td colspan="4">30.00、37.00、39.75</td></tr>
<tr><td rowspan="4">道路</td><td colspan="2" rowspan="4">机动车道</td><td>面层做法</td><td colspan="4">4cm 细粒式改性沥青混凝土（AC-13C）+6cm 中粒式
沥青混凝土（AC-20C）</td></tr>
<tr><td>基层做法</td><td colspan="4">17cm5% 水泥稳定级配碎石 +17cm5% 水泥稳定级配
碎石 +17cm4% 水泥稳定级配碎石</td></tr>
<tr><td>机动车道平石</td><td colspan="4">花岗岩</td></tr>
<tr><td>平石尺寸</td><td colspan="4">350mm×120mm×500mm</td></tr>
</table>

续表

道路	人行道	面层做法	6cm 大理石人行道砖
		基层做法	15cmC20 素混凝土
		侧石尺寸	280mm×100mm×500mm
		树穴尺寸	1200mm×1200mm
	非机动车道	面层做法	4cm 细粒式改性沥青混凝土（AC-13C）+6cm 中粒式沥青混凝土（AC-20C）
		基层做法	17cm5% 水泥稳定级配碎石 +17cm5% 水泥稳定级配碎石 +17cm4% 水泥稳定级配碎石
	绿化带	侧石尺寸	250mm×100mm×500mm
		绿化带宽度（m）	1.2×2

附属工程	
绿化及喷灌	乔木（胸径）：细叶榄仁 11~12cm；养护期：6 个月
	灌木（苗高 × 冠幅）：黄金叶 40cm×30cm；养护期：6 个月
	露地花卉及地被（种植密度）：红继木 16 株 /m²；养护期：6 个月
照明	LED 灯 44 套
交通设施及监控	标识标线、信号灯
给水	铸铁管 DN100~300、混凝土井 35 座、无支护
排水	污水：高密度聚乙烯管（HDPE）φ400~φ600、混凝土井 38 座
	雨水：混凝土管 φ300~φ1000、混凝土井 31 座
	支护方式：钢板桩
管沟	玻璃钢电缆保护管，FRP-1×6φ150/8mm，混凝土包封

工程造价指标分析表　　　　　　　　　表 1-11-2

总面积（m²）	22900.04		经济指标（元 /m²）	1130.10
总长度（m）	601.50		经济指标（元 /m）	43024.50
专业	工程造价（万元）	造价比例	经济指标（元 /m²）	经济指标（元 /m）
道路	1237.49	47.82%	540.38	20573.37
绿化及喷灌	59.51	2.30%	25.99	989.32
照明	78.63	3.04%	34.34	1307.19
交通设施及监控	142.09	5.49%	62.05	2362.27
给水	110.48	4.27%	48.24	1836.66
排水	801.09	30.95%	349.82	13318.25
管沟	158.64	6.13%	69.28	2637.44

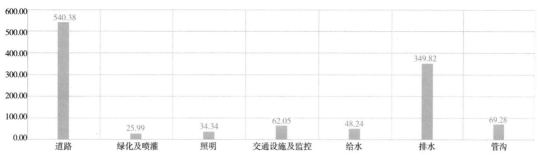

图 1-11-1　经济指标对比（元/m²）

注：经济指标以总面积为计算基础。

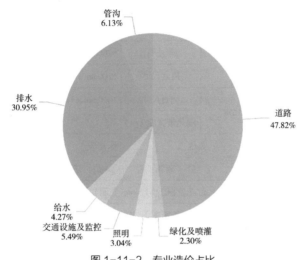

图 1-11-2　专业造价占比

某沥青次干道 7

工程概况表　　　　　　　　　　　　　　　　表 1-12-1

				省份	广东	建设类型	新建
计价时期	年份	2015	计价地区				
	月份	5		城市	佛山	工程造价（万元）	2164.65
计价依据（清单）		2013	计价依据（定额）		2010	计税模式	营业税
道路工程							
道路等级		次干道	道路类别	沥青混凝土道路		车道数（双向）	4 车道
道路面积（m²）		25825.49		机动车道面积（m²）		16322.24	
				人行道面积（m²）		9103.95	
				非机动车道面积（m²）		0.00	
				绿化带面积（m²）		399.30	

续表

道路长度（m）		934.00	道路宽度（m）	26.00
道路	机动车道	面层做法	4cm 细粒式改性沥青混凝土（AC-13）+6cm 中粒式沥青混凝土（AC-20C）	
		基层做法	18cm4% 水泥稳定石屑 +36cm5% 水泥稳定碎石	
		机动车道平石	水泥混凝土	
		平石尺寸	1000mm × 250mm × 120mm	
	人行道	面层做法	6cm 彩色人行道砖	
		基层做法	20cm5.5% 水泥稳定石屑	
		侧石尺寸	1000mm × 150mm × 300mm	
		压条尺寸	1000mm × 120mm × 160mm、1000mm × 80mm × 160mm	
		车止石	ϕ200mm × 800mm 花岗岩	
		树穴尺寸	1200mm × 1200mm	
	绿化带	侧石尺寸	1000mm × 150mm × 300mm	
		绿化带宽度（m）	1.5	
	其他		绿化岛	
附属工程				
绿化及喷灌	乔木（胸径）：红花紫荆 11~12cm、美丽异木棉 13~14cm；养护期：12 个月			
	露地花卉及地被（种植密度）：吉祥草 16 株 /m²、黄榕 36 株 /m²、大叶龙船花 36 株 /m²、亮叶朱蕉 36 株 /m²；养护期：12 个月			
照明	LED 灯 65 套			
排水	污水：混凝土管 ϕ300~ϕ1800、砌筑井 32 座			
	雨水：混凝土管 ϕ300~ϕ1500、混凝土井 45 座			
	支护方式：钢板桩			
管沟	24 孔通信管排管			

工程造价指标分析表　　　　　　　　　　表 1-12-2

总面积（m²）	25825.49	经济指标（元 /m²）		838.18
总长度（m）	934.00	经济指标（元 /m）		23176.08
专业	工程造价（万元）	造价比例	经济指标（元 /m²）	经济指标（元 /m）
道路	1064.39	49.17%	412.15	11395.99
绿化及喷灌	49.46	2.29%	19.15	529.59
照明	153.03	7.07%	59.25	1638.40
排水	626.52	28.94%	242.60	6707.97
管沟	271.25	12.53%	105.03	2904.13

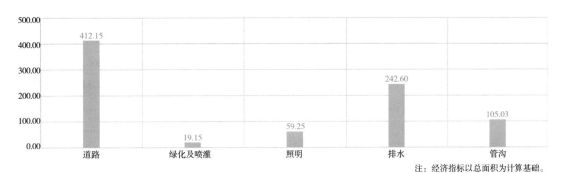

注：经济指标以总面积为计算基础。

图 1-12-1　经济指标对比（元/m²）

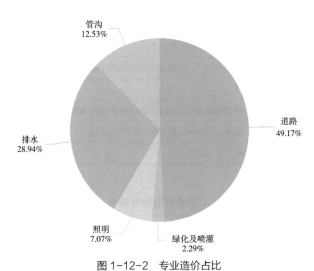

图 1-12-2　专业造价占比

某沥青次干道 8

工程概况表　　　　　表 1-13-1

计价时期	年份	2015	计价地区	省份	广东	建设类型	新建
	月份	3		城市	佛山	工程造价（万元）	2006.31
计价依据（清单）		2013	计价依据（定额）		2010	计税模式	营业税
道路工程							
道路等级		次干道	道路类别	沥青混凝土道路		车道数（双向）	4 车道
道路面积（m²）		28133.86	机动车道面积（m²）		20837.56		
			人行道面积（m²）		7296.30		
			非机动车道面积（m²）		0.00		
			绿化带面积（m²）		0.00		

续表

道路长度（m）			1400.00	道路宽度（m）	18.00
道路	机动车道	面层做法	5cm 中粒式改性沥青混凝土（AC-20C）		
		基层做法	18cm4% 水泥稳定石屑层 +18cm5% 水泥稳定级配碎石层 +30cm 石磴充砂垫层		
		机动车道平石	水泥混凝土		
		平石尺寸	1000mm × 205mm × 240mm		
	人行道	面层做法	6cm 高压彩色环保砖		
		基层做法	10cmC15 混凝土垫层		
		侧石尺寸	490mm × 280mm × 150mm		
		车止石	ϕ250mm × 650mm 花岗岩		
附属工程					
地基处理			处理面积 15675m², 处理方式为水泥搅拌桩 12848m²、旋喷桩 2827m²		
交通设施及监控			标识标线		
排水			污水：硬聚氯乙烯管（UPVC）ϕ300~ϕ500、砌筑井 55 座		
			雨水：混凝土管 ϕ300~ϕ1200、砌筑井 51 座		
			支护方式：无支护		

工程造价指标分析表　　　　　　　　　　　　表 1-13-2

总面积（m²）	28133.86		经济指标（元/m²）	713.13
总长度（m）	1400.00		经济指标（元/m）	14330.80
专业	工程造价（万元）	造价比例	经济指标（元/m²）	经济指标（元/m）
地基处理	836.61	41.70%	533.72[①]	—
道路	729.01	36.33%	259.12	5207.18
交通设施及监控	11.56	0.58%	4.11	82.61
排水	429.14	21.39%	152.53	3065.26

①地基处理指标是以处理面积为计算基础。

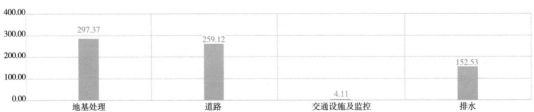

注：经济指标以总面积为计算基础。

图 1-13-1　经济指标对比（元/m²）

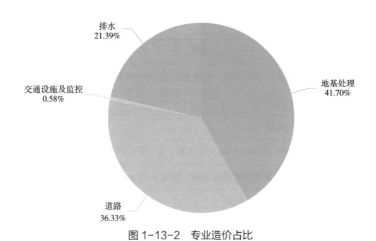

图 1-13-2 专业造价占比

某沥青次干道 9

工程概况表 表 1-14-1

计价时期	年份	2020	计价地区	省份	广东	建设类型	新建
	月份	7		城市	东莞	工程造价（万元）	662.30
计价依据（清单）		2013	计价依据（定额）		2018	计税模式	增值税
道路工程							
道路等级		次干道	道路类别	沥青混凝土道路		车道数（双向）	4 车道
道路面积（m²）		4772.77	机动车道面积（m²）		3998.88		
			人行道面积（m²）		773.89		
			非机动车道面积（m²）		0.00		
			绿化带面积（m²）		0.00		
道路长度（m）		362.38	道路宽度（m）		6.63、6.50、6.82、7.50、24.00		
道路	机动车道	面层做法	4cm 细粒式改性沥青混凝土（AC-13C）+7cm 中粒式改性沥青混凝土（AC-20C）				
		基层做法	20cm5% 水泥稳定级配碎石 +30cm4% 水泥稳定石屑底基层				
		机动车道平石	花岗岩				
		平石尺寸	150mm × 350mm × 995mm				
	人行道	面层做法	3cm 花岗岩步道砖				
		基层做法	15cm4% 水泥稳定石屑				
		侧石尺寸	100mm × 200mm × 495mm				

续表

附属工程	
地基处理	处理面积 4837.64m²，处理方式为换填砂碎石
照明	LED 灯 10 套
交通设施及监控	标识标线
给水	铸铁管 *DN*200~400、混凝土井 4 座、无支护
排水	污水：混凝土管 φ300~φ800、混凝土井 26 座
	支护方式：无支护
管沟	含电缆管沟、通信管沟、埋管、电力检查井
其他	拆除路面

工程造价指标分析表 表 1-14-2

总面积（m²）	4772.77	经济指标（元/m²）		1387.67
总长度（m）	362.38	经济指标（元/m）		18276.48
专业	工程造价（万元）	造价比例	经济指标（元/m²）	经济指标（元/m）
地基处理	144.69	21.85%	299.09①	—
道路	191.04	28.84%	400.26	5271.70
照明	15.98	2.41%	33.48	440.95
交通设施及监控	5.86	0.88%	12.28	161.70
给水	44.03	6.65%	92.25	1215.06
排水	163.69	24.72%	342.97	4517.09
管沟	38.70	5.84%	81.08	1067.90
其他	58.32	8.81%	122.19	1609.31

①地基处理指标是以处理面积为计算基础。

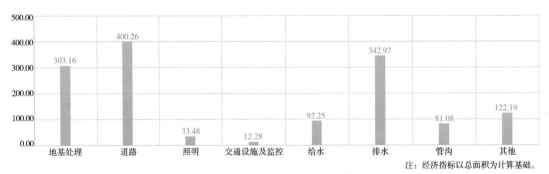

图 1-14-1　经济指标对比（元/m²）

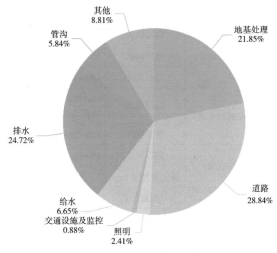

图 1-14-2　专业造价占比

某沥青次干道 10

工程概况表　　　　　　　　　　　表 1-15-1

计价时期	年份	2022	计价地区	省份	广东	建设类型	改建
	月份	8		城市	东莞	工程造价（万元）	4120.68
计价依据（清单）		2013	计价依据（定额）		2018	计税模式	增值税
道路工程							
道路等级		次干道	道路类别	沥青混凝土道路		车道数（双向）	4 车道
道路面积（m²）		18386.52	机动车道面积（m²）	13443.56			
			人行道面积（m²）	2370.37			
			非机动车道面积（m²）	1672.11			
			绿化带面积（m²）	900.48			
道路长度（m）		634.00	道路宽度（m）	30.00			
道路	机动车道		面层做法	4cm 改性沥青玛瑞脂碎石混合料（SMA-13）+6cm 中粒式改性沥青混凝土（AC-20C）+8cm 粗粒式沥青混凝土（AC-25C）			
			基层做法	15cm 5% 水泥稳定级配碎石 +20cm 4% 水泥稳定石屑			
			机动车道平石	花岗岩			
			平石尺寸	150mm×350mm×695mm			

续表

道路	人行道	面层做法	5cm 灰色花岗岩人行道砖
		基层做法	15cm5% 水泥稳定石屑
		侧石尺寸	100mm × 200mm × 695mm
	非机动车道	面层做法	3cm 铁红色细粒式改性沥青混凝土（AC-10C）+4cm 细粒式沥青混凝土（AC-13C）
		基层做法	15cm5% 水泥稳定石屑
	绿化带	侧石尺寸	150mm × 350mm × 695mm
		绿化带宽度（m）	1.5
附属工程			
地基处理	处理面积 14614m², 处理方式为换填砂碎石 8237m²、水泥搅拌桩 6377m²		
绿化及喷灌	乔木（胸径）：小叶榄仁 8~10cm；养护期：6 个月		
	露地花卉及地被（种植密度）：粉叶金花 16 株/m²、矮化朱槿 25 株/m²、亮叶朱蕉 16 株/m²、花叶良姜 16 株/m²、射干 36 株/m²、金红羽狼尾草 25 株/m²、彩叶草 25 株/m²、雪花木 36 株/m²、龙翅海棠 36 株/m²、紫娇花 49 株/m²、变叶木 25 株/m²、金叶薯 25 株/m²、美人蕉 16 株/m²、肾蕨 36 株/m²、矮化长春花 49 株/m²、大花芦莉 36 株/m²、马尼拉草满铺；养护期：6 个月		
照明	LED 灯 48 套		
交通设施及监控	标识标线、信号灯、视频监控、电子警察		
给水	铸铁管 DN600、砌筑井 9 座、无支护		
排水	污水：混凝土管 ϕ400~ϕ600、混凝土井 42 座		
	雨水：混凝土管 ϕ300~ϕ1650、混凝土井 25 座		
	支护方式：钢板桩		
管沟	塑料管、人孔井		

工程造价指标分析表　　　　　　　　表 1-15-2

总面积（m²）	18386.52	经济指标（元/m²）		2241.14
总长度（m）	634.00	经济指标（元/m）		64994.98
专业	工程造价（万元）	造价比例	经济指标（元/m²）	经济指标（元/m）
地基处理	695.33	16.87%	475.80[①]	—
道路	1068.63	25.93%	581.21	16855.43
绿化及喷灌	23.20	0.56%	12.62	365.91
照明	443.36	10.76%	241.13	6993.04
交通设施及监控	94.75	2.30%	51.53	1494.54
给水	145.83	3.54%	79.31	2300.17
排水	1581.75	38.39%	860.28	24948.81
管沟	67.82	1.65%	36.88	1069.69

①地基处理指标是以处理面积为计算基础。

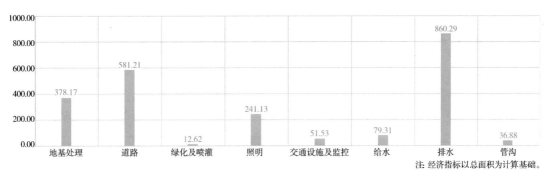

图 1-15-1 经济指标对比（元/m²）

注：经济指标以总面积为计算基础。

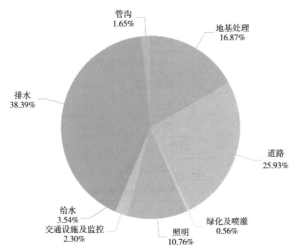

图 1-15-2 专业造价占比

某沥青次干道 11

工程概况表   表 1-16-1

计价时期	年份	2019	省份	广东	建设类型	新建
	月份	10	计价地区	城市	广州	工程造价（万元）	16596.63
计价依据（清单）		2013	计价依据（定额）		2018	计税模式	增值税
道路工程						
道路等级	次干道		道路类别	沥青混凝土道路	车道数（双向）	4 车道
道路面积（m²）	73541.70		机动车道面积（m²）		40233.88	
			人行道面积（m²）		9637.36	
			非机动车道面积（m²）		10178.56	
			绿化带面积（m²）		13491.90	

续表

道路长度（m）			2367.00	道路宽度（m）	30.00
道路	机动车道	面层做法	4cm 细粒式沥青玛琋脂碎石（SMA-13）辉绿岩 +5cm 中粒式改性沥青混凝土（AC-20C）+7cm 粗粒式沥青混凝土（AC-25C）		
		基层做法	30cm5% 水泥稳定碎石 +20cm4% 水泥稳定碎石 +18cm 级配碎石		
		机动车道平石	花岗岩		
		平石尺寸	1000mm×250mm×120mm		
	人行道	面层做法	4cm 彩色透水混凝土 +6cm 原色透水混凝土		
		基层做法	15cmC20 混凝土 +10cm 级配碎石		
		压条尺寸	1000mm×150mm×160mm		
		车止石	ϕ250mm×700mm 花岗岩		
	非机动车道	面层做法	4cm 彩色透水混凝土 +6cm 原色透水混凝土		
		基层做法	15cmC20 混凝土 +10cm 级配碎石		
	绿化带	侧石尺寸	1000mm×300mm×150mm		
		绿化带宽度（m）	6		
附属工程					
地基处理		处理面积 91212m²，处理方式为换填砂碎石			
绿化及喷灌		乔木（胸径）：大腹木棉 26~40cm、红花紫荆 9~10cm、细叶榄仁 13~18cm、多头香樟不小于 15cm、仁面子 13~15cm、宫粉紫荆 11~12cm、鸡蛋花 15cm、木棉 22~25cm、水石榕 13~15cm、美丽异木棉 16~18cm、桃花心木 16~18cm、香樟 16~18cm、秋枫 16~18cm、桂花 7~8cm、小叶紫薇 7~8cm；养护期：12 个月			
		灌木（苗高×冠幅）：紫锦木 200cm×120cm、角径野牡丹 150cm×150cm、琴叶珊瑚 150cm×120cm、毛杜鹃球 120cm×120cm、海桐球 120cm×120cm、狗牙花球 120cm×120cm、红继木球 120cm×120cm、花叶女贞球 120cm×120cm；养护期：3 个月			
		露地花卉及地被（种植密度）：鸢尾 25 袋/m²、花叶芒 16 袋/m²、巴西野牡丹 36 袋/m²、山菅兰 36 袋/m²、肾蕨 36 袋/m²、红背桂 36 袋/m²、金边假连翘 36 袋/m²、红花龙船花 36 袋/m²、葱兰 64 袋/m²、金边麦冬 25 袋/m²、翠芦莉 36 袋/m²、黄花美人蕉 16 袋/m²、毛杜鹃 36 袋/m²、风车草 9 袋/m²、时花 64 袋/m²、大叶油草 100cm×50cm/件；养护期：3 个月			
照明		LED 灯 167 套			
交通设施及监控		标识标线、信号灯			
给水		铸铁管 DN100~600、砌筑井 80 座、挡土板			
排水		污水：混凝土管 ϕ500~ϕ800、混凝土井 119 座			
		雨水：混凝土管 ϕ300~ϕ1200、混凝土井 115 座			
		支护方式：钢板桩			
综合管廊		管廊长度 1170m，管廊水平投影面积 2808m²，平均埋深 2m，截面尺寸 2.4m×3.3m、2.4m×4m，断面外仓面积 11.7m²、13.8m²，内径 2400mm×3300mm、2400mm×4000mm，外壁壁厚 300mm，基坑支护：打拔钢板桩；外壁防水做法：3mm 自粘防水卷材；地板防水做法：3mm 自粘防水卷材；顶板防水做法：3mm 自粘防水卷材；管廊内包含系统：照明动力系统			
管沟		含电缆沟、检查井、保护管			
其他		消防工程			

工程造价指标分析表　　　　　　　表 1-16-2

总面积（m²）	73541.70	经济指标（元/m²）		2256.76
总长度（m）	2367.00	经济指标（元/m）		70116.73
专业	工程造价（万元）	造价比例	经济指标（元/m²）	经济指标（元/m）
地基处理	3776.19	22.75%	414.00①	—
道路	4540.64	27.36%	617.42	19183.10
绿化及喷灌	557.34	3.36%	75.79	2354.63
照明	451.86	2.72%	61.44	1909.02
交通设施及监控	484.27	2.92%	65.85	2045.93
给水	395.77	2.38%	53.82	1672.02
排水	2819.44	16.99%	383.38	11911.47
综合管廊	2684.35	16.17%	9559.66②	22943.17③
管沟	807.87	4.87%	109.85	3413.07
其他	78.89	0.48%	10.73	333.28

①地基处理指标是以处理面积为计算基础。

②③综合管廊指标以综合管廊水平投影面积、综合管廊长度为计算基础。

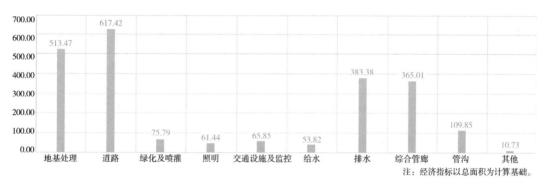

图 1-16-1　经济指标对比（元/m²）

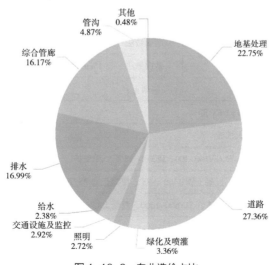

图 1-16-2　专业造价占比

某沥青次干道 12

工程概况表　　　　　表 1-17-1

计价时期	年份	2020	计价地区	省份	广东	建设类型	改建
	月份	6		城市	珠海	工程造价（万元）	4456.98
计价依据（清单）		2013	计价依据（定额）		2018	计税模式	增值税
道路工程							
道路等级		次干道	道路类别	沥青混凝土道路		车道数（双向）	4 车道
道路面积（m²）		24774.76	机动车道面积（m²）		21193.63		
			人行道面积（m²）		74.00		
			非机动车道面积（m²）		3507.13		
			绿化带面积（m²）		0.00		
道路长度（m）		1038.07	道路宽度（m）		24.00		
道路	机动车道	面层做法	4cm 细粒式改性沥青混凝土（AC-13C）+6cm 中粒式改性沥青混凝土（AC-20C）				
		基层做法	20cm5.5% 水泥稳定碎石 +15cm4.5% 水泥稳定石屑				
		机动车道平石	花岗岩				
		平石尺寸	500mm×350mm×100mm				
	人行道	面层做法	23cm×11.5cm×6cm 透水砖				
		基层做法	15cm5% 水泥稳定石屑				
		侧石尺寸	1000mm×450mm×120mm 花岗岩				
	非机动车道	面层做法	3cmC25 彩色强固透水泥混凝土				
		基层做法	15cmC25 原色透水混凝土 +15cm 级配碎石				
附属工程							
照明	LED 灯 63 套						
交通设施及监控	标识标线						
给水	铸铁管 DN100~300、砌筑井 28 座、无支护						
排水	污水：混凝土管 φ400~φ600、混凝土井 25 座						
	雨水：铸铁管 DN600~1000、混凝土井 27 座						
	支护方式：钢板桩						
管沟	通信排管，10kV 甲、乙型电缆沟						

工程造价指标分析表 表 1-17-2

总面积（m²）	24774.76		经济指标（元/m²）	1799.00
总长度（m）	1038.07		经济指标（元/m）	42935.25
专业	工程造价（万元）	造价比例	经济指标（元/m²）	经济指标（元/m）
道路	2034.29	45.64%	821.12	19596.88
照明	196.79	4.42%	79.43	1895.77
交通设施及监控	238.61	5.35%	96.31	2298.62
给水	100.88	2.26%	40.72	971.83
排水	1264.17	28.37%	510.27	12178.09
管沟	622.23	13.96%	251.15	5994.06

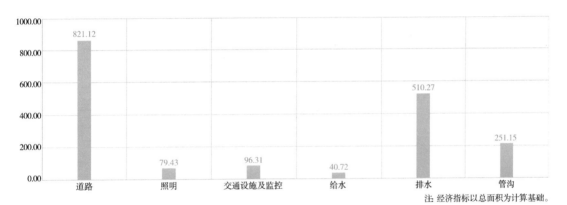

注：经济指标以总面积为计算基础。

图 1-17-1 经济指标对比（元/m²）

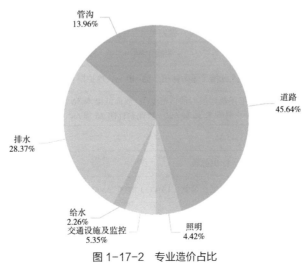

图 1-17-2 专业造价占比

某沥青次干道 13

工程概况表 表 1-18-1

计价时期	年份	2018	计价地区	省份	广东	建设类型	改建
	月份	5		城市	佛山	工程造价（万元）	1363.12
计价依据（清单）		2013	计价依据（定额）		2010	计税模式	增值税
道路工程							
道路等级		次干道	道路类别	沥青混凝土道路		车道数（双向）	4 车道
道路面积（m²）		31241.03		机动车道面积（m²）		14995.87	
				人行道面积（m²）		11506.76	
				非机动车道面积（m²）		2774.40	
				绿化带面积（m²）		1964.00	
道路长度（m）		2674.00		道路宽度（m）		12.00	
道路	机动车道		面层做法	4cm 细粒式改性沥青混凝土（AC-13C）+5cm 中粒式普通沥青混凝土（AC-20C）			
			机动车道平石	水泥混凝土			
			平石尺寸	400mm×100mm			
	人行道		面层做法	5cm 荔枝面混凝土仿黄锈石砖			
			基层做法	10cmC25 透水混凝土 +20cm 级配碎石			
			人行道侧石	水泥混凝土			
			侧石尺寸	490mm×150mm×400mm			
			压条尺寸	1000mm×100mm×150mm			
			树穴尺寸	1200mm×1200mm			
	非机动车道		面层做法	30cm 厚 6mm 粒径 C25 绿色强固透水混凝土 +120cm 厚 10mm 粒径 C25 绿色强固透水混凝土			
			基层做法	3cm 滤砂层 +20cm 级配碎石			
	绿化带		绿化带侧石	水泥混凝土			
			侧石尺寸	1200mm×150mm×150mm			
附属工程							
绿化及喷灌		乔木：大叶榕（场内移植）35~40cm；养护期：3 个月，修剪现状乔木 35~40cm					
		露地花卉及地被（种植密度）：双面红继木 36 袋 /m²、黄金叶 36 袋 /m²、大叶龙船花 36 袋 /m²、鸭脚木 36 袋 /m²、紫花勒杜鹃 36 袋 /m²、银边草 36 袋 /m²；养护期：12 个月					
照明		LED 灯 45 套					
交通设施及监控		信号灯、标识标线					
排水		污水：硬聚氯乙烯管（UPVC）φ200~φ600、混凝土井 44 座					
		支护方式：无支护					
其他		园建工程					

工程造价指标分析表 表 1-18-2

总面积（m²）	31241.03		经济指标（元/m²）	436.32
总长度（m）	2674.00		经济指标（元/m）	5097.66
专业	工程造价（万元）	造价比例	经济指标（元/m²）	经济指标（元/m）
道路	913.46	67.01%	292.38	3416.07
绿化及喷灌	116.63	8.56%	37.33	436.15
照明	135.13	9.91%	43.26	505.36
交通设施及监控	110.40	8.10%	35.34	412.85
排水	53.39	3.92%	17.09	199.65
其他	34.11	2.50%	10.92	127.58

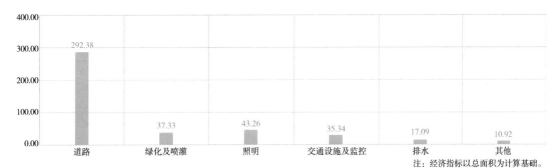

注：经济指标以总面积为计算基础。

图 1-18-1 经济指标对比（元/m²）

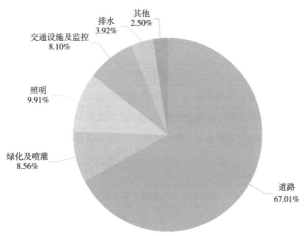

图 1-18-2 专业造价占比

某沥青次干道14

工程概况表　　　　表1-19-1

计价时期	年份	2017	计价地区	省份	广东	建设类型	新建
	月份	12		城市	珠海	工程造价（万元）	691.98
计价依据（清单）		2013	计价依据（定额）		2010	计税模式	增值税
道路工程							
道路等级		次干道	道路类别	沥青混凝土道路		车道数（单向）	2车道
道路面积（m²）		3820.90	机动车道面积（m²）		1614.00		
			人行道面积（m²）		1781.00		
			非机动车道面积（m²）		425.90		
			绿化带面积（m²）		0.00		
道路长度（m）		170.00	道路宽度（m）		24.00		
道路	机动车道	面层做法	4m细粒式改性沥青混凝土（AC-13C）+5cm中粒式普通沥青混凝土（AC-16C）+7cm中粒式普通沥青混凝土（AC-20C）				
		基层做法	35cm水泥稳定碎石层+18cm水泥稳定石屑层+15cm水泥碎石级配层				
		机动车道平石	仿花岗岩				
		平石尺寸	600mm×150mm×100mm				
	人行道	面层做法	10cmC25原色透水混凝土				
		基层做法	15cm级配碎石垫层				
		侧石尺寸	1000mm×150mm×100mm				
	非机动车道	面层做法	3cm彩色强固透水混凝土				
		基层做法	15cmC25原色透水混凝土+15cm水泥稳定碎石层+15cm级配碎石层				
附属工程							
地基处理		处理面积4898.9m²，处理方式为塑料排水板、堆载预压					
绿化及喷灌		乔木（胸径）：海南蒲桃14~15cm、凤凰木14~15cm；养护期：12个月					
		露地花卉及地被（种植密度）：小兔子狼尾草36袋/m²、马尼拉草满铺；养护期：12个月					
照明		LED灯14套					
交通设施及监控		标识标线、信号灯、视频监控、电子警察					
给水		铸铁管DN100~500、混凝土井7座、无支护					

续表

排水	污水：铸铁管 DN400~500、混凝土井 14 座
	雨水：混凝土管 φ300~φ800、混凝土井 12 座
	支护方式：钢板桩
综合管廊	管廊舱数：2，管廊长度 170m，管廊水平投影面积 421.6m²，平均埋深 1.7m，截面尺寸 2.48m×1.1m，外壁壁厚 240mm，管廊内包含系统：电力系统、通信系统
管沟	通信管沟

工程造价指标分析表　　表 1-19-2

| 总面积（m²） | 3820.90 | 经济指标（元/m²） | 1811.04 |
| 总长度（m） | 170.00 | 经济指标（元/m） | 40704.71 |

专业	工程造价（万元）	造价比例	经济指标（元/m²）	经济指标（元/m）
地基处理	319.60	46.19%	652.39[①]	—
道路	114.11	16.49%	298.65	6712.33
绿化及喷灌	24.67	3.56%	64.56	1451.03
照明	12.52	1.81%	32.78	736.76
交通设施及监控	12.89	1.86%	33.72	757.95
给水	34.74	5.02%	90.93	2043.66
排水	99.57	14.39%	260.60	5857.24
综合管廊	70.30	10.16%	1667.47[②]	4135.32[③]
管沟	3.58	0.52%	9.36	210.33

①地基处理指标是以处理面积为计算基础。
②③综合管廊指标以综合管廊水平投影面积、综合管廊长度为计算基础。

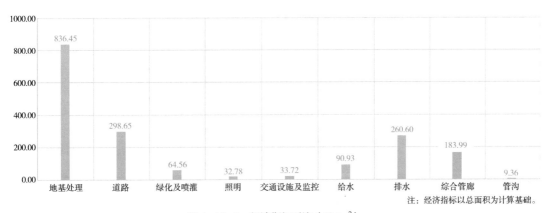

图 1-19-1　经济指标对比（元/m²）

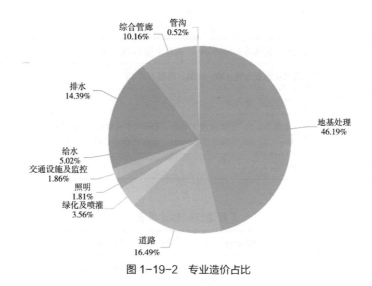

图 1-19-2　专业造价占比

某沥青次干道 15

工程概况表　　　　　　　　　　　　　　　　　　表 1-20-1

计价时期	年份	2017		省份	广东	建设类型	新建
	月份	12	计价地区	城市	珠海	工程造价（万元）	638.49
计价依据（清单）		2013	计价依据（定额）		2010	计税模式	增值税
道路工程							
道路等级		次干道	道路类别	沥青混凝土道路		车道数（单向）	2 车道
道路面积（m²）		4282.00		机动车道面积（m²）		1662.00	
				人行道面积（m²）		1833.00	
				非机动车道面积（m²）		437.00	
				绿化带面积（m²）		350.00	
道路长度（m）		175.00		道路宽度（m）		24.00	
道路		机动车道	面层做法	4m 细粒式改性沥青混凝土（AC-13C）+5cm 中粒式普通沥青混凝土（AC-16C）+7cm 中粒式普通沥青混凝土（AC-20C）			
			基层做法	35cm 水泥稳定碎石层 +18cm 水泥稳定石屑层 +15cm 水泥碎石级配层			
			机动车道平石	仿花岗岩			
			平石尺寸	600mm×150mm×100mm			

续表

道路	人行道	面层做法	10cmC25 原色透水混凝土
		基层做法	15cm 级配碎石垫层
		侧石尺寸	1000mm×400mm×150mm
	非机动车道	面层做法	3cm 彩色强固透水混凝土
		基层做法	15cmC25 原色透水混凝土 +15cm 水泥稳定碎石层 + 15cm 级配碎石层
	绿化带	绿化带宽度（m）	2
附属工程			
地基处理	处理面积 5031m²，处理方式为堆载预压、塑料排水板		
绿化及喷灌	乔木（胸径）：海南蒲桃 14~15cm、凤凰木 14~15cm；养护期：12 个月		
	露地花卉及地被（种植密度）：小兔子狼尾草 36 袋 /m²、马尼拉草满铺；养护期：12 个月		
照明	LED 灯 15 套		
交通设施及监控	标识标线、信号灯、视频监控、电子警察		
给水	铸铁管 DN100~500、混凝土井 4 座、无支护		
排水	污水：铸铁管 DN400~500、混凝土井 18 座		
	雨水：混凝土管 φ300~φ600、混凝土井 14 座		
	支护方式：无支护		
综合管廊	管廊舱数：2，管廊长度 175m，管廊水平投影面积 434m²，平均埋深 1.7m，截面尺寸 2.48m×1.1m，外壁壁厚 240mm；管廊内包含系统：电力系统、通信系统		
管沟	通信管沟		

工程造价指标分析表　　　　　　　　表 1-20-2

总面积（m²）	4282.00	经济指标（元 /m²）	1491.09	
总长度（m）	175.00	经济指标（元 /m）	36484.90	
专业	工程造价（万元）	造价比例	经济指标（元 /m²）	经济指标（元 /m）
地基处理	286.43	44.86%	569.33[①]	—
道路	117.26	18.36%	273.83	6700.44
绿化及喷灌	25.31	3.96%	59.11	1446.40
照明	16.21	2.54%	37.86	926.31
交通设施及监控	7.45	1.17%	17.40	425.68
给水	36.56	5.73%	85.38	2089.03
排水	73.18	11.46%	170.91	4181.87
综合管廊	72.51	11.36%	1670.74[②]	4143.45[③]
管沟	3.58	0.56%	8.35	204.32

①地基处理指标是以处理面积为计算基础。
②③综合管廊指标以综合管廊水平投影面积、综合管廊长度为计算基础。

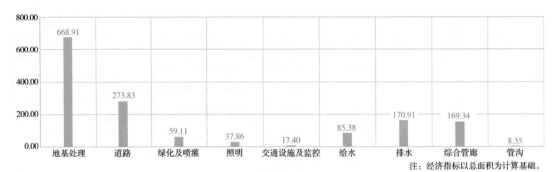

注：经济指标以总面积为计算基础。

图 1-20-1　经济指标对比（元/m²）

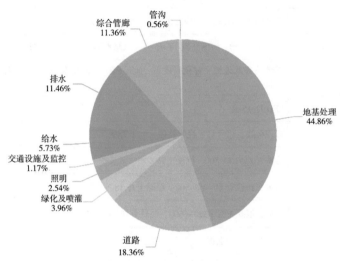

图 1-20-2　专业造价占比

某沥青次干道 16

工程概况表　　　　　　　　　　表 1-21-1

计价时期	年份	2022	计价地区	省份	广东	建设类型	扩建
	月份	8		城市	东莞	工程造价（万元）	2387.99
计价依据（清单）		2013	计价依据（定额）		2018	计税模式	增值税
道路工程							
道路等级		次干道	道路类别	沥青混凝土道路		车道数（双向）	4 车道
道路面积（m²）		13037.84	机动车道面积（m²）		7688.61		
			人行道面积（m²）		4589.82		
			非机动车道面积（m²）		759.41		
			绿化带面积（m²）		0.00		

续表

道路长度（m）			629.00	道路宽度（m）	18.00/24.00
道路	机动车道	面层做法		4cm 改性沥青玛琋脂混合料（SMA-13）+6cm 中粒式改性沥青混凝土（AC-20C）+7.5cm 粗粒式沥青混凝土（AC-25C）	
		基层做法		20cm4% 水泥稳定石屑 +26cm5% 水泥稳定碎（砾）石 +10cm5% 水泥稳定碎（砾）石	
		机动车道平石		花岗岩	
		平石尺寸		150mm×350mm×1000mm	
	人行道	面层做法		5cm 厚芝麻灰花岗岩	
		基层做法		15cm5% 水泥稳定石屑	
		侧石尺寸		100mm×200mm×1000mm	
		车止石		φ300mm×700mm 花岗岩	
		树穴尺寸		100mm×200mm×1000mm	
	非机动车道	面层做法		3cm 铁红色细粒式改性沥青混凝土（AC-10C）+4cm 细粒式沥青混凝土（AC-13C）	
		基层做法		15cm5% 水泥稳定石屑	
附属工程					
地基处理			处理面积 13216.46m², 处理方式为换填砂碎石 8939.73m²、水泥搅拌桩 4276.73m²		
绿化及喷灌			乔木（胸径）：澳洲火焰木 15~16cm；养护期：6 个月		
照明			LED 灯 28 套		
交通设施及监控			标识标线		
给水			铸铁管 DN300、砌筑井 23 座、无支护		
排水			污水：混凝土管 φ200~φ800、混凝土井 23 座		
			雨水：混凝土管 φ300~φ1200、混凝土井 31 座		
			支护方式：钢板桩		
渠、涵			渠、涵类型：混凝土箱涵，体积为 971.52m³，尺寸：长 × 宽 × 高为 33m×9.2m×3.2m		
管沟			电缆沟		
其他			拆除现状人行道、现状混凝土机动车道、现状路缘石，铣刨沥青混凝土路面		

工程造价指标分析表　　　　　　　　表 1-21-2

总面积（m²）		13037.84	经济指标（元 /m²）	1831.58
总长度（m）		629.00	经济指标（元 /m）	37964.84
专业	工程造价（万元）	造价比例	经济指标（元 /m²）	经济指标（元 /m）
地基处理	480.80	20.13%	363.79①	—
道路	681.34	28.53%	522.59	10832.10
绿化及喷灌	68.99	2.89%	52.91	1096.79
照明	74.48	3.12%	57.13	1184.09
交通设施及监控	20.17	0.84%	15.47	320.61
给水	108.79	4.56%	83.44	1729.60
排水	631.52	26.45%	484.37	10040.00
渠、涵	118.32	4.95%	90.75	1881.02
管沟	144.59	6.06%	110.90	2298.81
其他	58.99	2.47%	45.25	937.91

①地基处理指标是以处理面积为计算基础。

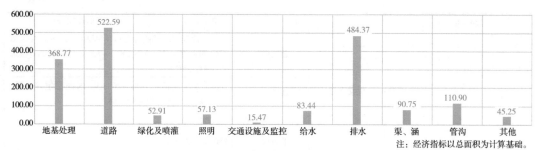

图 1-21-1　经济指标对比（元/m²）

注：经济指标以总面积为计算基础。

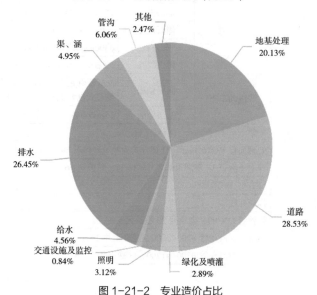

图 1-21-2　专业造价占比

某沥青支道 1

工程概况表　　　　　　　　　　　表 1-22-1

计价时期	年份	2019	计价地区	省份	广东	建设类型	新建
	月份	3		城市	惠州	工程造价（万元）	2364.50
计价依据（清单）		2013	计价依据（定额）		2018	计税模式	增值税
道路工程							
道路等级		支道	道路类别		沥青混凝土道路	车道数（双向）	2 车道
道路面积（m²）		15507.09		机动车道面积（m²）			6383.84
				人行道面积（m²）			3632.14
				非机动车道面积（m²）			3647.91
				绿化带面积（m²）			1843.20

052

续表

道路长度（m）			768.00		道路宽度（m）		18.00

道路	机动车道	面层做法	4cm 细粒式改性沥青混凝土（AC-13C）+6cm 中粒式沥青混凝土（AC-20C）
		基层做法	22cmC35 水泥混凝土面板 +18cm5% 水泥稳定碎石 +18cm4% 水泥稳定碎石
		机动车道平石	花岗岩
		平石尺寸	1000mm × 100mm × 250mm
	人行道	面层做法	25cm × 25cm × 6cmC40 彩色透水砖
		基层做法	15cm 碎石垫层 +10cmC20 素色透水混凝土
		侧石尺寸	500mm × 100mm × 200mm
	非机动车道	面层做法	4cm 细粒式改性沥青混凝土（AC-13C）+6cm 中粒式沥青混凝土（AC-20C）
		基层做法	22cmC35 水泥混凝土面板 +18cm5% 水泥稳定碎石 +18cm4% 水泥稳定碎石
	绿化带	侧石尺寸	500mm × 100mm × 200mm
		绿化带宽度（m）	1.2 × 2
附属工程			
地基处理			处理面积 4965m²，处理方式为换填石屑
绿化及喷灌			乔木（胸径）：小叶榄仁 11~13cm；养护期：12 个月
			灌木（苗高 × 冠幅）：福建茶 25cm × 20cm；养护期：12 个月
交通设施及监控			标识标线、信号灯、视频监控、电子警察
排水			污水：高密度聚乙烯管（HDPE）φ400，混凝土井 25 座
			雨水：混凝土管 φ300~φ1000，混凝土井 28 座
			支护方式：钢板桩
渠、涵			渠、涵类型：钢筋混凝土圆管涵，体积：126.73m³；尺寸：长为 71.75m，直径为 1.5m

工程造价指标分析表　　　　　　　　　表 1-22-2

总面积（m²）		15507.09	经济指标（元 /m²）		1524.79
总长度（m）		768.00	经济指标（元 /m）		30787.81
专业	工程造价（万元）	造价比例	经济指标（元 /m²）		经济指标（元 /m）
地基处理	615.59	26.03%	1239.86①		—
道路	970.87	41.06%	626.09		12641.52
绿化及喷灌	70.11	2.97%	45.21		912.83
交通设施及监控	106.24	4.49%	68.51		1383.37
排水	527.64	22.32%	340.26		6870.34
渠、涵	74.05	3.13%	47.75		964.24

①地基处理指标是以处理面积为计算基础。

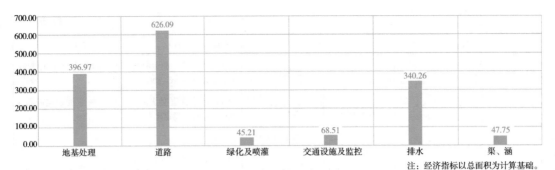

注：经济指标以总面积为计算基础。

图 1-22-1　经济指标对比（元/m²）

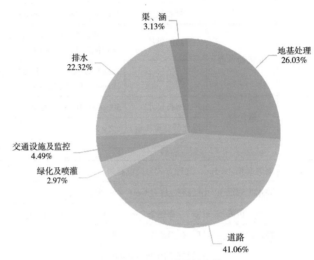

图 1-22-2　专业造价占比

某沥青支道 2

工程概况表　　　　　　　　　　表 1-23-1

计价时期	年份	2019	计价地区	省份	广东	建设类型	新建
	月份	3		城市	惠州	工程造价（万元）	717.89
计价依据（清单）		2013	计价依据（定额）		2018	计税模式	增值税
道路工程							
道路等级		支道	道路类别	沥青混凝土道路		车道数（双向）	2 车道
道路面积（m²）		5076.35	机动车道面积（m²）		1848.80		
			人行道面积（m²）		1100.63		
			非机动车道面积（m²）		1188.52		
			绿化带面积（m²）		938.40		

续表

道路长度（m）	291.00		道路宽度（m）	18.00
道路	机动车道	面层做法	4cm 细粒式改性沥青混凝土（AC-13C）+6cm 中粒式沥青混凝土（AC-20C）	
		基层做法	22cmC35 水泥混凝土面板 +18cm5% 水泥稳定碎石 +18cm4% 水泥稳定碎石	
		机动车道平石	花岗岩	
		平石尺寸	1000mm × 100mm × 250mm	
	人行道	面层做法	25cm × 25cm × 6cmC40 彩色透水砖	
		基层做法	15cm 碎石垫层 +10cmC20 素色透水混凝土	
		侧石尺寸	500mm × 100mm × 200mm	
	非机动车道	面层做法	4cm 细粒式改性沥青混凝土（AC-13C）+6cm 中粒式沥青混凝土（AC-20C）	
		基层做法	22cmC35 水泥混凝土面板 +18cm5% 水泥稳定碎石 +18cm4% 水泥稳定碎石	
	绿化带	侧石尺寸	500mm × 100mm × 200mm	
		绿化带宽度（m）	1.2 × 2	
附属工程				
地基处理	处理面积 9000m²，处理方式为换填石屑			
绿化及喷灌	乔木（胸径）：小叶榄仁 11~13cm；养护期：12 个月			
	灌木（苗高 × 冠幅）：福建茶 25cm × 20cm；养护期：12 个月			
交通设施及监控	标识标线、信号灯			
排水	污水：高密度聚乙烯管（HDPE）ϕ400、混凝土井 17 座			
	雨水：混凝土管 ϕ300~ϕ1000、混凝土井 17 座			
	支护方式：钢板桩			
渠、涵	渠、涵类型：钢筋混凝土圆管涵，体积：40.62m³，尺寸：长为 23m，直径为 1.5m			

工程造价指标分析表　　　　　　　　表 1-23-2

总面积（m²）	5076.35		经济指标（元 /m²）	1414.19
总长度（m）	291.00		经济指标（元 /m）	24669.92
专业	工程造价（万元）	造价比例	经济指标（元 /m²）	经济指标（元 /m）
地基处理	131.05	18.26%	145.62[①]	—
道路	320.28	44.61%	630.91	11006.03
绿化及喷灌	34.47	4.80%	67.91	1184.63
交通设施及监控	51.47	7.17%	101.39	1768.73
排水	156.48	21.80%	308.25	5377.33
渠、涵	24.14	3.36%	47.56	829.61

①地基处理指标是以处理面积为计算基础。

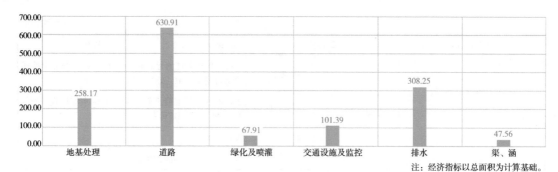

图 1-23-1　经济指标对比（元/m²）

注：经济指标以总面积为计算基础。

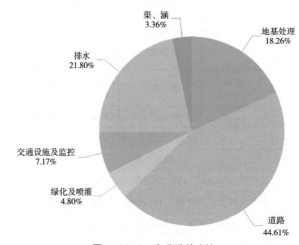

图 1-23-2　专业造价占比

某沥青支道 3

工程概况表　　　　　　　　　　　　　　表 1-24-1

计价时期	年份	2019	计价地区	省份	广东	建设类型	新建
	月份	3		城市	惠州	工程造价（万元）	1793.80
计价依据（清单）		2013	计价依据（定额）		2018	计税模式	增值税
道路工程							
道路等级		支道	道路类别	沥青混凝土道路		车道数（双向）	2 车道
道路面积（m²）		8915.04		机动车道面积（m²）		3459.51	
				人行道面积（m²）		1736.42	
				非机动车道面积（m²）		2223.91	
				绿化带面积（m²）		1495.20	

续表

道路长度（m）			563.00	道路宽度（m）	18.00
道路	机动车道	面层做法	4cm 细粒式改性沥青混凝土（AC-13C）+6cm 中粒式沥青混凝土（AC-20C）		
		基层做法	22cmC35 水泥混凝土面板 +18cm5% 水泥稳定碎石 +18cm4% 水泥稳定碎石		
		机动车道平石	花岗岩		
		平石尺寸	1000mm × 100mm × 250mm		
	人行道	面层做法	6cm 彩色透水砖		
		基层做法	15cm 碎石垫层 +10cmC20 素色透水混凝土		
		侧石尺寸	500mm × 100mm × 200mm		
	非机动车道	面层做法	4cm 细粒式改性沥青混凝土（AC-13C）+6cm 中粒式沥青混凝土（AC-20C）		
		基层做法	22cmC35 水泥混凝土面板 +18cm5% 水泥稳定碎石 +18cm4% 水泥稳定碎石		
	绿化带	侧石尺寸	500mm × 100mm × 200mm		
		绿化带宽度（m）	1.2 × 2		
附属工程					
地基处理		处理面积 6060m²，处理方式为水泥搅拌桩			
绿化及喷灌		乔木（胸径）：小叶榄仁 11~13cm；养护期：12 个月			
		灌木（苗高 × 冠幅）：福建茶 25cm × 20cm；养护期：12 个月			
交通设施及监控		标识标线、信号灯、视频监控、电子警察			
排水		污水：高密度聚乙烯管（HDPE）ϕ400、混凝土井 28 座			
		雨水：混凝土管 ϕ300~ϕ1000、混凝土井 30 座			
		支护方式：钢板桩			
渠、涵		渠、涵类型：钢筋混凝土圆管涵，体积：87.43m³，尺寸：长为 49.5m，直径为 1.5m			
综合管廊		管廊舱数：2，管廊长度 483.93m，管廊水平投影面积 1113.04m²，平均埋深 2.5m，截面尺寸 2.3m×1.2m，断面外仓面积 2.76m²，内径 850mm×1170mm，外壁壁厚 150mm；基坑支护：无支护；软基处理：回填石屑；外壁防水做法：CPS-CL 反应粘结型高分子湿铺防水卷材 I 型（立面）；地板防水做法：CPS-CL 反应粘结型高分子湿铺防水卷材 I 型（平面）；顶板防水做法：1.2mm 厚耐根穿刺防水卷材			

工程造价指标分析表　　　　　　　　　　表 1-24-2

总面积（m²）	8915.04	经济指标（元 /m²）	2012.11
总长度（m）	563.00	经济指标（元 /m）	31861.47

续表

专业	工程造价（万元）	造价比例	经济指标（元/m²）	经济指标（元/m）
地基处理	477.29	26.61%	787.61[①]	—
道路	511.38	28.51%	573.63	9083.21
绿化及喷灌	49.38	2.75%	55.39	877.14
交通设施及监控	97.78	5.45%	109.68	1736.81
排水	303.66	16.93%	340.61	5393.59
渠、涵	49.68	2.77%	55.73	882.43
综合管廊	304.62	16.98%	2736.84[②]	6294.75[③]

①地基处理指标是以处理面积为计算基础。
②③综合管廊指标以综合管廊水平投影面积、综合管廊长度为计算基础。

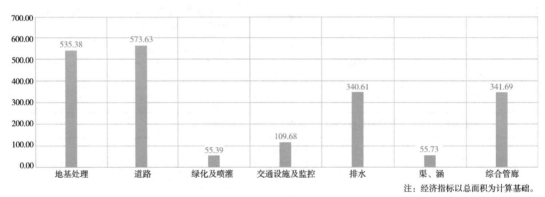

注：经济指标以总面积为计算基础。

图 1-24-1　经济指标对比（元/m²）

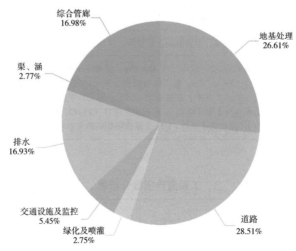

图 1-24-2　专业造价占比

某沥青支道 4

工程概况表

表 1-25-1

计价时期	年份	2019	计价地区	省份	广东	建设类型	新建
	月份	3		城市	惠州	工程造价（万元）	1137.64
计价依据（清单）		2013	计价依据（定额）		2018	计税模式	增值税
道路工程							
道路等级		支道	道路类别	沥青混凝土道路		车道数（双向）	2 车道
道路面积（m²）		10262.61		机动车道面积（m²）		4434.96	
				人行道面积（m²）		2023.79	
				非机动车道面积（m²）		2534.26	
				绿化带面积（m²）		1269.60	
道路长度（m）		529.00		道路宽度（m）		18.00	
道路	机动车道		面层做法	4cm 细粒式改性沥青混凝土（AC-13C）+6cm 中粒式沥青混凝土（AC-20C）			
			基层做法	22cmC35 水泥混凝土面板 +18cm5% 水泥稳定碎石 +18cm4% 水泥稳定碎石			
			机动车道平石	花岗岩			
			平石尺寸	1000mm×100mm×250mm			
	人行道		面层做法	25cm×25cm×6cmC40 彩色透水砖			
			基层做法	15cm 碎石垫层 +10cmC20 素色透水混凝土			
			侧石尺寸	500mm×100mm×200mm			
	非机动车道		面层做法	4cm 细粒式改性沥青混凝土（AC-13C）+6cm 中粒式沥青混凝土（AC-20C）			
			基层做法	22cmC35 水泥混凝土面板 +18cm5% 水泥稳定碎石 +18cm4% 水泥稳定碎石			
	绿化带		侧石尺寸	500mm×100mm×200mm			
			绿化带宽度（m）	1.2×2			
附属工程							
地基处理		处理面积 4965m²，处理方式为换填石屑					
绿化及喷灌		乔木（胸径）：小叶榄仁 11~13cm；养护期：12 个月					
		灌木（苗高×冠幅）：福建茶 25cm×20cm；养护期：12 个月					
交通设施及监控		标识标线、信号灯、视频监控、电子警察					
排水		污水：高密度聚乙烯管（HDPE）φ400、混凝土井 25 座					
		雨水：混凝土管 φ300~φ1000、混凝土井 28 座					
		支护方式：钢板桩					
渠、涵		渠、涵类型：钢筋混凝土圆管涵，体积：51.22m³，尺寸：长为 29m，直径为 1.5m					

工程造价指标分析表

表 1-25-2

总面积（m²）	10262.61		经济指标（元/m²）		1108.53
总长度（m）	529.00		经济指标（元/m）		21505.56
专业	工程造价（万元）	造价比例		经济指标（元/m²）	经济指标（元/m）
地基处理	77.65	6.83%		156.39[①]	—
道路	610.42	53.66%		594.80	11539.22
绿化及喷灌	47.46	4.17%		46.25	897.15
交通设施及监控	125.60	11.04%		122.39	2374.29
排水	238.34	20.95%		232.24	4505.53
渠、涵	38.17	3.35%		37.19	721.56

①地基处理指标是以处理面积为计算基础。

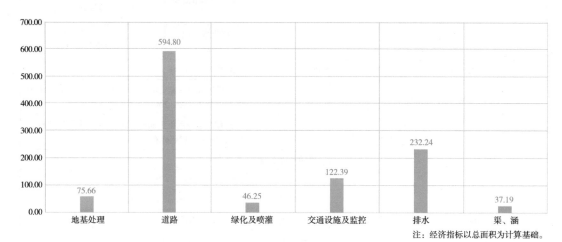

注：经济指标以总面积为计算基础。

图 1-25-1　经济指标对比（元/m²）

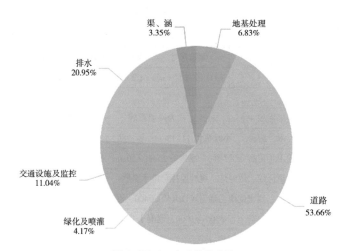

图 1-25-2　专业造价占比

某沥青支道5

工程概况表

表 1-26-1

计价时期	年份	2019	计价地区	省份	广东	建设类型	新建
	月份	12		城市	佛山	工程造价（万元）	4350.18
计价依据（清单）		2013	计价依据（定额）		2018	计税模式	增值税
道路工程							
道路等级		支道	道路类别	沥青混凝土道路		车道数（双向）	4 车道
道路面积（m²）		38338.92		机动车道面积（m²）		18755.42	
				人行道面积（m²）		10048.50	
				非机动车道面积（m²）		0.00	
				绿化带面积（m²）		9535.00	
道路长度（m）		1471.67		道路宽度（m）		24.00	
道路	机动车道		面层做法	4cm 细粒式改性沥青混凝土（AC-13C）+6cm 中粒式普通沥青混凝土（AC-20C）			
			基层做法	18cm5% 水泥稳定级配碎石 +16cm3% 水泥稳定石屑			
			机动车道平石	花岗岩			
			平石尺寸	500mm × 300mm × 80mm			
	人行道		面层做法	3cm 火烧面花岗岩人行道砖			
			基层做法	15cmC15 混凝土			
			侧石尺寸	500mm × 150mm × 300mm			
			压条尺寸	490mm × 150mm × 230mm			
			树穴尺寸	1500mm × 1500mm			
	绿化带		侧石尺寸	500mm × 150mm × 600mm			
附属工程							
地基处理		处理面积 19734.9m²，处理方式为水泥搅拌桩					
绿化及喷灌		乔木（胸径）：香樟 13~15cm；养护期：12 个月					
		灌木（苗高 × 冠幅）：红继木球 10cm × 10cm；养护期：12 个月					
		露地花卉及地被（种植密度）：黄榕 36 袋 /m²、毛杜鹃 36 袋 /m²、大叶油草满铺、马尼拉草满铺；养护期：12 个月					
照明		LED 灯 85 套					
交通设施及监控		标识标线					
排水		污水：高密度聚乙烯管（HDPE）φ400、混凝土井 11 座					
		雨水：混凝土管 φ300~φ1000、混凝土井 61 座					
		支护方式：无支护					
渠、涵		渠、涵类型：混凝土箱涵，体积：3138.75m³，尺寸：长 × 宽 × 高为 31m×22.5m×4.5m					

工程造价指标分析表   表 1-26-2

总面积（m²）	38338.92		经济指标（元/m²）	1134.66
总长度（m）	1471.67		经济指标（元/m）	29559.46
专业	工程造价（万元）	造价比例	经济指标（元/m²）	经济指标（元/m）
地基处理	1448.53	33.30%	734.00①	—
道路	1547.33	35.57%	403.59	10514.09
绿化及喷灌	123.66	2.84%	32.25	840.27
照明	222.88	5.12%	58.13	1514.48
交通设施及监控	36.75	0.85%	9.59	249.73
排水	552.23	12.69%	144.04	3752.39
渠、涵	418.80	9.63%	109.24	2845.73

①地基处理指标是以处理面积为计算基础。

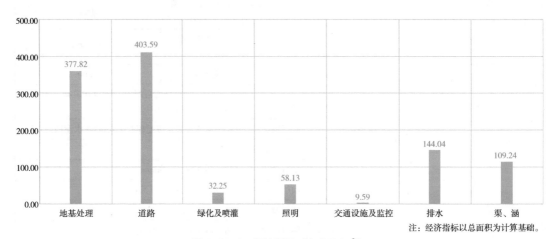

注：经济指标以总面积为计算基础。

图 1-26-1 经济指标对比（元/m²）

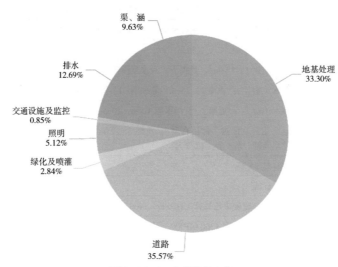

图 1-26-2 专业造价占比

某沥青支道 6

工程概况表　　　　　　　　　　表 1-27-1

计价时期	年份	2021	计价地区	省份	广东	建设类型	新建
	月份	6		城市	佛山	工程造价（万元）	234.15
计价依据（清单）		2013	计价依据（定额）		2018	计税模式	增值税
道路工程							
道路等级		支道	道路类别	沥青混凝土道路		车道数（双向）	2 车道
道路面积（m²）		2328.57		机动车道面积（m²）		1647.26	
				人行道面积（m²）		681.31	
				非机动车道面积（m²）		0.00	
				绿化带面积（m²）		0.00	
道路长度（m）		133.88		道路宽度（m）		15.00	
道路		机动车道	面层做法	4cm 细粒式改性沥青混凝土（AC-13C）+6cm 中粒式沥青混凝土（AC-20C）			
			基层做法	20cm5% 水泥稳定碎石 +15cm 未筛分碎石			
			机动车道平石	水泥混凝土			
			平石尺寸	1000mm×250mm×100mm			
		人行道	面层做法	6cm 建菱砖			
			基层做法	12cmC20 混凝土			
			侧石尺寸	500mm×150mm×300mm			
			压条尺寸	500mm×100mm×100mm			
			车止石	ϕ200mm×1000mm 花岗岩			
			树穴尺寸	1000mm×1000mm			
附属工程							
绿化及喷灌		乔木（胸径）：大腹木棉 18~20cm；养护期：12 个月					
照明		LED 灯 4 套					
交通设施及监控		标识标线					
排水		污水：高密度聚乙烯管（HDPE）ϕ400、混凝土井 7 座					
		雨水：混凝土管 ϕ600~ϕ1000、混凝土井 10 座					
		支护方式：无支护					

工程造价指标分析表 表 1-27-2

总面积（m²）	2328.57		经济指标（元/m²）	1005.57
总长度（m）	133.88		经济指标（元/m）	17489.44
专业	工程造价（万元）	造价比例	经济指标（元/m²）	经济指标（元/m）
道路	130.87	55.89%	562.02	9775.16
绿化及喷灌	7.91	3.38%	33.97	590.76
照明	9.43	4.03%	40.50	704.35
交通设施及监控	2.93	1.25%	12.57	218.59
排水	83.02	35.45%	356.51	6200.59

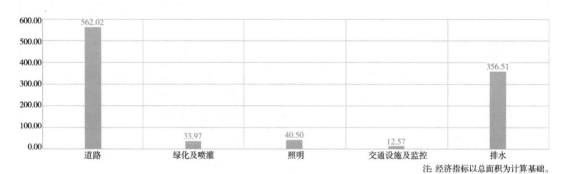

注：经济指标以总面积为计算基础。

图 1-27-1 经济指标对比（元/m²）

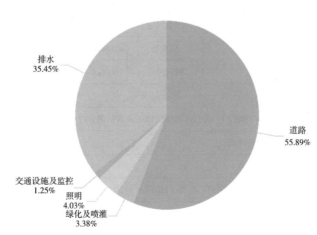

图 1-27-2 专业造价占比

某沥青支道 7

工程概况表

表 1-28-1

计价时期	年份	2021	计价地区	省份	广东	建设类型	新建
	月份	6		城市	佛山	工程造价（万元）	237.80
计价依据（清单）		2013	计价依据（定额）		2018	计税模式	增值税
道路工程							
道路等级		支道	道路类别	沥青混凝土道路		车道数（双向）	2 车道
道路面积（m²）		2584.23	机动车道面积（m²）			1766.89	
			人行道面积（m²）			817.34	
			非机动车道面积（m²）			0.00	
			绿化带面积（m²）			0.00	
道路长度（m）		185.61	道路宽度（m）			15.00	
道路	机动车道	面层做法	4cm 细粒式改性沥青混凝土（AC-13C）+6cm 中粒式沥青混凝土（AC-20C）				
		基层做法	20cm5% 水泥稳定碎石 +15cm 未筛分碎石				
		机动车道平石	水泥混凝土				
		平石尺寸	1000mm × 250mm × 100mm				
	人行道	面层做法	6cm 建菱砖				
		基层做法	12cmC20 混凝土				
		侧石尺寸	500mm × 150mm × 300mm				
		压条尺寸	500mm × 100mm × 100mm				
		车止石	ϕ200mm × 1000mm 花岗岩				
		树穴尺寸	1000mm × 1000mm				
附属工程							
绿化及喷灌		乔木（胸径）：大腹木棉 18~20cm；养护期：12 个月					
照明		LED 灯 13 套					
交通设施及监控		标识标线					
排水		污水：混凝土管 ϕ600、混凝土井 10 座					
		雨水：高密度聚乙烯管（HDPE）ϕ400、混凝土井 10 座					
		支护方式：无支护					

工程造价指标分析表   表 1-28-2

总面积（m²）	2584.23		经济指标（元/m²）		920.19
总长度（m）	185.61		经济指标（元/m）		12811.40
专业	工程造价（万元）	造价比例		经济指标（元/m²）	经济指标（元/m）
道路	131.91	55.47%		510.45	7106.76
绿化及喷灌	14.30	6.01%		55.33	770.28
照明	17.07	7.18%		66.04	919.50
交通设施及监控	3.42	1.44%		13.24	184.38
排水	71.10	29.90%		275.13	3830.48

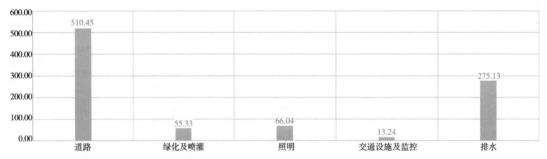

注：经济指标以总面积为计算基础。

图 1-28-1   经济指标对比（元/m²）

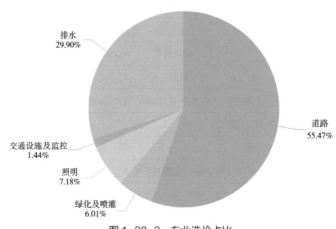

图 1-28-2   专业造价占比

某沥青支道 8

工程概况表   表 1-29-1

计价时期	年份	2021	计价地区	省份	广东	建设类型	新建
	月份	6		城市	佛山	工程造价（万元）	354.92
计价依据（清单）		2013	计价依据（定额）		2018	计税模式	增值税
道路工程							
道路等级		支道	道路类别	沥青混凝土道路		车道数（双向）	2 车道
道路面积（m²）		3470.66		机动车道面积（m²）		2252.60	
				人行道面积（m²）		1218.06	
				非机动车道面积（m²）		0.00	
				绿化带面积（m²）		0.00	
道路长度（m）		289.76		道路宽度（m）		15.00	
道路	机动车道		面层做法	4cm 细粒式改性沥青混凝土（AC-13C）+6cm 中粒式沥青混凝土（AC-20C）			
			基层做法	20cm5% 水泥稳定碎石 +15cm 未筛分碎石			
			机动车道平石	水泥混凝土			
			平石尺寸	1000mm×250mm×100mm			
	人行道		面层做法	6cm 建菱砖			
			基层做法	12cmC20 混凝土			
			侧石尺寸	500mm×150mm×300mm			
			压条尺寸	500mm×100mm×100mm			
			车止石	φ200mm×1000mm 花岗岩			
			树穴尺寸	1000mm×1000mm			
附属工程							
绿化及喷灌		乔木（胸径）：大腹木棉 18~20cm；养护期：12 个月					
照明		LED 灯 18 套					
交通设施及监控		标识标线					
排水		污水：高密度聚乙烯管（HDPE）φ400、混凝土井 15 座					
		雨水：混凝土管 φ600~φ1000、混凝土井 16 座					
		支护方式：无支护					

工程造价指标分析表　　　　　　　　　　　　　表 1-29-2

总面积（m²）	3470.66		经济指标（元/m²）		1022.64
总长度（m）	289.76		经济指标（元/m）		12248.79
专业	工程造价（万元）	造价比例	经济指标（元/m²）	经济指标（元/m）	
道路	149.72	42.18%	431.38	5166.98	
绿化及喷灌	24.64	6.94%	71.00	850.37	
照明	27.87	7.85%	80.30	961.75	
交通设施及监控	3.71	1.05%	10.69	128.00	
排水	148.99	41.98%	429.27	5141.70	

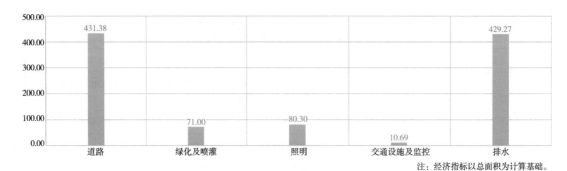

注：经济指标以总面积为计算基础。

图 1-29-1　经济指标对比（元/m²）

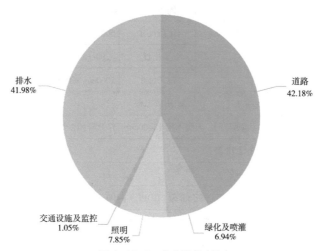

图 1-29-2　专业造价占比

某沥青支道 9

工程概况表 表 1-30-1

计价时期	年份	2021	计价地区	省份	广东	建设类型	新建
	月份	6		城市	佛山	工程造价（万元）	425.90
计价依据（清单）		2013	计价依据（定额）		2018	计税模式	增值税
道路工程							
道路等级		支道	道路类别	沥青混凝土道路		车道数（双向）	2 车道
道路面积（m²）		4051.68	机动车道面积（m²）			2793.69	
			人行道面积（m²）			1257.99	
			非机动车道面积（m²）			0.00	
			绿化带面积（m²）			0.00	
道路长度（m）		280.00	道路宽度（m）			15.00	
道路	机动车道	面层做法	4cm 细粒式改性沥青混凝土（AC-13C）+6cm 中粒式沥青混凝土（AC-20C）				
		基层做法	20cm5% 水泥稳定碎石 +15cm 未筛分碎石				
		机动车道平石	水泥混凝土				
		平石尺寸	1000mm×250mm×100mm				
	人行道	面层做法	6cm 透水砖				
		基层做法	12cmC20 混凝土				
		侧石尺寸	500mm×150mm×300mm				
		压条尺寸	500mm×100mm×100mm				
		车止石	φ200mm×1000mm 花岗岩				
		树穴尺寸	1000mm×1000mm				
附属工程							
绿化及喷灌		乔木（胸径）：大腹木棉 18~20cm；养护期：12 个月					
照明		LED 灯 18 套					
交通设施及监控		标识标线					
排水		污水：高密度聚乙烯管（HDPE）φ400、混凝土井 15 座					
		雨水：混凝土管 φ600~φ1000、混凝土井 16 座					
		支护方式：无支护					

工程造价指标分析表 表 1-30-2

总面积（m²）	4051.68		经济指标（元/m²）		1051.17
总长度（m）	280.00		经济指标（元/m）		15210.67
专业	工程造价（万元）	造价比例		经济指标（元/m²）	经济指标（元/m）
道路	212.14	49.81%		523.58	7576.35
绿化及喷灌	22.51	5.29%		55.56	803.96
照明	27.46	6.45%		67.77	980.59
交通设施及监控	4.09	0.95%		10.10	146.14
排水	159.70	37.50%		394.16	5703.64

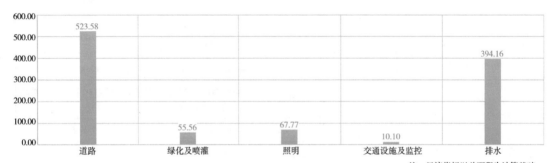

注：经济指标以总面积为计算基础。

图 1-30-1　经济指标对比（元/m²）

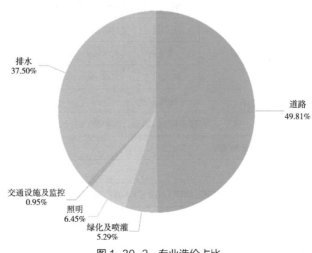

图 1-30-2　专业造价占比

某沥青支道 10

计价时期	年份	2016	计价地区	省份	广东	建设类型	新建
	月份	6		城市	广州	工程造价（万元）	2042.25
计价依据（清单）		2013	计价依据（定额）		2010	计税模式	增值税
道路工程							
道路等级		支道	道路类别	沥青混凝土道路		车道数（双向）	2 车道
道路面积（m²）		14174.70		机动车道面积（m²）		7616.78	
				人行道面积（m²）		4639.62	
				非机动车道面积（m²）		1644.80	
				绿化带面积（m²）		273.50	
道路长度（m）		607.00		道路宽度（m）		22.00	
道路	机动车道	面层做法	4cm 细粒式改性沥青混凝土（AC-13C）+8cm 中粒式沥青混凝土（AC-20C）				
		基层做法	30cm5% 水泥稳定碎石 +20cm4.5% 水泥稳定石屑				
		机动车道平石	花岗岩				
		平石尺寸	1000mm×250mm×120mm				
	人行道	面层做法	8cm 花岗岩人行道砖				
		基层做法	18cmC20 水泥混凝土 +15cm5% 水泥稳定碎石				
		侧石尺寸	1200mm×150mm×160mm				
		压条尺寸	1200mm×150mm×160mm				
		车止石	φ200mm×1000mm 花岗岩				
	非机动车道	面层做法	3cm 细粒式沥青混凝土（AC-10C）+4cm 细粒式沥青混凝土（AC-13C）				
		基层做法	20cm5% 水泥稳定碎石				
	绿化带	侧石尺寸	1200mm×150mm×160mm				
	其他		绿化岛				
附属工程							
地基处理		处理面积 15203m²，处理方式为水泥搅拌桩					
绿化及喷灌		乔木（胸径）：红花鸡蛋花 12~13cm、宫粉紫荆 8~10cm、红花羊蹄甲 8~10cm；养护期：12 个月					
		灌木（苗高 × 冠幅）：灰莉 120cm×120cm；养护期：12 个月					
		露地花卉及地被（种植密度）：鸭脚木 25 株 /m²、台湾草满铺；养护期：12 个月					
照明		LED 灯 52 套					

续表

交通设施及监控	标识标线、信号灯、视频监控、电子警察	
排水	污水：混凝土管 $\phi300\sim\phi500$、砌筑井 26 座	
	支护方式：钢板桩	
管沟	电缆沟、16 孔电缆排管	

工程造价指标分析表　　　　　　　　　　　　　　　表 1-31-2

总面积（m²）	14174.70		经济指标（元/m²）	1440.77
总长度（m）	607.00		经济指标（元/m）	33644.93
专业	工程造价（万元）	造价比例	经济指标（元/m²）	经济指标（元/m）
地基处理	528.56	25.88%	347.67①	—
道路	614.13	30.07%	433.26	10117.42
绿化及喷灌	18.12	0.89%	12.78	298.44
照明	147.72	7.23%	104.22	2433.65
交通设施及监控	142.95	7.00%	100.85	2355.03
排水	454.71	22.27%	320.79	7491.07
管沟	136.07	6.66%	95.99	2241.60

①地基处理指标是以处理面积为计算基础。

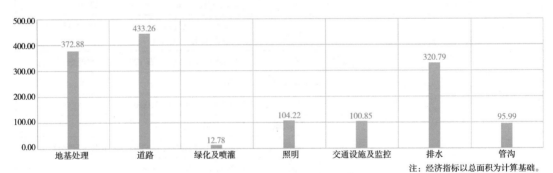

图 1-31-1　经济指标对比（元/m²）

注：经济指标以总面积为计算基础。

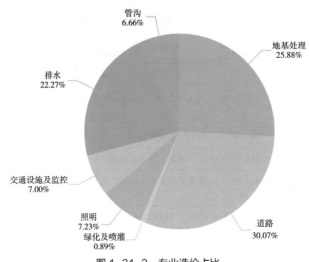

图 1-31-2　专业造价占比

某沥青支道 11

工程概况表　　　　　　　　　　　　　　　表 1-32-1

计价时期	年份	2021	计价地区	省份	广东	建设类型	新建
	月份	5		城市	东莞	工程造价（万元）	373.56
计价依据（清单）		2013	计价依据（定额）		2018	计税模式	增值税
道路工程							
道路等级		支道	道路类别		沥青混凝土路面	车道数（双向）	4 车道
道路面积（m²）		3752.86	机动车道面积（m²）				2355.00
			人行道面积（m²）				942.00
			非机动车道面积（m²）				200.80
			绿化带面积（m²）				255.06
道路长度（m）		157.31	道路宽度（m）				25.00
道路	机动车道	面层做法	4cm 细粒式改性沥青混凝土（AC-13C）+6cm 中粒式沥青混凝土（AC-20C）				
		基层做法	32cm5% 水泥稳定碎石 +18cm4% 水泥稳定碎石				
	人行道	面层做法	24cm×12cm×6cm 红色新型环保机压砖				
		基层做法	15cm4% 水泥稳定碎石				
		压条尺寸	100mm×200mm×1500mm				
		车止石	φ300mm 圆形花岗岩				
		树穴尺寸	1500mm×1500mm				
	非机动车道	面层做法	3cm 细粒式彩色沥青混凝土（AC-10F）（红色）+4cm 细粒式沥青混凝土（AC-13C）				
		基层做法	15cmC20 素混凝土				
	绿化带	绿化带宽度（m）	2				
附属工程							
地基处理		处理面积 3796m²，处理方式为换填砂碎石					
绿化及喷灌		乔木（胸径）：宫粉紫荆 7~8cm；养护期：6 个月					
		灌木（苗高 × 冠幅）：黄金叶（15~20cm）×（20~25cm）；养护期：6 个月					
		露地花卉及地被：台湾草 30cm×30cm/ 件；养护期：6 个月					
照明		LED 灯 12 套					
交通设施及监控		标线、标志牌					
排水		污水：高密度聚乙烯管（HDPE）φ400、砌筑井 5 座					
		雨水：混凝土管 φ600~φ800、砌筑井 5 座					

工程造价指标分析表　　　　　　　　　　　表 1-32-2

总面积（m²）	3752.86		经济指标（元 /m²）	995.39
总长度（m）	157.31		经济指标（元 /m）	23747.15
专业	工程造价（万元）	造价比例	经济指标（元 /m²）	经济指标（元 /m）
地基处理	148.12	39.65%	390.19[①]	—
道路	137.05	36.69%	365.18	8712.09
绿化及喷灌	13.62	3.65%	36.29	865.68
照明	19.55	5.23%	52.09	1242.71
交通设施及监控	5.41	1.45%	14.42	343.92
排水	49.82	13.33%	132.74	3166.86

①地基处理指标是以处理面积为计算基础。

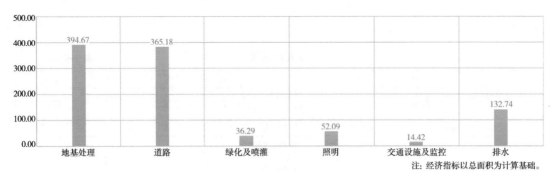

图 1-32-1　经济指标对比（元 /m²）

注：经济指标以总面积为计算基础。

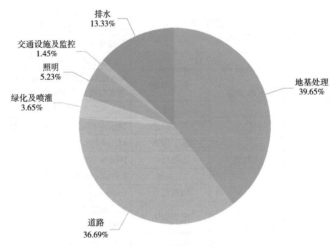

图 1-32-2　专业造价占比

某沥青支道 12

工程概况表　　　　　　　　　　　　　　　表 1-33-1

计价时期	年份	2022	计价地区	省份	广东	建设类型	扩建
	月份	8		城市	东莞	工程造价（万元）	1135.90
计价依据（清单）		2013	计价依据（定额）		2018	计税模式	增值税
道路工程							
道路等级		支道	道路类别	沥青混凝土道路		车道数（双向）	2 车道
道路面积（m²）		6303.42		机动车道面积（m²）		3250.08	
				人行道面积（m²）		2232.25	
				非机动车道面积（m²）		821.09	
				绿化带面积（m²）		0.00	

续表

道路长度（m）	384.00		道路宽度（m）	18.00
道路	机动车道	面层做法	4cm 细粒式改性沥青混凝土（AC-13C）＋改性乳化沥青粘油层（PC-3）+7cm 中粒式改性沥青混凝土（AC-20C）	
		基层做法	30cm5% 水泥稳定级配碎石 +20cm4% 水泥稳定石屑	
		机动车道平石	花岗岩	
		平石尺寸	150mm × 350mm × 1000mm	
	人行道	面层做法	60cm × 30cm × 5cm 芝麻灰花岗岩砖	
		基层做法	15cm5% 水泥稳定石屑	
		侧石尺寸	100mm × 200mm × 1000mm	
	非机动车道	面层做法	3cm 铁红色细粒式改性沥青混凝土（AC-10C）＋改性乳化沥青粘层油（PC-3）+4cm 细粒式改性沥青混凝土（AC-13C）	
		基层做法	15cm5% 水泥稳定石屑	
附属工程				
地基处理	处理面积 6812.78m²，处理方式为换填砂碎石			
绿化及喷灌	乔木（胸径）：蓝花楹 15~16cm；养护期：6 个月			
照明	LED 灯 20 套			
交通设施及监控	标识标线			
给水	铸铁管 DN300、无支护			
排水	污水：混凝土管 φ300~φ1200、混凝土井 28 座			
	雨水：混凝土管 φ300~φ1200、混凝土井 31 座			
	支护方式：钢板桩			
管沟	电缆沟			
其他	拆除现状人行道、拆除现状混凝土机动车道、拆除现状路缘石、铣刨沥青混凝土路面			

工程造价指标分析表　　　　表 1-33-2

总面积（m²）	6303.42		经济指标（元 /m²）	1802.04
总长度（m）	384.00		经济指标（元 /m）	29580.78
专业	工程造价（万元）	造价比例	经济指标（元 /m²）	经济指标（元 /m）
地基处理	217.86	19.18%	319.78[①]	—
道路	312.60	27.52%	495.92	8140.66
绿化及喷灌	31.60	2.78%	50.13	822.83
照明	29.78	2.62%	47.25	775.65
交通设施及监控	11.34	1.00%	17.99	295.26
给水	43.47	3.83%	68.96	1131.91
排水	392.23	34.53%	622.25	10214.39
管沟	60.96	5.37%	96.71	1587.43
其他	36.06	3.17%	57.21	939.16

①地基处理指标是以处理面积为计算基础。

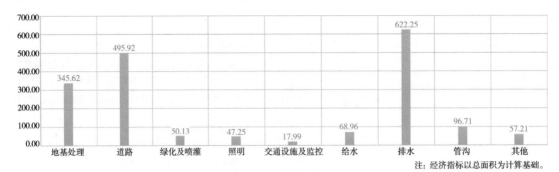

注：经济指标以总面积为计算基础。

图 1-33-1 经济指标对比（元/m²）

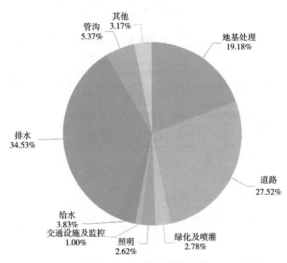

图 1-33-2 专业造价占比

某沥青支道 13

工程概况表　　　　　　　　　　　　表 1-34-1

计价时期	年份	2022	计价地区	省份	广东	建设类型	扩建
	月份	8		城市	东莞	工程造价（万元）	2470.70
计价依据（清单）		2013	计价依据（定额）		2018	计税模式	增值税
道路工程							
道路等级	支道		道路类别	沥青混凝土道路		车道数（双向）	2 车道
道路面积（m²）		10337.21	机动车道面积（m²）		5509.87		
			人行道面积（m²）		3600.05		
			非机动车道面积（m²）		1227.29		
			绿化带面积（m²）		0.00		

续表

道路长度（m）			648.00	道路宽度（m）	18.00
道路	机动车道	面层做法	4cm 细粒式改性沥青混凝土（AC-13C）+7cm 中粒式改性沥青混凝土（AC-20C）		
		基层做法	30cm5% 水泥稳定级配碎石 +20cm4% 水泥稳定石屑		
		机动车道平石	花岗岩		
		平石尺寸	150mm×350mm×1000mm		
	人行道	面层做法	5cm 芝麻灰花岗岩		
		基层做法	15cm5% 水泥稳定石屑		
		侧石尺寸	100mm×200mm×1000mm		
	非机动车道	面层做法	3cm 铁红色细粒式改性沥青混凝土（AC-10C）+4cm 细粒式沥青混凝土（AC-13C）		
		基层做法	15cm5% 水泥稳定石屑		
附属工程					
地基处理			处理面积 11518.55m²，处理方式为换填砂碎石 3244.9m²、水泥搅拌桩 8273.65m²		
绿化及喷灌			乔木（胸径）：蓝花楹 15~16cm；养护期：6 个月		
照明			LED 灯 20 套		
交通设施及监控			标识标线		
给水			铸铁管 DN300、无支护		
排水			污水：混凝土管 φ300~φ1200、混凝土井 28 座		
			雨水：混凝土管 φ300~φ1200、混凝土井 31 座		
			支护方式：钢板桩		
渠、涵			渠、涵类型：混凝土箱涵，体积：1555.84m³，尺寸：长×宽×高为 26m×13.6m×4.4m		
管沟			电缆沟		
其他			拆除现状人行道、拆除现状混凝土机动车道、拆除现状路缘石、铣刨沥青混凝土路面		

工程造价指标分析表　　　　表 1-34-2

总面积（m²）		10337.21	经济指标（元/m²）	2390.10
总长度（m）		648.00	经济指标（元/m）	38128.02
专业	工程造价（万元）	造价比例	经济指标（元/m²）	经济指标（元/m）
地基处理	594.26	24.05%	515.92[①]	—
道路	522.99	21.17%	505.93	8070.76
绿化及喷灌	38.45	1.56%	37.20	593.43
照明	53.70	2.17%	51.95	828.73
交通设施及监控	23.74	0.96%	22.96	366.29
给水	103.08	4.17%	99.72	1590.76
排水	785.96	31.81%	760.32	12129.05
渠、涵	160.13	6.48%	154.90	2471.11
管沟	123.28	4.99%	119.26	1902.53
其他	65.10	2.64%	62.98	1004.66

①地基处理指标是以处理面积为计算基础。

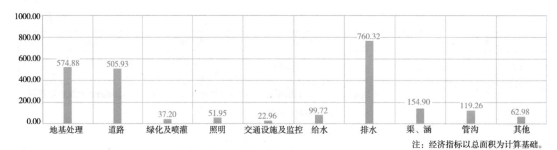

图 1-34-1　经济指标对比（元/m²）

注：经济指标以总面积为计算基础。

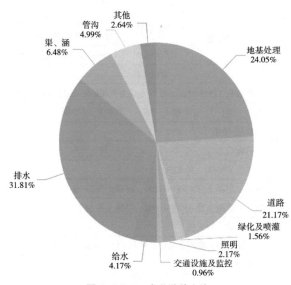

图 1-34-2　专业造价占比

某沥青支道 14

表 1-35-1

工程概况表

计价时期	年份	2017	计价地区	省份	广东	建设类型	新建
	月份	12		城市	珠海	工程造价（万元）	382.05
计价依据（清单）		2013	计价依据（定额）		2010	计税模式	增值税
道路工程							
道路等级		次干道	道路类别	沥青混凝土道路		车道数（单向）	2 车道
道路面积（m²）		2725.25		机动车道面积（m²）		1319.75	
				人行道面积（m²）		386.70	
				非机动车道面积（m²）		456.00	
				绿化带面积（m²）		562.80	

续表

道路长度（m）			185.40	道路宽度（m）		14.00
道路	机动车道	面层做法	4cm 细粒式改性沥青混凝土（AC-13C）+6cm 中粒式普通沥青混凝土（AC-20C）			
		基层做法	30cm 水泥稳定碎石层 +15cm 水泥稳定石屑层			
		机动车道平石	仿花岗岩			
		平石尺寸	600mm×150mm×100mm			
	人行道	面层做法	10cmC25 原色透水混凝土			
		基层做法	15cm 级配碎石层			
		侧石尺寸	1000mm×400mm×150mm			
	非机动车道	面层做法	3cmC25 彩色强固透水混凝土			
		基层做法	15cmC25 原色透水混凝土 +15cm 透水水泥稳定碎石层			
	绿化带	绿化带宽度（m）	2			
附属工程						
地基处理			处理面积 3381.9m²，处理方式为塑料排水板、堆载预压			
绿化及喷灌			乔木（胸径）：麻楝 14~15cm、大王椰子 51~55cm；养护期：12 个月			
			露地花卉及地被（种植密度）：雪茄花 49 袋 /m²、银边沿阶草 49 袋 /m²、小兔子狼尾草 36 袋 /m²；养护期：12 个月			
照明			LED 灯 8 套			
交通设施及监控			标识标线			
给水			铸铁管 DN100~300、混凝土井 6 座、无支护			
排水			污水：混凝土管 ϕ400~ϕ1000、砌筑井 3 座			
			雨水：混凝土管 ϕ300~ϕ800、混凝土井 12 座			
			支护方式：无支护			

工程造价指标分析表　　　　　　　　表 1-35-2

总面积（m²）		2725.25	经济指标（元 /m²）		1401.89
总长度（m）		185.40	经济指标（元 /m）		20606.87
专业	工程造价（万元）	造价比例	经济指标（元 /m²）		经济指标（元 /m）
地基处理	188.54	49.35%	557.50[①]		—
道路	67.03	17.54%	245.95		3615.35
绿化及喷灌	20.44	5.35%	75.00		1102.44
照明	8.97	2.35%	32.92		483.85
交通设施及监控	6.41	1.68%	23.54		346.01
给水	23.72	6.21%	87.03		1279.26
排水	66.94	17.52%	245.62		3610.47

①地基处理指标是以处理面积为计算基础。

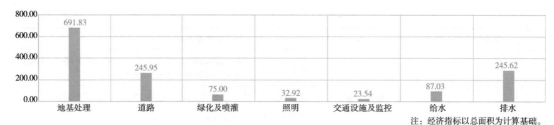

注：经济指标以总面积为计算基础。

图 1-35-1　经济指标对比（元/m²）

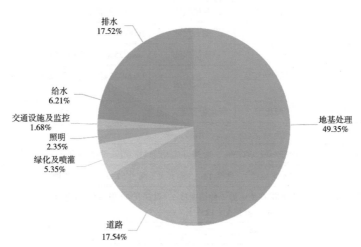

图 1-35-2　专业造价占比

某沥青支道 15

工程概况表　　　　　　　　　　　　　　表 1-36-1

计价时期	年份	2017	省份	广东	建设类型	新建
	月份	12	计价地区	城市	珠海	工程造价（万元）	438.03
计价依据（清单）		2013	计价依据（定额）		2010	计税模式	增值税
道路工程						
道路等级		次干道	道路类别	沥青混凝土道路	车道数（单向）	2 车道
道路面积（m²）		2693.45	机动车道面积（m²）		1319.75	
			人行道面积（m²）		386.70	
			非机动车道面积（m²）		456.00	
			绿化带面积（m²）		531.00	

续表

道路长度（m）	185.40		道路宽度（m）	14.00
道路	机动车道	面层做法	4cm 细粒式改性沥青混凝土（AC-13C）+6cm 中粒式普通沥青混凝土（AC-16C）+7cm 中粒式普通沥青混凝土（AC-20C）	
		基层做法	30cm 水泥稳定碎石层 +15cm 水泥稳定石屑层	
		机动车道平石	仿花岗岩	
		平石尺寸	600mm × 150mm × 100mm	
	人行道	面层做法	10cmC25 原色透水混凝土	
		基层做法	15cm 级配碎石垫层	
		侧石尺寸	1000mm × 400mm × 150mm	
	非机动车道	面层做法	3cmC25 彩色强固透水混凝土	
		基层做法	15cmC25 原色透水混凝土 +15cm 水泥稳定碎石层	
	绿化带	绿化带宽度（m）	2	
附属工程				
地基处理	处理面积 3391m²，处理方式为塑料排水板、堆载预压			
绿化及喷灌	乔木（胸径）：麻楝 14~15cm、大王椰子 51~55cm；养护期：12 个月			
	露地花卉及地被（种植密度）：雪茄花 49 袋 /m²、银边沿阶草 49 袋 /m²、小兔子狼尾草 36 袋 /m²；养护期：12 个月			
照明	LED 灯 8 套			
交通设施及监控	标识标线			
给水	铸铁管 DN100~300、混凝土井 6 座、无支护			
排水	污水：混凝土管 φ400~φ500、混凝土井 11 座			
	雨水：混凝土管 φ300~φ800、混凝土井 12 座			
	支护方式：钢板桩			

工程造价指标分析表　　　　表 1-36-2

总面积（m²）	2693.45		经济指标（元 /m²）	1626.29
总长度（m）	185.40		经济指标（元 /m）	23626.34
专业	工程造价（万元）	造价比例	经济指标（元 /m²）	经济指标（元 /m）
地基处理	197.27	45.04%	581.75[①]	—
道路	67.00	15.29%	248.75	3613.81
绿化及喷灌	20.23	4.62%	75.10	1090.98
照明	8.62	1.97%	32.01	465.06
交通设施及监控	3.80	0.87%	14.11	204.93
给水	23.71	5.41%	88.03	1278.85
排水	117.40	26.80%	435.88	6332.41

①地基处理指标是以处理面积为计算基础。

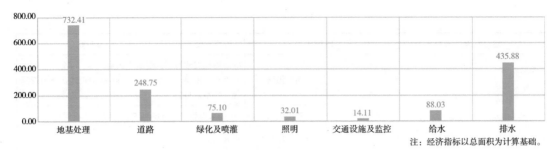

注：经济指标以总面积为计算基础。

图 1-36-1　经济指标对比（元/m²）

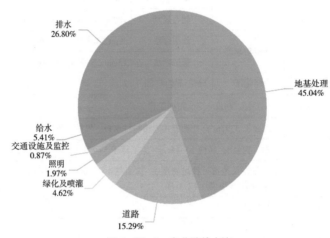

图 1-36-2　专业造价占比

某沥青支道 16

工程概况表　　　　　　　　　　　表 1-37-1

计价时期	年份	2021	计价地区	省份	广东	建设类型	新建
	月份	5		城市	东莞	工程造价（万元）	873.24
计价依据（清单）		2013	计价依据（定额）		2018	计税模式	增值税
道路工程							
道路等级		支道	道路类别	沥青混凝土道路		车道数（双向）	2 车道
道路面积（m²）		9054.40		机动车道面积（m²）			3989.20
				人行道面积（m²）			877.00
				非机动车道面积（m²）			0.00
				绿化带面积（m²）			4188.20

续表

道路长度（m）	410.20		道路宽度（m）	25.00
道路	机动车道	面层做法	4cm 细粒式改性沥青混凝土（AC-13C）+6cm 中粒式沥青混凝土（AC-20C）+10cm 中粒式沥青混凝土（AC-20C）	
		基层做法	32cm5% 水泥稳定碎石 +18cm4% 水泥稳定碎石	
	人行道	面层做法	24cm×12cm×6cm 红色新型环保机压砖	
		基层做法	15cm4% 水泥稳定碎石	
	绿化带	绿化带宽度（m）	17	
附属工程				
地基处理	处理面积 9184.7m²，处理方式为水泥搅拌桩 5031.3m²、换填砂碎石 4153.4m²			
绿化及喷灌	露地花卉及地被（种植密度）：台湾草满铺；养护期：12 个月			
照明	LED 灯 14 套			
交通设施及监控	标线、标志牌			
排水	污水：高密度聚乙烯管（HDPE）φ400、混凝土井 14 座			
	雨水：混凝土管 φ300~φ1000、砌筑井 13 座			

工程造价指标分析表　　　　　　　　表 1-37-2

总面积（m²）	9054.40		经济指标（元 /m²）	964.44
总长度（m）	410.20		经济指标（元 /m）	21288.41
专业	工程造价（万元）	造价比例	经济指标（元 /m²）	经济指标（元 /m）
地基处理	502.17	53.50%	546.75[①]	—
道路	200.64	21.38%	221.60	4891.41
绿化及喷灌	65.30	6.96%	72.11	1591.82
照明	21.30	2.27%	23.52	519.27
交通设施及监控	12.18	1.30%	13.45	296.96
排水	136.94	14.59%	151.25	3338.50

①地基处理指标是以处理面积为计算基础。

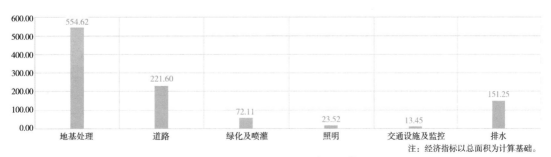

图 1-37-1　经济指标对比（元 /m²）

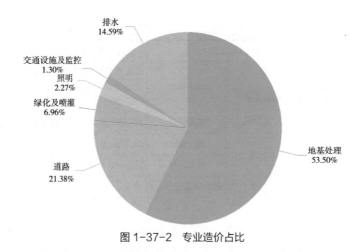

图 1-37-2 专业造价占比

某沥青支道 17

工程概况表   表 1-38-1

计价时期	年份	2020	计价地区	省份	广东	建设类型	新建
	月份	11		城市	广州	工程造价（万元）	10950.40
计价依据（清单）		2013	计价依据（定额）		2018	计税模式	增值税
道路工程							
道路等级		支道	道路类别	沥青混凝土道路		车道数（双向）	2 车道
道路面积（m²）		22663.90		机动车道面积（m²）		10134.40	
				人行道面积（m²）		3909.40	
				非机动车道面积（m²）		0.00	
				绿化带面积（m²）		8620.10	
道路长度（m）		1250.00		道路宽度（m）		16.00	
道路	机动车道		面层做法	4cm 细粒式改性沥青混凝土（AC-13C）+6cm 中粒式改性沥青混凝土（AC-20C）			
			基层做法	20cm5% 水泥稳定碎石 +15cm4% 水泥稳定碎石			
			机动车道平石	仿花岗岩			
			平石尺寸	1000mm×250mm×120mm			
	人行道		面层做法	30cm×15cm×8cm 彩色混凝土透水砖			
			基层做法	2cmM10 水泥砂浆 +20cmC20 水泥混凝土 +10cm 开级配碎石垫层（仅在 k1+140~k1+210 山间低洼路段设置）			
			侧石尺寸	1000mm×150mm×300mm			
			压条尺寸	1200mm×150mm×160mm			
			车止石	φ200mm×700mm 花岗岩			
	绿化带		侧石尺寸	1000mm×150mm×300mm			
			绿化带宽度（m）	2.5+3			

续表

附属工程	
地基处理	处理面积 6204.7m², 处理方式为换填砂碎石
绿化及喷灌	乔木（胸径）：海南红豆 13~15cm、樱花木棉 21~24cm、宫粉紫荆 9~10cm、黄花鸡蛋花 7~8cm、细叶紫薇 3~5cm；养护期：12 个月
	灌木（苗高）：尖叶木樨榄 120cm、红绒球 120cm、琴叶珊瑚 120cm、桂花 150cm、狗牙花 120cm、勒杜鹃 100cm、灰莉 120cm、红继木 120cm；养护期：3 个月
	露地花卉及地被（种植密度）：毛杜鹃 25 袋 /m²、紫背桂 36 袋 /m²、红背桂 25 袋 /m²、红花龙船花 25 袋 /m²、翠卢莉 36 袋 /m²、野牡丹 36 袋 /m²、葱兰 36 袋 /m²、软枝黄蝉 36 袋 /m²、蜘蛛兰 25 袋 /m²、青皮竹 15 袋 /m²、菖蒲 45~90 株 /m²、鸢尾 45~90 株 /m²、美人蕉 45~90 株 /m²、密花千屈菜 45~90 株 /m²、大叶油草满铺；养护期：3 个月
照明	LED 灯 62 套
交通设施及监控	标识标线
给水	铸铁管 DN200、砌筑井 11 座、挡土板
排水	污水：混凝土管 ϕ300~ϕ500、混凝土井 33 座
	雨水：混凝土管 ϕ300~ϕ2000、混凝土井 47 座
	支护方式：挡土板
渠、涵	渠、涵类型：混凝土渠箱，体积：2426.11m³，尺寸：长 × 宽 × 高为 35.1m×10.8m×6.4m
综合管廊	管廊舱数：1 舱，管廊长度 1255.3m，管廊水平投影面积 6250m²，平均埋深 8m，截面尺寸 2.71m×3.3m；软基处理：ϕ500 水泥搅拌桩处理；管廊内包含系统：电力管沟工程、智能化配电系统、智能应急疏散照明系统、电气火灾监控系统、低压电气工程、防雷工程、智能化工程、消防电工程、通风工程；工作井：平面净尺寸 18.6m×9.2m，地下负 2 层，覆土约 2m，负 1 层净空 3.9m，负 2 层净空 6.2m，250mm 顶板，200mm 中板，1200mm 地板，1000mm 侧墙
管沟	4 孔、10 孔、16 孔排管
其他	泵房土建工程、埋地敷设的 20kV 电力保护管 4×ϕ225HDPE 及工作井

工程造价指标分析表　　　　表 1-38-2

总面积（m²）	22663.90	经济指标（元 /m²）		4831.65
总长度（m）	1250.00	经济指标（元 /m）		87603.19
专业	工程造价（万元）	造价比例	经济指标（元 /m²）	经济指标（元 /m）
地基处理	607.08	5.54%	978.41[①]	—
道路	1065.48	9.73%	470.12	8523.81
绿化及喷灌	116.22	1.06%	51.28	929.77
照明	210.80	1.92%	93.01	1686.37
交通设施及监控	33.40	0.31%	14.74	267.23
给水	120.56	1.10%	53.19	964.46
排水	839.25	7.66%	370.30	6714.04
渠、涵	1047.52	9.57%	462.20	8380.16
综合管廊	6446.19	58.87%	10313.90[②]	51351.76[③]
管沟	395.08	3.61%	174.32	3160.67
其他	68.82	0.63%	30.37	550.57

①地基处理指标是以处理面积为计算基础。
②③综合管廊指标以综合管廊水平投影面积、综合管廊长度为计算基础。

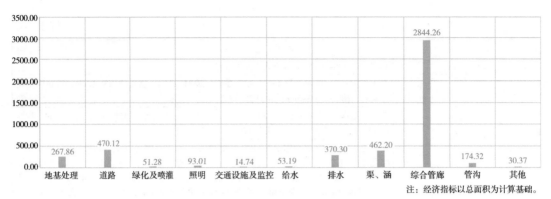

图 1-38-1　经济指标对比（元 /m²）

注：经济指标以总面积为计算基础。

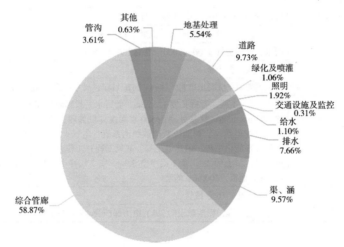

图 1-38-2　专业造价占比

某水泥主干道

工程概况表　　　　　　　　　　　　　　　　　表 1-39-1

计价时期	年份	2021	计价地区	省份	广东	建设类型	新建
	月份	12		城市	惠州	工程造价（万元）	1967.26
计价依据（清单）		2013	计价依据（定额）		2018	计税模式	增值税
道路工程							
道路等级		主干道	道路类别	水泥混凝土道路		车道数（双向）	8 车道
道路面积（m²）		21865.72		机动车道面积（m²）		13594.30	
				人行道面积（m²）		6201.73	
				非机动车道面积（m²）		1407.69	
				绿化带面积（m²）		662.00	

续表

道路长度（m）			331.00	道路宽度（m）	60.00
道路	机动车道	面层做法	24cm 水泥混凝土		
		基层做法	20cm5% 水泥稳定级配碎石 +20cm4% 水泥稳定级配碎石 +18cm 级配碎石垫层		
		机动车道平石	花岗岩		
		平石尺寸	500mm×450mm×150mm		
	人行道	面层做法	环保透水砖		
		基层做法	15cmC25 透水混凝土		
		侧石尺寸	500mm×100mm×250mm		
	非机动车道	面层做法	4cm 细粒式沥青混凝土（AC-13C）		
		基层做法	18cm4% 水泥稳定级配碎石 +10cm 级配碎石		
	绿化带	侧石尺寸	500mm×100mm×250mm		
		绿化带宽度（m）	2		
附属工程					
绿化及喷灌	乔木（胸径）：宫粉紫荆 12cm；养护期：12 个月				
	灌木（苗高×冠幅）：红花继木 100cm×100cm；养护期：12 个月				
	露地花卉及地被（种植密度）：鸭脚木 25 株 /m²、台湾草满铺；养护期：12 个月				
照明	LED 灯 27 套				
交通设施及监控	标识标线、信号灯				
排水	污水：混凝土管 φ600~φ800、混凝土井 14 座				
	雨水：混凝土管 φ600~φ1200、混凝土井 10 座				
	支护方式：钢板桩				
渠、涵	渠、涵类型：钢筋混凝土箱涵，体积为 674.3m³，长×宽×高为 72.041m×3.6m×2.6m				
管沟	人孔井、塑料管、纤维编绕拉挤管 BWFRP-6φ150mm，厚度 4mm				

工程造价指标分析表　　　　　　　　　　表 1-39-2

总面积（m²）	21865.72		经济指标（元 /m²）	899.70	
总长度（m）	331.00		经济指标（元 /m）	59433.91	
专业	工程造价（万元）	造价比例		经济指标（元 /m²）	经济指标（元 /m）
道路	1084.94	55.15%		496.18	32777.59
绿化及喷灌	40.07	2.04%		18.33	1210.59
照明	89.04	4.53%		40.72	2690.06
交通设施及监控	37.26	1.89%		17.04	1125.78
排水	466.31	23.70%		213.26	14087.94
渠、涵	188.95	9.60%		86.41	5708.36
管沟	60.69	3.09%		27.76	1833.59

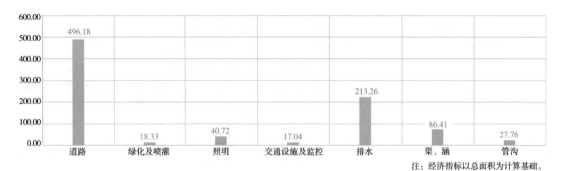

图 1-39-1　经济指标对比（元/m²）

注：经济指标以总面积为计算基础。

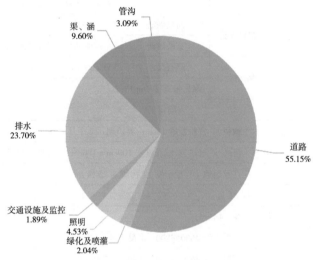

图 1-39-2　专业造价占比

某水泥次干道 1

工程概况表

表 1-40-1

计价时期	年份	2016	计价地区	省份	广东	建设类型	新建
	月份	10		城市	东莞	工程造价（万元）	1651.55
计价依据（清单）		2013	计价依据（定额）		2010	计税模式	增值税
道路工程							
道路等级		次干道	道路类别		水泥混凝土道路	车道数（双向）	4车道
道路面积（m²）		20508.70	机动车道面积（m²）			14046.61	
			人行道面积（m²）			4429.71	
			非机动车道面积（m²）			0.00	
			绿化带面积（m²）			2032.38	

续表

道路长度（m）	1349.90		道路宽度（m）	19.00/21.00/26.00
道路	机动车道	面层做法	25cmC40 混凝土	
		基层做法	20cm4% 水泥稳定石屑基层 +20cm5% 水泥稳定碎石基层 + 水泥混凝土	
	人行道	面层做法	新型环保表面彩色人行道板砖	
		基层做法	15cmC20 混凝土垫层	
	绿化带	侧石尺寸	150mm×350mm×495mm 花岗岩路缘石、100mm×200mm×500mm 花岗岩道牙	
		绿化带宽度（m）	3	
附属工程				
地基处理	处理面积 21072m²，处理方式为换填土方、换填砂碎石、换填石屑			
绿化及喷灌	乔木（胸径）：桃花心木 7~8cm；养护期：6 个月			
	灌木（苗高 × 冠幅）：黄金叶（20~25cm）×（30~35cm）；养护期：3 个月			
照明	LED 灯 77 套			
交通设施及监控	标识标线			
排水	污水：高密度聚乙烯管（HDPE）φ400、混凝土井 42 座			
	雨水：混凝土管 φ300~φ2000、混凝土井 37 座			
	支护方式：无支护			

工程造价指标分析表　　　　　表 1-40-2

总面积（m²）	20508.70		经济指标（元 /m²）	805.29
总长度（m）	1349.90		经济指标（元 /m）	12234.63
专业	工程造价（万元）	造价比例	经济指标（元 /m²）	经济指标（元 /m）
地基处理	376.58	22.80%	178.71[①]	—
道路	510.91	30.93%	249.12	3784.80
绿化及喷灌	16.90	1.02%	8.24	125.16
照明	66.32	4.02%	32.34	491.28
交通设施及监控	21.11	1.28%	10.29	156.35
排水	659.74	39.95%	321.68	4887.36

①地基处理指标是以处理面积为计算基础。

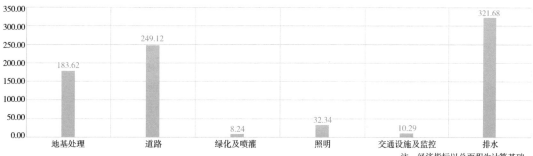

图 1-40-1　经济指标对比（元 /m²）

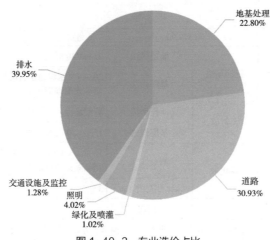

图 1-40-2　专业造价占比

某水泥次干道 2

工程概况表　　　　　　　　　　　　表 1-41-1

计价时期	年份	2020	计价地区	省份	广东	建设类型	新建
	月份	12		城市	惠州	工程造价（万元）	1748.89
计价依据（清单）		2013	计价依据（定额）		2018	计税模式	增值税
道路工程							
道路等级		次干道	道路类别	水泥混凝土道路		车道数（双向）	4 车道
道路面积（m²）		10382.21		机动车道面积（m²）		6882.44	
				人行道面积（m²）		2564.37	
				非机动车道面积（m²）		935.40	
				绿化带面积（m²）		0.00	
道路长度（m）		360.00		道路宽度（m）		26.00	
道路	机动车道	面层做法	24cm 水泥混凝土路面（弯拉强度 ≥ 4.5MPa）				
		基层做法	20cm5% 水泥稳定碎石 +20cm4% 水泥稳定碎石				
		机动车道平石	花岗岩				
		平石尺寸	500mm×150mm×400mm				
	人行道	面层做法	6cmC40 彩色环保透水砖				
		基层做法	10cmC25 透水混凝土基层				
		侧石尺寸	500mm×100mm×250mm				
		压条尺寸	250mm×100mm×60mm				
		车止石	φ240mm×730mm 花岗岩				
		树穴尺寸	1250mm×1250mm				

续表

道路	非机动车道	面层做法	8cmC25 赭红色透水混凝土面层 +10cmC25 素色透水水泥混凝土
		基层做法	15cm 厚级配碎石底基层
附属工程			
地基处理			处理面积 9395.7m²，处理方式为换填石屑 3955.90m²、沿线鱼塘清淤回填山皮石 5439.80m²
绿化及喷灌			乔木（胸径）：紫花风铃木 19~20cm；养护期：12 个月
照明			LED 灯 28 套
交通设施及监控			标识标线、信号灯、视频监控、电子警察
排水			污水：高密度聚乙烯管（HDPE）ϕ500、混凝土井 17 座
			雨水：混凝土管 ϕ800~ϕ1350、混凝土井 18 座
			支护方式：钢板桩
管沟			电力排管 BWFRP6 × ϕ150 × 4mm

工程造价指标分析表

表 1-41-2

总面积（m²）	10382.21		经济指标（元/m²）	1684.51
总长度（m）	360.00		经济指标（元/m）	48580.26
专业	工程造价（万元）	造价比例	经济指标（元/m²）	经济指标（元/m）
地基处理	451.00	25.79%	480.00①	—
道路	633.04	36.20%	609.74	17584.34
绿化及喷灌	132.75	7.59%	127.87	3687.57
照明	48.48	2.77%	46.69	1346.63
交通设施及监控	66.58	3.81%	64.13	1849.45
排水	315.51	18.04%	303.89	8764.09
管沟	101.54	5.80%	97.80	2820.48

①地基处理指标是以处理面积为计算基础。

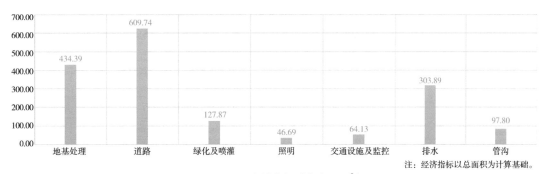

图 1-41-1　经济指标对比（元/m²）

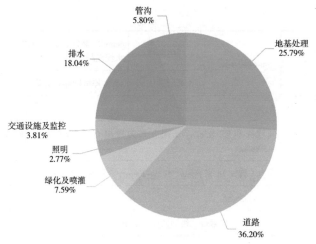

图 1-41-2　专业造价占比

某水泥次干道 3

工程概况表　　　　　　　　　　　表 1-42-1

计价时期	年份	2020	计价地区	省份	广东	建设类型	改建
	月份	4		城市	东莞	工程造价（万元）	1962.90
计价依据（清单）		2013	计价依据（定额）		2018	计税模式	增值税
道路工程							
道路等级		次干道	道路类别	水泥混凝土道路		车道数（双向）	4 车道
道路面积（m²）		24432.65	机动车道面积（m²）		15707.52		
			人行道面积（m²）		8725.13		
			非机动车道面积（m²）		0.00		
			绿化带面积（m²）		0.00		
道路长度（m）		1059.83	道路宽度（m）		25.00		
道路	机动车道	面层做法	24cm 水泥混凝土路面				
		基层做法	20cm5% 水泥稳定级配碎石基层 +20cm4% 水泥稳定石屑底基层				
	人行道	面层做法	25cm×12.5cm×6cm 灰色机压砖、25cm×12.5cm×6cm 棕色加压砖				
		基层做法	15cm5% 水泥稳定碎石				
		侧石尺寸	500mm×150mm×80mm				
		车止石	φ250mm×600mm 花岗岩				
		树穴尺寸	1250mm×1250mm				

续表

附属工程	
地基处理	处理面积 13172.9m²，处理方式为换填石屑
交通设施及监控	标识标线、信号灯
排水	污水：混凝土管 φ400~φ1500、砌筑井 26 座
	雨水：混凝土管 φ400~φ1500、砌筑井 18 座
	支护方式：钢板桩
渠、涵	渠、涵类型：混凝土，体积：769.73m³，尺寸：长 × 宽 × 高为 95.5m×3.1m×2.6m； 渠、涵类型：混凝土，体积：63.5m³，尺寸：长 × 宽 × 高 14.4m×2.1m×2.1m； 渠、涵类型：混凝土，体积：76.44m³，尺寸：长 × 宽 × 高为 14m×2.6m×2.1m
其他	拆除人行道、拆除路面、拆除绿化带、拆除围墙、拆除垃圾场

工程造价指标分析表　　　　　　表 1-42-2

总面积（m²）	24432.65		经济指标（元 /m²）	803.39
总长度（m）	1059.83		经济指标（元 /m）	18520.79
专业	工程造价（万元）	造价比例	经济指标（元 /m²）	经济指标（元 /m）
地基处理	306.91	15.64%	232.98①	—
道路	882.52	44.96%	361.21	8326.95
交通设施及监控	44.99	2.29%	18.41	424.51
排水	528.78	26.94%	216.42	4989.30
渠、涵	148.76	7.58%	60.89	1403.62
其他	50.94	2.59%	20.85	480.61

①地基处理指标是以处理面积为计算基础。

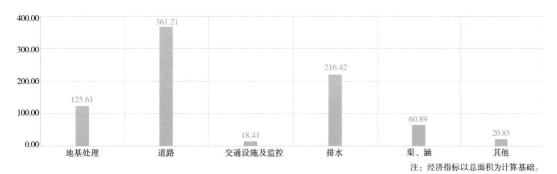

注：经济指标以总面积为计算基础。

图 1-42-1　经济指标对比（元 /m²）

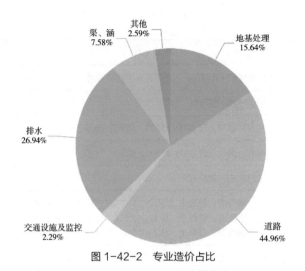

图 1-42-2　专业造价占比

某水泥支道 1

工程概况表　　　　　　　　　　　表 1-43-1

计价时期	年份	2014	计价地区	省份	广东	建设类型	新建
	月份	11		城市	佛山	工程造价（万元）	1366.36
计价依据（清单）		2013	计价依据（定额）		2010	计税模式	营业税
道路工程							
道路等级		支道	道路类别	水泥混凝土道路		车道数（双向）	6 车道
道路面积（m²）		19766.42	机动车道面积（m²）		12161.40		
			人行道面积（m²）		6724.02		
			非机动车道面积（m²）		0.00		
			绿化带面积（m²）		881.00		
道路长度（m）		588.97	道路宽度（m）		25.00		
道路	机动车道	面层做法	24cmC35 普通混凝土 20 石（抗折 4.5MPa）				
		基层做法	18cm6% 水泥稳定级配碎石 +18cm6% 水泥稳定级配碎石 +15cm 碎石				
		机动车道平石	水泥混凝土				
		平石尺寸	400mm × 240mm				
	人行道	面层做法	6cm 烧结砖				
		基层做法	10cm 水泥混凝土垫层 +5cm 石屑				

续表

道路	人行道	侧石尺寸	490mm×300mm×150mmC型混凝土侧石、490mm×450mm×150mmG型混凝土侧石、490mm×100mm×100mm人行道侧石
		车止石	φ300mm×730mm 花岗岩
		树穴尺寸	1000mm×1000mm
	绿化带	侧石尺寸	500mm×300mm×150mm
		绿化带宽度（m）	2
附属工程			
绿化及喷灌			乔木（胸径）：大腹木棉23~30cm、扁桃10~12cm、小叶紫薇7~8cm、红乌桕5~6cm、红花鸡蛋花9~11cm；养护期：12个月
			灌木（苗高×冠幅）：红继木球（80~100cm）×（80~100cm）、灰莉球（100~120cm）×（100~120cm）；养护期：12个月
			露地花卉及地被（种植密度）：毛杜鹃36袋/m²、龙船花36袋/m²、韭兰49袋/m²、黄金叶36袋/m²、台湾草满铺；养护期：12个月
照明			LED灯23套
交通设施及监控			标识标线、信号灯
排水			污水：硬聚氯乙烯管（UPVC）φ300~φ400、砌筑井29座
			雨水：混凝土管φ600~φ1500、砌筑井86座
			支护方式：钢板桩
渠、涵			混凝土箱涵1161.46m³

工程造价指标分析表　　表1-43-2

总面积（m²）	19766.42		经济指标（元/m²）	691.25
总长度（m）	588.97		经济指标（元/m）	23198.92
专业	工程造价（万元）	造价比例	经济指标（元/m²）	经济指标（元/m）
道路	692.14	50.66%	350.15	11751.70
绿化及喷灌	50.24	3.68%	25.42	853.04
照明	78.62	5.75%	39.78	1334.95
交通设施及监控	40.84	2.99%	20.66	693.37
排水	216.00	15.81%	109.28	3667.44
渠、涵	288.50	21.11%	145.96	4898.43

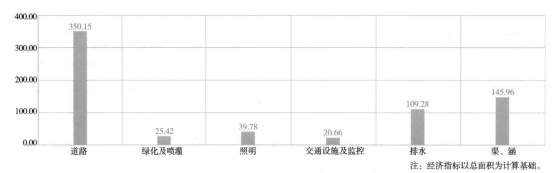

图 1-43-1 经济指标对比（元/m²）

注：经济指标以总面积为计算基础。

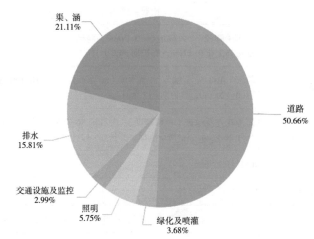

图 1-43-2 专业造价占比

某水泥支道 2

工程概况表　　　　　　　　表 1-44-1

计价时期	年份	2017	计价地区	省份	广东	建设类型	新建
	月份	12		城市	惠州	工程造价（万元）	1178.57
计价依据（清单）		2013	计价依据（定额）		2010	计税模式	增值税
道路工程							
道路等级		支道	道路类别	水泥混凝土道路		车道数（双向）	2车道
道路面积（m²）		18377.95	机动车道面积（m²）		6567.94		
			人行道面积（m²）		7118.62		
			非机动车道面积（m²）		4691.39		
			绿化带面积（m²）		0.00		

096

续表

道路长度（m）	775.00		道路宽度（m）	20.00/23.00
道路	机动车道	面层做法	22cm4.5MPa 水泥混凝土	
		基层做法	20cm4% 水泥稳定碎石层 +18cm5% 水泥稳定碎石层	
		机动车道平石	花岗岩	
		平石尺寸	380mm×150mm×500mm	
	人行道	面层做法	6cm 人行道透水砖	
		基层做法	10cm 透水混凝土 +15cm 级配碎石基层	
		侧石尺寸	250mm×100mm×500mm	
		车止石	ϕ250mm×800mm 麻黄花岗石	
		树穴尺寸	1500mm×1500mm	
	非机动车道	面层做法	22cm4.5MPa 水泥混凝土面层	
		基层做法	20cm4% 水泥稳定碎石层 +18cm5% 水泥稳定碎石层	
	其他		回填山皮石	
附属工程				
绿化及喷灌	乔木（胸径）：香樟 18cm；养护期：12 个月			
照明	LED 灯 33 套			
交通设施及监控	标识标线			
排水	污水：高密度聚乙烯管（HDPE）ϕ300~ϕ400、混凝土井 17 座			
	雨水：混凝土管 ϕ300~ϕ1500、混凝土井 33 座			
	支护方式：无支护			
管沟	人孔井、埋管			

工程造价指标分析表　　　　表 1-44-2

总面积（m²）	18377.95	经济指标（元/m²）		641.30
总长度（m）	775.00	经济指标（元/m）		15207.36
专业	工程造价（万元）	造价比例	经济指标（元/m²）	经济指标（元/m）
道路	546.83	46.40%	297.56	7055.88
绿化及喷灌	53.55	4.54%	29.14	690.96
照明	222.22	18.86%	120.91	2867.30
交通设施及监控	7.06	0.60%	3.84	91.11
排水	337.68	28.65%	183.74	4357.22
管沟	11.23	0.95%	6.11	144.90

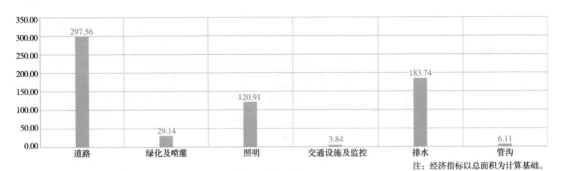

图 1-44-1 经济指标对比（元/m²）

注：经济指标以总面积为计算基础。

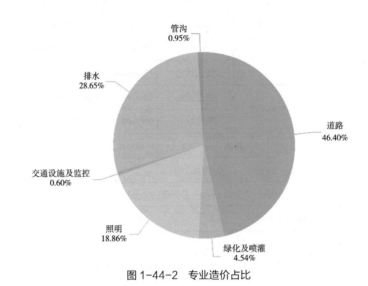

图 1-44-2 专业造价占比

某水泥支道 3

工程概况表

表 1-45-1

计价时期	年份	2015	计价地区	省份	广东	建设类型	新建
	月份	6		城市	惠州	工程造价（万元）	1121.14
计价依据（清单）		2013	计价依据（定额）		2010	计税模式	营业税
道路工程							
道路等级		支道	道路类别	水泥混凝土道路		车道数（双向）	2 车道
道路面积（m²）		22126.06	机动车道面积（m²）			14630.00	
			人行道面积（m²）			7496.06	
			非机动车道面积（m²）			0.00	
			绿化带面积（m²）			0.00	

续表

道路长度（m）	974.80			道路宽度（m）	16.00/24.00
道路	机动车道	面层做法	22cmC35 水泥混凝土面层		
		基层做法	20cm5% 水泥稳定碎石 +20cm4% 水泥稳定碎石		
		机动车道平石	花岗岩		
		平石尺寸	500mm × 250mm × 100mm		
	人行道	面层做法	C30 透水性彩色人行道板砖		
		基层做法	20cm 级配碎石		
		侧石尺寸	500mm × 450mm × 150mm		
		压条尺寸	850mm × 250mm × 100mm		
		车止石	ϕ140mm × 800mm 花岗岩		
		树穴尺寸	750mm × 1300mm		
附属工程					
地基处理	处理面积 3841m²，处理方式为换填砂碎石				
绿化及喷灌	乔木（胸径）：大叶紫薇 8~10cm；养护期：3 个月				
照明	LED 灯 48 套				
交通设施及监控	标识标线				
排水	污水：高密度聚乙烯管（HDPE）ϕ400、混凝土井 10 座				
	雨水：混凝土管 ϕ300~ϕ1000、混凝土井 25 座				
	支护方式：无支护				

工程造价指标分析表　　　　　　　　　　　表 1-45-2

总面积（m²）	22126.06	经济指标（元 /m²）		506.70
总长度（m）	974.80	经济指标（元 /m）		11501.19
专业	工程造价（万元）	造价比例	经济指标（元 /m²）	经济指标（元 /m）
地基处理	98.12	8.75%	255.46[①]	1006.59
道路	681.66	60.80%	308.07	6992.82
绿化及喷灌	39.94	3.56%	18.05	409.75
照明	61.36	5.47%	27.73	629.41
交通设施及监控	52.32	4.67%	23.65	536.74
排水	187.74	16.75%	84.85	1925.88

①地基处理指标是以处理面积为计算基础。

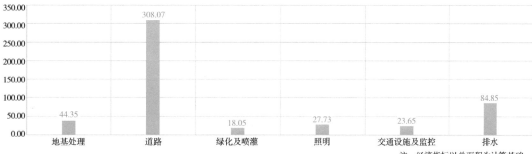

图 1-45-1　经济指标对比（元 /m²）

注：经济指标以总面积为计算基础。

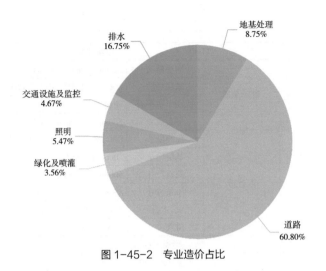

图 1-45-2 专业造价占比

第二节 隧道工程

某交通隧道 1

工程概况表   表 1-46-1

计价时期	年份	2015	计价地区	省份	广东	建设类型	新建
	月份	9		城市	佛山	工程造价（万元）	15295.00
计价依据（清单）		2013	计价依据（定额）		2010	计税模式	营业税
隧道工程							
隧道类别		交通隧道	穿越介质		地下隧道	隧道开挖方式	明挖法
车道数（双向）		6 车道	隧道长度（m）		905.00	隧道水平投影面积（m²）	26335.50
隧道平均开挖深度（m）		5.30		隧道最大开挖深度（m）		8.50	
隧道内径截面面积（m²）		154.86	隧道内径宽（m）		26.70	隧道内径高（m）	5.80
隧道外径截面面积（m²）		222.62	隧道外径宽（m）		29.10	隧道外径高（m）	7.65
敞开段水平投影面积（m²）		21679.50	敞开段水平投影长度（m）		745.00	敞开段坡度	4.5%
暗埋段水平投影面积（m²）		4656.00		暗埋段水平投影长度（m）		160.00	
基础		ϕ1000mm 钻孔灌注桩					
围护结构		ϕ800mm 钻孔灌注桩 + ϕ600mm 高压旋喷桩止水帷幕 + 钢管内支撑					
底板、侧墙、顶板厚度		800~1000mm 底板和侧墙，850mm 顶板					
主体结构混凝土		C40 防水混凝土抗渗等级 P8					
机动车道		面层做法		6cm 中粒式改性沥青混凝土（AC–20C）+4cm 细粒式改性沥青混凝土（AC–13C）（辉绿岩）			
		基层做法		53cmC20 普通混凝土			
附属		路面拆除					
其他		地基处理 ϕ600 深层水泥搅拌桩，处理面积 13868.4m²					

工程造价指标分析表 表 1-46-2

总面积（m²）	26335.50		经济指标（元/m²）	5807.75
总长度（m）	905.00		经济指标（元/m）	169005.55
专业	工程造价（万元）	造价比例	经济指标（元/m²）	经济指标（元/m）
隧道	15295.00	100.00%	5807.75①	169005.55②

①②隧道指标分别以隧道水平投影面积、隧道长度为计算基础。

某交通隧道 2

工程概况表 表 1-47-1

计价时期	年份	2015	计价地区	省份	广东	建设类型	新建
	月份	9		城市	佛山	工程造价（万元）	11937.85
计价依据（清单）		2013	计价依据（定额）		2010	计税模式	营业税
隧道工程							
隧道类别	交通隧道		穿越介质		地下隧道	隧道开挖方式	明挖法
车道数（双向）	6车道		隧道长度（m）		870.00	隧道水平投影面积（m²）	25317.00
隧道平均开挖深度（m）	5.30			隧道最大开挖深度（m）		8.50	
隧道内径截面面积（m²）	154.86		隧道内径宽（m）		26.70	隧道内径高（m）	5.80
隧道外径截面面积（m²）	222.62		隧道外径宽（m）		29.10	隧道外径高（m）	7.65
敞开段水平投影面积（m²）	20661.00		敞开段水平投影长度（m）		710.00	敞开段坡度	4.5%
暗埋段水平投影面积（m²）	4656.00		暗埋段水平投影长度（m）		160.00		
基础	φ1000mm钻孔灌注桩						
围护结构	φ800mm钻孔灌注桩+φ600mm高压旋喷桩止水帷幕+钢管内支撑						
底板、侧墙、顶板厚度	800~1000mm底板和侧墙，850mm顶板						
主体结构混凝土	C40防水混凝土，抗渗等级P8						
机动车道	面层做法		6cm中粒式改性沥青混凝土（AC-20C）+4cm细粒式改性沥青混凝土（AC-13C）（辉绿岩）				
	基层做法		53cmC20普通混凝土				
附属	路面拆除						
其他	地基处理φ600深层水泥搅拌桩，处理面积20497.12m²						

工程造价指标分析表 表 1-47-2

总面积（m²）	25317.00		经济指标（元/m²）	4715.35
总长度（m）	870.00		经济指标（元/m）	137216.65
专业	工程造价（万元）	造价比例	经济指标（元/m²）	经济指标（元/m）
隧道	11937.85	100.00%	4715.35①	137216.65②

①②隧道指标分别以隧道水平投影面积、隧道长度为计算基础。

某交通隧道 3

计价时期	年份	2015	计价地区	省份	广东	建设类型	新建
	月份	9		城市	佛山	工程造价（万元）	5927.88
计价依据（清单）	2013		计价依据（定额）	2010	计税模式	营业税	
隧道工程							
隧道类别	交通隧道		穿越介质	地下隧道	隧道开挖方式	明挖法	
车道数（双向）	2 车道		隧道长度（m）	1171.50	隧道水平投影面积（m²）	13355.10	
隧道平均开挖深度（m）	6.05			隧道最大开挖深度（m）	7.50		
隧道内径截面面积（m²）	52.00	隧道内径宽（m）	10.00	隧道内径高（m）	5.20		
隧道外径截面面积（m²）	78.09	隧道外径宽（m）	11.40	隧道外径高（m）	6.85		
敞开段水平投影面积（m²）	9975.00	敞开段水平投影长度（m）	875.00	敞开段坡度	5.5%		
暗埋段水平投影面积（m²）	3380.10	暗埋段水平投影长度（m）		296.50			
基础	φ1000mm 钻孔灌注桩						
围护结构	φ800mm 钻孔灌注桩 +φ600mm 高压旋喷桩止水帷幕 + 钢管内支撑						
底板、侧墙、顶板厚度	800~1000mm 底板和侧墙，650mm 顶板						
主体结构混凝土	C40 防水混凝土抗渗等级 P8						
机动车道	面层做法	6cm 中粒式改性沥青混凝土（AC-20C）+4cm 细粒式改性沥青混凝土（AC-13C）（辉绿岩）					
附属	路面拆除						
其他	地基处理 φ600 深层水泥搅拌桩，处理面积 3948m²						

总面积（m²）	13355.10		经济指标（元/m²）		4438.67
总长度（m）	1171.50		经济指标（元/m）		50600.78
专业	工程造价（万元）	造价比例	经济指标（元/m²）		经济指标（元/m）
隧道	5927.88	100.00%	4438.67[①]		50600.78[②]

①②隧道指标分别以隧道水平投影面积、隧道长度为计算基础。

某交通隧道 4

计价时期	年份	2018	计价地区	省份	广东	建设类型	新建
	月份	10		城市	珠海	工程造价（万元）	132708.55
计价依据（清单）	2013		计价依据（定额）	2010	计税模式	增值税	

续表

隧道工程					
隧道类别	交通隧道	穿越介质	山岭隧道	隧道开挖方式	盾构法（Shield）
车道数（双向）	4 车道（双层）	隧道长度（m）	1784.00	隧道水平投影面积（m²）	27116.80
隧道内径截面面积（m²）	193.21	隧道内径宽（m）	13.90	隧道内径高（m）	13.90
隧道外径截面面积（m²）	231.04	隧道外径宽（m）	15.20	隧道外径高（m）	15.20
围护结构	1200mm 地下连续墙 + 钢板桩内撑				
底板、侧墙、顶板厚度	650mm 侧墙、底板、顶板				
主体结构混凝土	混凝土强度等级 C50				
机动车道	面层做法	4cm 细粒式改性沥青混凝土（AC-13C）+5cm 中粒式改性沥青混凝土（AC-20C）			
	基层做法	11cmC30 钢筋混凝土（上层行车道）+ 13cmC30 钢筋混凝土（下层行车道）			
附属工程					
绿化及喷灌	乔木（胸径）：凤凰木 13~14cm、海南红豆 12cm、洋红风铃木 7~8cm、黄花风铃木 7~8cm；养护期：12 个月				
	灌木（苗高 × 冠幅）：黄金榕球 150cm×150cm、红车（200~250cm）×（150~200cm）；养护期：12 个月				
	露地花卉及地被（种植密度）：翠芦莉 36 袋 /m²、满天星 64 袋 /m²、马璎丹 49 袋 /m²、鸢尾 64 袋 /m²、花叶假连翘 49 袋 /m²、葱兰 49 袋 /m²、麦冬 49 袋 /m²；养护期：12 个月				
照明	LED 灯 270 套				
交通设施及监控	标识标线、信号灯、视频监控、电子警察				
给水	铸铁管 DN100~600、混凝土井 14 座、无支护				
排水	污水：铸铁管 DN400~1000、砌筑井 117 座				
	雨水：混凝土管 ϕ300~ϕ1200、砌筑井 150 座				
	支护方式：钢板桩				
渠、涵	渠、涵类型：混凝土雨水渠，体积：716.57m³，尺寸：长 × 宽 × 高为 109m× 3.8m× 1.73m；渠、涵类型：混凝土雨水渠，体积：1084.16m³，尺寸：长 × 宽 × 高为 154m× 4m× 1.76m；渠、涵类型：混凝土雨水渠，体积：105.4m³，尺寸：长 × 宽 × 高为 42.5m× 1.55m× 1.6m；渠、涵类型：混凝土雨水渠，体积：844.52m³，尺寸：长 × 宽 × 高为 320.5m× 1.55m× 1.7m；渠、涵类型：混凝土雨水渠，体积：1117.08m³，尺寸：长 × 宽 × 高为 481.5m× 1.45m× 1.6m；渠、涵类型：混凝土雨水渠，体积：413.1m³，尺寸：长 × 宽 × 高为 204m× 1.35m× 1.5m；渠、涵类型：混凝土雨水渠，体积：1814.75m³，尺寸：长 × 宽 × 高为 350m× 3.05m× 1.7m；渠、涵类型：混凝土雨水渠，体积：1888.6m³，尺寸：长 × 宽 × 高为 280m× 3.55m× 1.9m；渠、涵类型：混凝土雨水渠，体积：5346m³，尺寸：长 × 宽 × 高为 600m× 4.05m× 2.2m				
海绵城市	透水管主要管道	硬聚氯乙烯管（UPVC）ϕ100、砌筑井 205 座			
其他	翻挖恢复道路，排水边沟，泵站结构，改渠河道				

工程造价指标分析表　　　　　　　　　　　　表 1-49-2

总面积（m²）	27116.80	经济指标（元/m²）		48939.61
总长度（m）	1784.00	经济指标（元/m）		743882.02
专业	工程造价（万元）	造价比例	经济指标（元/m²）	经济指标（元/m）
隧道	113569.78	85.58%	41881.71[①]	636601.92[②]
绿化及喷灌	909.02	0.68%	335.22	5095.40
照明	768.60	0.58%	283.44	4308.29
交通设施及监控	1296.46	0.98%	478.10	7267.16
给水	642.69	0.48%	237.01	3602.54
排水	4348.85	3.28%	1603.75	24376.95
渠、涵	2546.37	1.92%	939.04	14273.37
海绵城市	61.17	0.05%	22.56	342.87
其他	8565.61	6.45%	3158.78	48013.52

①②隧道指标分别以隧道水平投影面积、隧道长度为计算基础。

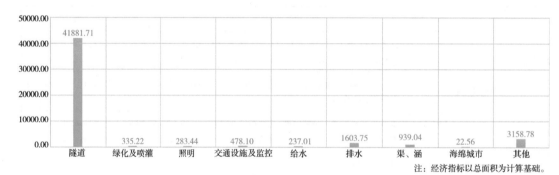

注：经济指标以总面积为计算基础。

图 1-49-1　经济指标对比（元/m²）

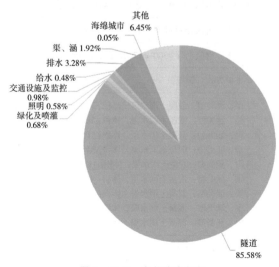

图 1-49-2　专业造价占比

某交通隧道 5

工程概况表　　　　表 1-50-1

计价时期	年份	2021	计价地区	省份	广东	建设类型	新建
	月份	7		城市	珠海	工程造价（万元）	82596.78
计价依据（清单）		2013	计价依据（定额）		2018	计税模式	增值税
隧道工程							
隧道类别		交通隧道	穿越介质		山岭隧道	隧道开挖方式	传统矿山法
车道数（双向）		6 车道	隧道长度（m）		3690.00	隧道水平投影面积（m²）	59335.20
隧道平均开挖深度（m）		—	隧道最大开挖深度（m）			9	
隧道内径截面面积（m²）		128.19	隧道内径宽（m）		14.65	隧道内径高（m）	8.75
隧道外径截面面积（m²）		156.62	隧道外径宽（m）		16.08	隧道外径高（m）	9.74
围护结构		喷射 10cmC25 混凝土 + 锚杆注浆					
底板、侧墙、顶板厚度		800mm 底板和侧墙、750mm 顶板					
主体结构混凝土		混凝土强度等级 C35					
机动车道		面层做法	4cm 细粒式改性沥青混凝土（AC-13C）+6cm 中粒式改性沥青混凝土（AC-20C）+8cm 粗粒式普通沥青混凝土（AC-25C）				
		基层做法	15cm 级配碎石 +15cm4% 水泥稳定石屑 +35cm5% 水泥稳定碎石				
附属工程							
地基处理		处理面积 3479.04m²，处理方式为换填土方					
交通设施及监控		标识标线					
渠、涵		渠、涵类型：混凝土桥涵，体积：7637.67m³，尺寸：长 × 宽 × 高为 60.08m×22.5m×5.65m					

工程造价指标分析表　　　　表 1-50-2

总面积（m²）	59335.20		经济指标（元 /m²）	13920.37
总长度（m）	3690.00		经济指标（元 /m）	223839.52
专业	工程造价（万元）	造价比例	经济指标（元 /m²）	经济指标（元 /m）
地基处理	121.07	0.15%	347.99①	—
隧道	81647.51	98.85%	13760.39②	221266.97③
渠、涵	828.20	1.00%	139.58	2244.45

①地基处理指标是以处理面积为计算基础。
②③隧道指标分别以隧道水平投影面积、隧道长度为计算基础。

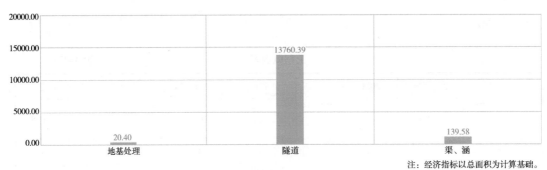

注：经济指标以总面积为计算基础。

图 1-50-1　经济指标对比（元/m²）

图 1-50-2　专业造价占比

某人行隧道

工程概况表　　　　　　　　　　　　　　　　　表 1-51-1

计价时期	年份	2021	计价地区	省份	广东	建设类型	新建
	月份	1		城市	东莞	工程造价（万元）	367.99
计价依据（清单）		2013	计价依据（定额）		2018	计税模式	增值税
隧道工程							
隧道类别		人行隧道	穿越介质		地下隧道	隧道开挖方式	明挖法
车道数（双向）		—	隧道长度（m）		73.83	隧道水平投影面积（m²）	442.98
隧道平均开挖深度（m）		—	隧道最大开挖深度（m）			7.10	

续表

隧道内径截面面积（m²）	15.00	隧道内径宽（m）	5.00	隧道内径高（m）	3.00
隧道外径截面面积（m²）	24.00	隧道外径宽（m）	6.00	隧道外径高（m）	4.00
敞开段水平投影面积（m²）	226.98	敞开段水平投影长度（m）	37.83	敞开段坡度	—
暗埋段水平投影面积（m²）	216.00		暗埋段水平投影长度（m）	36.00	
围护结构	500mm 地下连续墙				
底板、侧墙、顶板厚度	500mm 底板、侧墙、顶板				
主体结构混凝土	混凝土强度等级 C35、抗渗等级 P8				
人行道	面层做法	600mm×600mm 花岗石板			
	基层做法	1.20cm3.5% 水泥稳定碎石基层			
附属	泵房				
附属工程					
照明	LED 灯 19 套				
排水	污水：钢管 DN80~150、混凝土井 1 座				
	支护方式：无支护				

工程造价指标分析表　　　　　　　表 1-51-2

总面积（m²）	442.98		经济指标（元/m²）	8307.09
总长度（m）	73.83		经济指标（元/m）	49842.51
专业	工程造价（万元）	造价比例	经济指标（元/m²）	经济指标（元/m）
隧道	359.57	97.71%	8117.17[①]	48702.98[②]
照明	5.88	1.60%	132.74	796.44
排水	2.53	0.69%	57.18	343.10

①②隧道指标分别以隧道水平投影面积、隧道长度为计算基础。

图 1-51-1　经济指标对比（元/m²）

图 1-51-2　专业造价占比

第三节　桥梁工程

某立交高架桥 1

工程概况表　　　　　　　　　　　　　　　表 1-52-1

计价时期	年份	2014	计价地区	省份	广东	建设类型	新建
	月份	1		城市	佛山	工程造价（万元）	8876.65
计价依据（清单）		2013	计价依据（定额）		2010	计税模式	营业税
桥梁工程							
桥梁类别		立交高架桥	桥梁分类		大桥	结构类型	梁式桥
材料类别		钢筋混凝土	桥梁水平投影面积（m²）		17855.10	桥梁高度（m）	11.50
桥梁宽度（m）		25.50	多孔跨径（m）		700.20	单孔跨径（m）	30.00
基础		φ1200mm 机械成孔灌注桩					
桥墩		柱式桥墩，混凝土强度等级 C40					
主梁		混凝土箱梁 C50					
桥面铺装（机动车道）		GQF-II 防水层 +M1500 防水剂封闭 +4cm 细粒式改性沥青混凝土（AC-13C）+5cm 中粒式沥青混凝土（AC-20C）					

工程造价指标分析表　　　　　　表 1-52-2

总面积（m²）	17855.10	经济指标（元/m²）		4971.49
总长度（m）	700.20	经济指标（元/m）		126773.10
专业	工程造价（万元）	造价比例	经济指标（元/m²）	经济指标（元/m）
桥梁	8876.65	100.00%	4971.49①	126773.1②

①②桥梁指标分别以桥梁水平投影面积、桥梁多孔跨径为计算基础。

某立交高架桥 2

工程概况表　　　　　　表 1-53-1

计价时期	年份	2013	计价地区	省份	广东	建设类型	新建
	月份	4		城市	东莞	工程造价（万元）	892.94
计价依据（清单）		2013	计价依据（定额）		2010	计税模式	营业税
桥梁工程							
桥梁类别		立交高架桥	桥梁分类		中桥	结构类型	梁式桥
材料类别		钢和钢筋混凝土组合	桥梁水平投影面积（m²）		1560.00	桥梁高度（m）	20.00
桥梁宽度（m）		39.00	多孔跨径（m）		40.00	单孔跨径（m）	20.00
基础		ϕ1000mm/ϕ1300mm 钻孔灌注桩					
桥墩		桩柱式桥墩，混凝土强度等级 C40					
主梁		预应力空心板桥 C50					
桥面铺装（机动车道）		6cm 中粒式沥青混凝土（AC-20C）+ 机械喷洒道路用改性乳化沥青粘油层（PC-3）0.5L/m+4cm 细粒式改性沥青混凝土（AC-13C）					
桥面铺装（人行道）		C30 混凝土人行道板 +2cmM7.5 水泥砂浆					

工程造价指标分析表　　　　　　表 1-53-2

总面积（m²）	1560.00	经济指标（元/m²）		5724.00
总长度（m）	40.00	经济指标（元/m）		223236.14
专业	工程造价（万元）	造价比例	经济指标（元/m²）	经济指标（元/m）
桥梁	892.94	100.00%	5724.00①	223236.14②

①②桥梁指标分别以桥梁水平投影面积、桥梁多孔跨径为计算基础。

某人行天桥 1

工程概况表　　　　　　表 1-54-1

计价时期	年份	2019	计价地区	省份	广东	建设类型	新建
	月份	3		城市	佛山	工程造价（万元）	2421.83
计价依据（清单）		2013	计价依据（定额）		2018	计税模式	增值税

桥梁工程					
桥梁类别	人行天桥	桥梁分类	—	结构类型	组合桥
材料类别	钢和钢筋混凝土组合	桥梁水平投影面积（m²）	2396.12	桥梁高度（m）	5.00
桥梁宽度（m）	7.40	多孔跨径（m）	323.80	单孔跨径（m）	—
基础	φ800mm/φ1200mm/φ1500mm 泥浆护壁成孔灌注桩				
桥墩	C40 现浇墩盖梁 Y 型墩 +C35φ120cm 楼梯墩柱				
主梁	Q345C、Q235C 主桥钢箱梁，主梁梁高 1.4m，单箱三室				
桥面铺装（人行道）	C40 普通预拌混凝土 +2.5mm 高分子聚合物防滑薄层 +30mm 环氧砂浆 +20mm 芝麻灰花岗岩				
顶棚	1. 材质 Q345b；2. 斜腹杆 400mm×400mm×14mm 方钢管；3. 弦杆 400mm×300mm×10mm 方钢管；4. 格栅杆 200mm×100mm×6mm 方钢管；5. 70mm×50mm×4mm 矩形管（标准）、150mm×100mm×6mm 矩形管（镂空）；6. 钢结构喷砂除锈，除锈等级 Sa2.5；7. 钢结构防腐涂装：环氧富锌底漆 2 道，快干型环氧云铁中间漆 2 道，超薄型防火涂料（耐火极限 1.5h），聚氨酯面漆 2 道				
附属工程					
绿化及喷灌	灌木（苗高 × 冠幅）：水红勒杜鹃 60cm×60cm；养护期：12 个月				
	绿化配套：硬聚氯乙烯管（UPVC）φ32~φ100				
照明	LED 灯 2534 套				

工程造价指标分析表　　　　　　　　　　　　　　表 1-54-2

总面积（m²）	2396.12		经济指标（元 /m²）		10107.29
总长度（m）	323.80		经济指标（元 /m）		74793.97
专业	工程造价（万元）	造价比例	经济指标（元 /m²）		经济指标（元 /m）
桥梁	2289.51	94.54%	9555.08[①]		70707.63[②]
绿化及喷灌	21.16	0.87%	88.32		653.54
照明	111.15	4.59%	463.89		3432.81

①②桥梁指标分别以桥梁水平投影面积、桥梁多孔跨径为计算基础。

注：经济指标以总面积为计算基础。

图 1-54-1　经济指标对比（元 /m²）

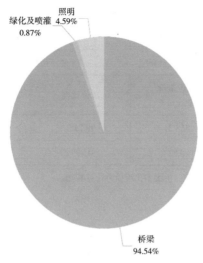

图 1-54-2　专业造价占比

某人行天桥 2

工程概况表　　　　　　　表 1-55-1

计价时期	年份	2014	计价地区	省份	广东	建设类型	新建
	月份	3		城市	佛山	工程造价（万元）	865.04
计价依据（清单）		2013	计价依据（定额）		2010	计税模式	营业税
桥梁工程							
桥梁类别		人行天桥	桥梁分类		—	结构类型	钢架桥
材料类别		钢结构	桥梁水平投影面积（m²）		641.40	桥梁高度（m）	8.00
桥梁宽度（m）		6.00	多孔跨径（m）		61.97	单孔跨径（m）	—
梯道长度（m）		69.12		梯道宽度（m）		3.90	
基础		φ600mm/φ1000mm 泥浆护壁成孔灌注桩					
桥墩		C35 普通混凝土 20 石					
主梁		Q345C 钢箱梁					
桥面铺装（人行道）		50/60mmC35 细石普通混凝土 20 石 + 防滑砖					
顶棚		彩钢板屋面安装于 S/C 型轻型钢檩条上、压型彩色钢板 0.53mm+ 屋面天沟、檐沟：天沟、泛水 2mm 厚 SUS304 板 + 屋面变形缝（2mm 厚不锈钢板）					
栏杆		钢护栏：金属面油漆，喷环氧富锌底漆（封闭漆）1 遍 + 环氧云铁漆 1 遍 + 喷聚氨酯面漆 1 遍 + 氟碳漆					
附属工程							
照明		LED 灯 62 套					

工程造价指标分析表   表 1-55-2

总面积（m²）	641.40		经济指标（元/m²）	13486.68
总长度（m）	131.09		经济指标（元/m）	65986.40
专业	工程造价（万元）	造价比例	经济指标（元/m²）	经济指标（元/m）
桥梁	858.21	99.21%	13380.30[①]	65465.91[②]
照明	6.82	0.79%	106.38	520.49

①②桥梁指标分别以桥梁水平投影面积、桥梁多孔跨径为计算基础。

注：经济指标以总面积为计算基础。

图 1-55-1　经济指标对比（元/m²）

图 1-55-2　专业造价占比

某人行天桥 3

工程概况表 表 1-56-1

计价时期	年份	2020	计价地区	省份	广东	建设类型	新建
	月份	6		城市	佛山	工程造价（万元）	1005.47
计价依据（清单）	2013		计价依据（定额）		2018	计税模式	增值税
桥梁工程							
桥梁类别	人行天桥		桥梁分类		—	结构类型	梁式桥
材料类别	钢结构		桥梁水平投影面积（m²）		437.04	桥梁高度（m）	8.15
桥梁宽度（m）	3.60		多孔跨径（m）		59.75	单孔跨径（m）	—
梯道长度（m）	45.48			梯道宽度（m）		4.88	
基础	φ1000mm 钻孔灌注桩						
桥墩	柱式墩柱，混凝土强度等级 C40						
主梁	Q355B 钢箱梁						
桥面铺装（人行道）	15mm 彩色防滑地砖						
其他	含采光天棚、冲孔铝板吊顶、3 部垂直电梯、3 部自动扶梯（长 45.48m、宽 1.8m）、带骨架电梯井幕墙						

工程造价指标分析表 表 1-56-2

总面积（m²）	437.04		经济指标（元/m²）		23006.34
总长度（m）	105.23		经济指标（元/m）		95549.67
专业	工程造价（万元）	造价比例	经济指标（元/m²）		经济指标（元/m）
桥梁	1005.47	100.00%	23006.34 [①]		95549.67 [②]

①②桥梁指标分别以桥梁水平投影面积、桥梁多孔跨径为计算基础。

某人行天桥 4

工程概况表　　　　　　　表 1-57-1

计价时期	年份	2021	计价地区	省份	广东	建设类型	改建
	月份	8		城市	珠海	工程造价（万元）	738.85
计价依据（清单）	2013		计价依据（定额）		2018	计税模式	增值税
桥梁工程							
桥梁类别	人行天桥		桥梁分类	—		结构类型	桁架桥
材料类别	钢和钢筋混凝土组合		桥梁水平投影面积（m²）	590.30		桥梁高度（m）	5.00
桥梁宽度（m）	5.00		多孔跨径（m）	59.95		单孔跨径（m）	2.15+26.5+27.5+3.8
梯道长度（m）	67.56			梯道宽度（m）	4.30		
基础	φ1000mm 泥浆护壁成孔灌注桩						
桥墩	双柱式边墩，混凝土强度等级 C40						
主梁	Q355C 钢箱梁，结构宽度为 1.06m						
桥面铺装（人行道）	6cm 蒸压灰砂砖						
其他	2 部电梯 1.0m/s、铝单板幕墙电梯井						
附属工程							
绿化及喷灌	灌木（苗高 × 冠幅）：紫花勒杜鹃 40cm×35cm；养护期：6 个月						
	露地花卉及地被（种植密度）：泰国龙船花 36 株 /m²、福建茶 36 株 /m²、花叶鸭脚木 36 株 /m²、勒杜鹃 36 株 /m²、黄金叶 36 株 /m²；养护期：6 个月						
	绿化配套：PE 塑料管						
照明	LED 灯 108 套						
交通设施及监控	标识标线、信号灯、视频监控、电子警察						
电力	YJV22-10-3 × 95						
管沟	甲型电缆沟						

114

工程造价指标分析表　　　　　　　　表 1-57-2

总面积（m²）	590.30	经济指标（元/m²）		12516.47
总长度（m）	127.51	经济指标（元/m）		57944.25
专业	工程造价（万元）	造价比例	经济指标（元/m²）	经济指标（元/m）
桥梁	588.94	79.71%	9976.96[①]	46187.75[②]
绿化及喷灌	31.88	4.31%	539.99	2499.87
照明	45.47	6.15%	770.22	3565.68
交通设施及监控	18.60	2.52%	315.04	1458.46
电力	43.35	5.87%	734.32	3399.48
管沟	10.62	1.44%	179.94	833.00

①②桥梁指标分别以桥梁水平投影面积、桥梁多孔跨径为计算基础。

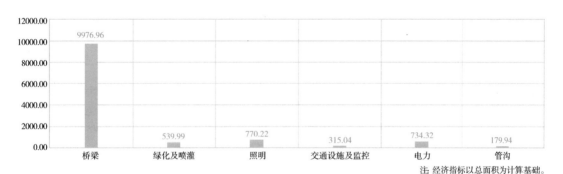

注 经济指标以总面积为计算基础。

图 1-57-1　经济指标对比（元/m²）

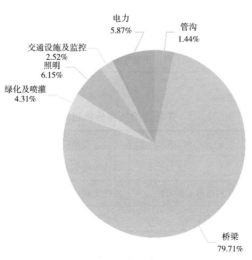

图 1-57-2　专业造价占比

某人行天桥5

工程概况表　　　　表 1-58-1

<table>
<tr><td rowspan="2">计价时期</td><td>年份</td><td>2021</td><td rowspan="2">计价地区</td><td>省份</td><td>广东</td><td>建设类型</td><td colspan="2">改建</td></tr>
<tr><td>月份</td><td>8</td><td>城市</td><td>珠海</td><td>工程造价
（万元）</td><td colspan="2">939.94</td></tr>
<tr><td>计价依据（清单）</td><td colspan="2">2013</td><td>计价依据（定额）</td><td colspan="2">2018</td><td>计税模式</td><td colspan="2">增值税</td></tr>
<tr><td colspan="9">桥梁工程</td></tr>
<tr><td>桥梁类别</td><td colspan="2">人行天桥</td><td>桥梁分类</td><td colspan="2">—</td><td>结构类型</td><td colspan="2">混合式结构</td></tr>
<tr><td>材料类别</td><td colspan="2">钢筋混凝土</td><td>桥梁水平投影面积（m²）</td><td colspan="2">543.01</td><td>桥梁高度（m）</td><td colspan="2">5.00</td></tr>
<tr><td>桥梁宽度（m）</td><td colspan="2">5.00</td><td>多孔跨径（m）</td><td colspan="2">64.57</td><td>单孔跨径（m）</td><td colspan="2">2.15+29.71+30.56+2.15</td></tr>
<tr><td>梯道长度（m）</td><td colspan="4">51.20</td><td>梯道宽度（m）</td><td colspan="3">4.30</td></tr>
<tr><td>基础</td><td colspan="8">φ1000mm 泥浆护壁成孔灌注桩</td></tr>
<tr><td>桥墩</td><td colspan="8">双柱式边墩，混凝土强度等级 C40</td></tr>
<tr><td>主梁</td><td colspan="8">Q355C 钢箱梁，结构宽度为 1.068m</td></tr>
<tr><td>桥面铺装（人行道）</td><td colspan="8">6cm 蒸压灰砂砖</td></tr>
<tr><td>其他</td><td colspan="8">2 部电梯 1.0m/s、铝单板幕墙电梯井</td></tr>
<tr><td colspan="9">附属工程</td></tr>
<tr><td rowspan="3">绿化及喷灌</td><td colspan="8">灌木（苗高 × 冠幅）：紫花勒杜鹃 40cm×35cm、花叶鸭脚木 35cm×30cm、勒杜鹃 45cm×40cm、黄金叶 35cm×30cm；养护期：6 个月</td></tr>
<tr><td colspan="8">露地花卉及地被（种植密度）：泰国龙船花 36 株 /m²、福建茶 36 株 /m²；养护期：6 个月</td></tr>
<tr><td colspan="8">绿化配套：PE 塑料管</td></tr>
<tr><td>照明</td><td colspan="8">LED 灯 216 套</td></tr>
<tr><td>交通设施及监控</td><td colspan="8">视频监控、电子警察</td></tr>
<tr><td>电力</td><td colspan="8">YJV22-10-3×95</td></tr>
<tr><td>管沟</td><td colspan="8">通信排管、人孔井、甲型电缆沟</td></tr>
</table>

工程造价指标分析表　　　　表 1-58-2

<table>
<tr><td>总面积（m²）</td><td colspan="2">543.01</td><td colspan="2">经济指标（元 /m²）</td><td colspan="2">17309.76</td></tr>
<tr><td>总长度（m）</td><td colspan="2">115.77</td><td colspan="2">经济指标（元 /m）</td><td colspan="2">81190.06</td></tr>
<tr><td>专业</td><td colspan="2">工程造价（万元）</td><td>造价比例</td><td>经济指标（元 /m²）</td><td colspan="2">经济指标（元 /m）</td></tr>
<tr><td>桥梁</td><td colspan="2">796.64</td><td>84.75%</td><td>14670.74①</td><td colspan="2">68811.93②</td></tr>
<tr><td>绿化及喷灌</td><td colspan="2">27.56</td><td>2.94%</td><td>507.49</td><td colspan="2">2380.34</td></tr>
</table>

续表

专业	工程造价（万元）	造价比例	经济指标（元/m²）	经济指标（元/m）
照明	47.68	5.07%	878.00	4118.21
交通设施及监控	7.90	0.84%	145.55	682.71
电力	43.35	4.61%	798.27	3744.21
管沟	16.82	1.79%	309.71	1452.66

①②桥梁指标分别以桥梁水平投影面积、桥梁多孔跨径为计算基础。

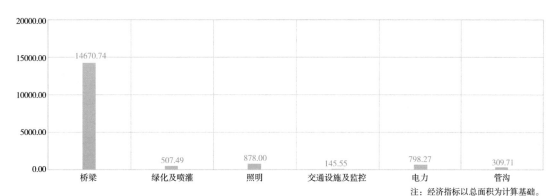

注：经济指标以总面积为计算基础。

图 1-58-1　经济指标对比（元/m²）

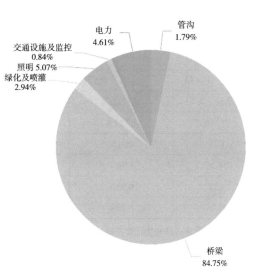

图 1-58-2　专业造价占比

某人行天桥6

工程概况表　　　　　　　　　　　表 1-59-1

计价时期	年份	2021	计价地区	省份	广东	建设类型	改建
	月份	8		城市	珠海	工程造价（万元）	821.64
计价依据（清单）		2013	计价依据（定额）		2018	计税模式	增值税

续表

桥梁工程					
桥梁类别	人行天桥	桥梁分类	—	结构类型	混合式结构
材料类别	钢和钢筋混凝土组合	桥梁水平投影面积（m²）	488.31	桥梁高度（m）	5.00
桥梁宽度（m）	5.00	多孔跨径（m）	53.63	单孔跨径（m）	2.15+23.15+26.18+2.15
梯道长度（m）	51.20		梯道宽度（m）	4.30	
基础	φ1000mm 泥浆护壁成孔灌注桩				
桥墩	双柱式边墩，混凝土强度等级 C40				
主梁	Q355C 钢箱梁，结构宽度为 1.068m				
桥面铺装（人行道）	6cm 蒸压灰砂砖				
其他	2 部电梯 1.0m/s、铝单板幕墙电梯井				
附属工程					
绿化及喷灌	灌木（苗高×冠幅）：亮叶朱蕉 40cm×35cm、紫花马樱丹 40cm×35cm、花叶鸭脚木 35cm×30cm；养护期：6 个月				
	绿化配套：PE 塑料管				
照明	LED 灯 108 套				
交通设施及监控	标识标线、视频监控				
电力	YJV22–10–3×95				

工程造价指标分析表 表 1–59–2

总面积（m²）	488.31		经济指标（元/m²）	16826.16
总长度（m）	104.83		经济指标（元/m）	78378.15
专业	工程造价（万元）	造价比例	经济指标（元/m²）	经济指标（元/m）
桥梁	717.06	87.27%	14684.48[①]	68401.99[②]
绿化及喷灌	1.75	0.21%	35.89	167.19
照明	51.76	6.30%	1059.97	4937.45
交通设施及监控	7.72	0.94%	158.13	736.57
电力	43.35	5.28%	887.69	4134.95

①②桥梁指标分别以桥梁水平投影面积、桥梁多孔跨径为计算基础。

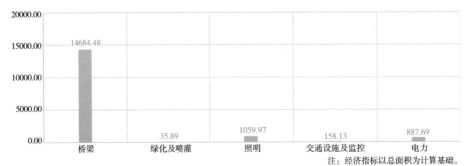

图 1–59–1　经济指标对比（元/m²）

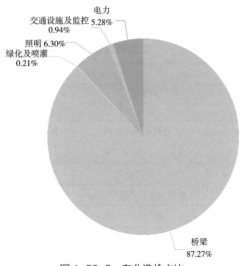

图 1-59-2　专业造价占比

交通设施及监控 0.94%
电力 5.28%
照明 6.30%
绿化及喷灌 0.21%
桥梁 87.27%

某跨江（河）桥 1

工程概况表						表 1-60-1	

计价时期	年份	2020	计价地区	省份	广东	建设类型	新建
	月份	6		城市	佛山	工程造价（万元）	1754.47
计价依据（清单）		2013	计价依据（定额）		2018	计税模式	增值税
桥梁工程							
桥梁类别	跨江（河）桥		桥梁分类		大桥	结构类型	梁式桥
材料类别	钢筋混凝土		桥梁水平投影面积（m²）		3206.00	桥梁高度（m）	3.98
桥梁宽度（m）	32.06		多孔跨径（m）		100.00	单孔跨径（m）	—
基础	φ1200mm 泥浆护壁成孔灌注桩、总桩长 397m，φ2000mm 泥浆护壁成孔灌注桩、总桩长 208m；承台规格 5700mm×2200mm×2000mm						
桥墩	柱式墩柱，混凝土强度等级 C40；桥墩平均高约 2.41m						
主梁	预制混凝土梁，混凝土强度等级 C40，箱梁尺寸：上底宽 2.40m，下底宽 1.00m，高度 2.05m，壁厚 0.32/0.2m						
桥面铺装（机动车道）	4cm 细粒式改性沥青混凝土 +6cm 中粒式沥青混凝土 + 水泥基渗透结晶型防水涂料防水层 + 10cmC50 混凝土						
桥面铺装（人行道）	30mm 彩色防滑地砖 +20mmM12.5 水泥砂浆						
其他	溶洞处理土石方 720.00m³，钢护筒 51t，钢板桩围堰 180.24t						

工程造价指标分析表				表 1-60-2

总面积（m²）	3206.00		经济指标（元 /m²）	5472.46
总长度（m）	100.00		经济指标（元 /m）	175447.21
专业	工程造价（万元）	造价比例	经济指标（元 /m²）	经济指标（元 /m）
桥梁	1754.47	100.00%	5472.46[①]	175447.21[②]

①②桥梁指标分别以桥梁水平投影面积、桥梁多孔跨径为计算基础。

某跨江（河）桥2

工程概况表　　　　　　　　　　　　　　　　　表 1-61-1

计价时期	年份	2020	计价地区	省份	广东	建设类型	新建
	月份	6		城市	佛山	工程造价（万元）	1539.64
计价依据（清单）		2013	计价依据（定额）		2018	计税模式	增值税
桥梁工程							
桥梁类别		跨江（河）桥	桥梁分类		中桥	结构类型	梁式桥
材料类别		钢筋混凝土	桥梁水平投影面积（m²）		1314.40	桥梁高度（m）	3.86
桥梁宽度（m）		32.86	多孔跨径（m）		40.00	单孔跨径（m）	—
基础		φ1400mm 泥浆护壁成孔灌注桩、总桩长 692m；承台规格 16400mm×5800mm×2200mm					
桥墩		柱式墩柱，混凝土强度等级 C40；桥墩平均高约 4.42m					
主梁		混凝土箱梁 C50，箱梁尺寸：上底宽 2.40m，下底宽 1.00m，高度 1.22m，壁厚 0.30/0.18m					
桥面铺装（机动车道）		4cm 细粒式改性沥青混凝土 +6cm 中粒式沥青混凝土 + 水泥基渗透结晶型防水涂料防水层 +10cmC50 混凝土					
桥面铺装（人行道）		30mm 彩色防滑地砖 +20mmM12.5 水泥砂浆					
其他		溶洞处理土石方 1080.00m³，钢护筒 91.9t，钢板桩围堰 470t					

工程造价指标分析表　　　　　　　　　　　　　表 1-61-2

总面积（m²）	1314.40	经济指标（元/m²）		11713.61
总长度（m）	40.00	经济指标（元/m）		384909.24
专业	工程造价（万元）	造价比例	经济指标（元/m²）	经济指标（元/m）
桥梁	1539.64	100.00%	11713.61①	384909.24②

①②桥梁指标分别以桥梁水平投影面积、桥梁多孔跨径为计算基础。

某跨江（河）桥3

工程概况表　　　　　　　　　　　　　　　　　表 1-62-1

计价时期	年份	2013	计价地区	省份	广东	建设类型	新建
	月份	4		城市	东莞	工程造价（万元）	4311.01
计价依据（清单）		2013	计价依据（定额）		2010	计税模式	营业税
桥梁工程							
桥梁类别		跨江（河）桥	桥梁分类		大桥	结构类型	梁式桥
材料类别		钢筋混凝土	桥梁水平投影面积（m²）		9234.00	桥梁高度（m）	30.00
桥梁宽度（m）		34.20	多孔跨径（m）		270.00	单孔跨径（m）	30.00
基础		φ1200mm/φ1600mm 钻孔灌注桩					

续表

桥墩	桩柱式桥墩，混凝土强度等级 C40
主梁	预应力混凝土箱梁 C50
桥面铺装（机动车道）	6cm 中粒式沥青混凝土（AC-20C）+ 机械喷洒道路用改性乳化沥青粘油层（PC-3）0.5L/m+4cm 细粒式改性沥青混凝土（AC-13C）
桥面铺装（人行道）	C30 混凝土人行道板 + 防滑瓷砖

工程造价指标分析表　　　　　　　　表 1-62-2

总面积（m²）	9234.00	经济指标（元/m²）	4668.62
总长度（m）	270.00	经济指标（元/m）	159666.95
专业	工程造价（万元）	造价比例	经济指标（元/m²）	经济指标（元/m）
桥梁	4311.01	100.00%	4668.62[①]	159666.95[②]

①②桥梁指标分别以桥梁水平投影面积、桥梁多孔跨径为计算基础。

某跨江（河）桥4

工程概况表　　　　　　　　表 1-63-1

计价时期	年份	2013	计价地区	省份	广东	建设类型	新建
	月份	4		城市	东莞	工程造价（万元）	791.62
计价依据（清单）		2013	计价依据（定额）		2010	计税模式	营业税
桥梁工程							
桥梁类别	跨江（河）桥		桥梁分类		中桥	结构类型	梁式桥
材料类别	钢筋混凝土		桥梁水平投影面积（m²）		1300.00	桥梁高度（m）	20.00
桥梁宽度（m）	32.5		多孔跨径（m）		40.00	单孔跨径（m）	20.00
基础	φ1000mm/φ1300mm 机械成孔灌注桩						
桥墩	桩柱式桥墩，混凝土强度等级 C40						
主梁	预应力空心板桥 C50						
桥面铺装（机动车道）	6cm 中粒式沥青混凝土（AC-20C）+ 机械喷洒道路用改性乳化沥青粘油层（PC-3）0.5L/m+4cm 细粒式改性沥青混凝土（AC-13C）						
桥面铺装（人行道）	C30 混凝土人行道板 + 防滑瓷砖						

工程造价指标分析表　　　　　　　　表 1-63-2

总面积（m²）	1300.00	经济指标（元/m²）	6089.39
总长度（m）	40.00	经济指标（元/m）	197905.15
专业	工程造价（万元）	造价比例	经济指标（元/m²）	经济指标（元/m）
桥梁	791.62	100.00%	6089.39[①]	197905.15[②]

①②桥梁指标分别以桥梁水平投影面积、桥梁多孔跨径为计算基础。

第四节　综合项目

综合项目1（沥青快速路、交通隧道、立交高架桥）

工程概况表　　　　　　　　　　　　　　　　表 1-64-1

计价时期	年份	2020	计价地区	省份	广东	建设类型	改建
	月份	10		城市	珠海	工程造价（万元）	88060.68
计价依据（清单）		2013	计价依据（定额）		2018	计税模式	增值税
道路工程							
道路等级	快速路		道路类别	沥青混凝土道路		车道数（双向）	6 车道
道路面积（m²）	297384.27			机动车道面积（m²）		161319.03	
				人行道面积（m²）		33914.15	
				非机动车道面积（m²）		13479.09	
				绿化带面积（m²）		88672.00	
道路长度（m）	12184.94			道路宽度（m）		10.50~71.00	
道路	机动车道	面层做法	4cm 细粒式改性沥青混凝土（AC-13C）+6cm 中粒式改性沥青混凝土（AC-20C）+8cm 粗粒式改性沥青混凝土（AC-25C）				
		基层做法	36cm6% 水泥稳定碎石 +18cm4% 泥稳定石屑				
		机动车道平石	花岗岩				
		平石尺寸	1000mm×500mm×120mm				
	人行道	面层做法	23cm×11.5cm×6cm 桔红色透水砖、30cm×30cm×6cm 黄色透水砖				
		基层做法	10cmC30 原色透水混凝土 +15cm 级配碎石				
		侧石尺寸	1000mm×450mm×150mm 花岗岩				
	非机动车道	面层做法	3cmC30 彩色强固透水混凝土				
		基层做法	15cmC30 原色透水混凝土 +20cm 级配碎石				
	绿化带	侧石尺寸	1000mm×650mm×200mm、1000mm×450mm×150mm				
隧道工程							
隧道类别	交通隧道		穿越介质	地下隧道		隧道开挖方式	明挖法
车道数（双向）	6 车道		隧道长度（m）	1140.00		隧道水平投影面积（m²）	33516.00
隧道平均开挖深度（m）	—			隧道最大开挖深度（m）		12.00	
隧道内径截面面积（m²）	137.80		隧道内径宽（m）	26.50		隧道内径高（m）	5.20
隧道外径截面面积（m²）	228.88		隧道外径宽（m）	29.40		隧道外径高（m）	7.79

续表

敞开段水平投影面积（m²）	8232.00	敞开段水平投影长度（m）	280.00	敞开段坡度	—
暗埋段水平投影面积（m²）	25284.00		暗埋段水平投影长度（m）		860.00
围护结构	ϕ600mm/ϕ700mm 高压旋喷实桩 + 钢板桩支撑 +ϕ1000mm/ϕ1200mm 泥浆护壁成孔灌注桩				
底板、侧墙、顶板厚度	1100~1500mm 敞开段底板和侧墙、1100mm 暗埋段侧墙和底板、1000mm 顶板				
主体结构混凝土	混凝土强度等级 C40、抗渗等级 P8				
附属	泵房				
桥梁工程					
桥梁类别	立交高架桥	桥梁分类	大桥	结构类型	梁式桥
材料类别	钢和钢筋混凝土组合	桥梁水平投影面积（m²）	12312.00	桥梁高度（m）	8.00
桥梁宽度（m）	27.00	多孔跨径（m）	456.00	单孔跨径（m）	24.12
基础	ϕ1300mm/ϕ1800mm 钻孔灌注桩				
桥墩	双柱式边墩，混凝土强度等级 C40				
主梁	预应力混凝土箱梁 C50，结构宽度为 2.4m				
附属工程					
地基处理	处理面积 20480m²，处理方式为换填石屑				
绿化及喷灌	乔木（胸径）：秋枫 13~14cm、宫粉紫荆 11~12cm、凤凰木 19~20cm、海南火焰木 13~14cm、粉花风铃木 13~14cm；养护期：12 个月				
	灌木（苗高 × 冠幅）：小叶紫薇 150cm×100cm；养护期：12 个月				
	露地花卉及地被（种植密度）：紫花翠芦莉 36 袋 /m²、醉碟花 36 袋 /m²、黄花马缨丹 49 袋 /m²、亮叶朱蕉 36 袋 /m²、雪花木 49 袋 /m²、变叶木 36 袋 /m²、胡椒木 49 袋 /m²、羽绒狼尾草 36 袋 /m²、葱兰 49 袋 /m²、宫粉龙船花 36 袋 /m²、雪茄花 49 袋 /m²、粉花朱槿 36 袋 /m²、蓝雪花 36 袋 /m²；养护期：12 个月				
照明	LED 灯 805 套				
交通设施及监控	标识标线、视频监控、电子警察				
给水	铸铁管 DN150~800、砌筑井 197 座、无支护				
排水	污水：铸铁管 DN400~1000、混凝土井 125 座				
	雨水：混凝土管 ϕ300~ϕ1200、混凝土井 80 座				
	支护方式：钢板桩				
渠、涵	渠、涵类型：混凝土箱涵，体积：6080.68m³，尺寸：长 × 宽 × 高为 171.85m×9.788m×3.615m				
海绵城市	绿化带	雨水花园做法	0.5~1mm 防渗土工布 +150cm 种植回填土 +30cm 厚生物过滤介质		
	透水管主要管道	硬聚氯乙烯管（UPVC）ϕ100~ϕ150、无支护、砌筑井 108 座			
	其他	生态树池			
综合管廊	管廊舱数：2 舱，管廊长度 4889m，管廊水平投影面积 12125m²，平均埋深 1.3m，截面尺寸（2.48×1.05+2.98×0.1+2.88×0.2）m，断面外仓面积 2.478m²，内径 1000mm×900mm，外壁壁厚 240mm				
管沟	电缆沟、埋管				
其他	挡墙工程，轴载称重系统，石油管保护盖板涵				

123

工程造价指标分析表　　　　　　　表 1-64-2

总面积（m²）	343212.27		经济指标（元/m²）		2565.78
总长度（m）	13780.94①		经济指标（元/m）		63900.35
专业	工程造价（万元）	造价比例	经济指标（元/m²）		经济指标（元/m）
地基处理	562.82	0.64%	274.81②		—
道路	15195.74	17.25%	510.98③		12470.92
隧道	30162.65	34.25%	8999.48④		264584.62⑤
桥梁	8179.19	9.29%	6643.27⑥		179368.20⑦
绿化及喷灌	1386.94	1.57%	40.41		1006.42
照明	1839.94	2.09%	53.61		1335.14
交通设施及监控	1397.26	1.59%	40.71		1013.91
给水	2895.24	3.29%	84.36		2100.90
排水	10324.93	11.72%	300.83		7492.18
渠、涵	878.74	1.00%	25.60		637.65
海绵城市	438.61	0.50%	12.78		318.27
综合管廊	3171.10	3.60%	2615.34⑧		6486.19⑨
管沟	2656.87	3.02%	77.41		1927.93
其他	8970.65	10.19%	261.37		6509.46

①总长度包括道路长度、隧道长度。
②地基处理指标是以处理面积为计算基础。
③道路工程范围包含隧道、桥梁路面铺装；道路指标分别以道路面积、道路长度为计算基础。
④⑤隧道指标分别以隧道水平投影面积、隧道长度为计算基础，不含隧道路面铺装费用。
⑥⑦桥梁指标分别以桥梁水平投影面积、桥梁多孔跨径为计算基础，不含桥梁路面铺装费用。
⑧⑨综合管廊指标以综合管廊水平投影面积、综合管廊长度为计算基础。

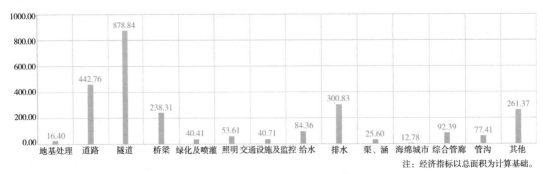

注：经济指标以总面积为计算基础。

图 1-64-1　经济指标对比（元/m²）

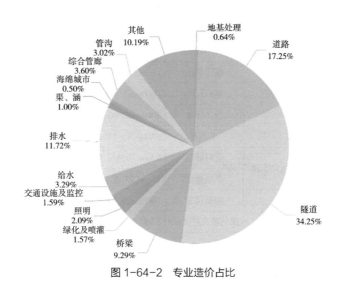

图 1-64-2　专业造价占比

综合项目2（沥青主干道、交通隧道、人行天桥）

工程概况表　　　　　　　　　　　　　　　　　　表 1-65-1

计价时期	年份	2020	计价地区	省份	广东	建设类型	新建
	月份	6		城市	佛山	工程造价（万元）	71337.66
计价依据（清单）		2013	计价依据（定额）		2018	计税模式	增值税
道路工程							
道路等级		主干道	道路类别		沥青混凝土道路	车道数（双向）	6 车道
道路面积（m²）		86578.59	机动车道面积（m²）			56931.50	
			人行道面积（m²）			8514.54	
			非机动车道面积（m²）			13488.25	
			绿化带面积（m²）			7644.30	
道路长度（m）		2865.00	道路宽度（m）			50.00	
道路	机动车道		面层做法		4cm 细粒式改性沥青混凝土（AC-13C）+6cm 中粒式沥青混凝土（AC-20C）+8cm 粗粒式沥青混凝土（AC-25C）		
			基层做法		18cm 泥稳定碎石（4.0MPa）+18cm 水泥稳定碎石（3.5MPa）+18cm 水泥稳定碎石（2.5MPa）+15cm 级配碎石（潮湿路段）		
			机动车道平石		水泥混凝土		
			平石尺寸		500mm×250mm×180mm		

道路	人行道	面层做法	5cm 透水砖 +1.5cmM15 干硬性水泥砂浆
		基层做法	15cmC25 透水混凝土 +15cm 级配碎石垫层
		侧石尺寸	1000mm×300mm×150mm
		压条尺寸	300mm×200mm×50mm
		车止石	ϕ300mm×730mm 花岗岩
	非机动车道	面层做法	6.5cm 彩色透水混凝土
		基层做法	15cmC25 透水混凝土 +15cm 级配碎石垫层
	绿化带	侧石尺寸	1000mm×300mm×150mm
		绿化带宽度（m）	3.75
	其他		有轨电车设置中央分隔带宽 9.5m

隧道工程					
隧道类别	交通隧道	穿越介质	地下隧道	隧道开挖方式	明挖法
车道数（双向）	4 车道	隧道长度（m）	1240.00	隧道水平投影面积（m²）	45570.00
隧道平均开挖深度（m）	11.07		隧道最大开挖深度（m）		13.05
隧道内径截面面积（m²）	193.46	隧道内径宽（m）	28.45	隧道内径高（m）	6.80
隧道外径截面面积（m²）	327.08	隧道外径宽（m）	36.75	隧道外径高（m）	8.90
敞开段水平投影面积（m²）	16059.75	敞开段水平投影长度（m）	437.00	敞开段坡度	3.90%
暗埋段水平投影面积（m²）	29510.25		暗埋段水平投影长度（m）		803.00
基础	ϕ600mm 泥浆护壁成孔灌注桩				
围护结构	800mm 地下连续墙 + 内支撑				
底板、侧墙、顶板厚度	800~1300mm 底板和侧墙，700~1000mm 顶板				
主体结构混凝土	混凝土强度等级 C35，抗渗等级 P8				
机动车道	面层做法	4cm 细粒式改性沥青混凝土（AC-13C）+6cm 中粒式普通沥青混凝土（AC-20C）			
附属	原有路面破除				

桥梁工程					
桥梁类别	人行天桥	桥梁分类	—	结构类型	梁式桥
材料类别	钢结构	桥梁水平投影面积（m²）	508.95	桥梁高度（m）	8.12
桥梁宽度（m）	3.60	多孔跨径（m）	61.70	单孔跨径（m）	—
梯道长度（m）	60.64		梯道宽度（m）		4.73
基础	ϕ1000 泥浆护壁成孔灌注桩				
桥墩	柱式桥墩，混凝土强度等级 C40				
主梁	钢箱梁 Q355				
桥面铺装（人行道）	15mm 彩色防滑地砖 +30mmM12.5 水泥砂浆				
其他	含采光天棚、冲孔铝板吊顶、4 部垂直电梯、4 部手扶电梯（长 60.64m、宽 1.8m）、带骨架电梯井幕墙				

附属工程	
地基处理	处理面积 61873.81m²，处理方式为水泥搅拌桩、旋喷桩、混凝土桩、褥垫层

续表

绿化及喷灌	乔木（胸径）：香樟 13~15cm、木棉 10~12cm；养护期：12 个月		
	灌木（苗高 × 冠幅）：大红花（100~120）cm×（80~100）cm、鸳鸯茉莉（80~100）cm×（80~100）cm；养护期：12 个月		
	露地花卉及地被（种植密度）：九里香 25 株 /m²、龙船花 36 株 /m²、台湾草满铺；养护期：12 个月		
照明	LED 灯 195 套		
交通设施及监控	标识标线、信号灯、视频监控、电子警察		
排水	污水：混凝土管 ϕ800~ϕ1200、混凝土井 227 座		
	雨水：混凝土管 ϕ600~ϕ2000、混凝土井 256 座		
	支护方式：钢板桩		
渠、涵	渠、涵类型：混凝土渠箱，体积：3263.04m³，尺寸：长 × 宽 × 高为 103m×7.2m×4.4m；渠、涵类型：混凝土渠箱，体积：905.76m³，尺寸：长 × 宽 × 高为 34m×7.2m×3.7m		
海绵城市	人行道	面层做法	5cm 透水砖
		基层做法	15cm 透水混凝土
		垫层做法	15cm 级配碎石
		防渗材料做法	防渗土工布
	绿化带	雨水花园做法	1.2mm 防渗土工布 + 绿化回填土 + 草皮覆盖层
	透水管主要管道		硬聚氯乙烯管（UPVC）ϕ100~ϕ160、无支护、砌筑井 91 座
	其他		雨水口
其他	改涌工程		

工程造价指标分析表　　　　　　　　　　表 1–65–2

总面积（m²）	132657.54		经济指标（元 /m²）	5377.58
总长度（m）	4105.00		经济指标（元 /m）	173782.35
专业	工程造价（万元）	造价比例	经济指标（元 /m²）	经济指标（元 /m）
地基处理	6335.33	8.88%	1023.91[①]	—
道路	5468.78	7.67%	631.65[②]	13322.23[③]
隧道	43477.26	60.94%	9540.76[④]	105912.93[⑤]
桥梁	1218.45	1.71%	23940.50[⑥]	2968.21[⑦]
绿化及喷灌	270.58	0.38%	20.40	659.15
照明	1257.52	1.76%	94.79	3063.38
交通设施及监控	2810.62	3.94%	211.87	6846.83
排水	7833.17	10.98%	590.48	19082.03
渠、涵	1014.64	1.42%	76.49	2400.19
海绵城市	832.23	1.17%	62.74	2027.36
其他	819.07	1.15%	61.74	1955.31

①地基处理指标是以处理面积为计算基础。
②③道路指标分别以道路面积、道路长度为计算基础。
④⑤隧道指标分别以隧道水平投影面积、隧道长度为计算基础。
⑥⑦桥梁指标分别以桥梁水平投影面积、桥梁多孔跨径为计算基础。

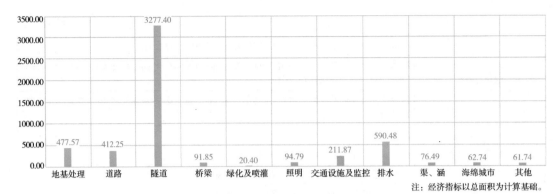

图 1-65-1　经济指标对比（元 /m²）

注：经济指标以总面积为计算基础。

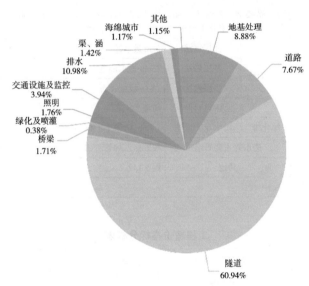

图 1-65-2　专业造价占比

综合项目 3 [沥青主干道、交通隧道、跨江（河）桥]

工程概况表　　　　　　　　　　　　　　　　　　　　　　表 1-66-1

计价时期	年份	2021	计价地区	省份	广东	建设类型	扩建
	月份	4		城市	东莞	工程造价（万元）	44071.08
计价依据（清单）		2013	计价依据（定额）		2018	计税模式	增值税
道路工程							
道路等级	主干道		道路类别	沥青混凝土道路		车道数（双向）	6 车道
道路面积（m²）	99390.74		机动车道面积（m²）		57678.86		
			人行道面积（m²）		21418.65		
			非机动车道面积（m²）		6794.23		
			绿化带面积（m²）		13499.00		
道路长度（m）	2303.90		道路宽度（m）		50.00		

续表

道路	机动车道	面层做法	4cm 细粒式改性沥青混凝土（AC-13C）+6cm 中粒式改性沥青混凝土（AC-20C）+8cm 粗粒式普通沥青混凝土（AC-25C）		
		基层做法	18cm5% 级配碎石 +18cm4% 石屑		
		机动车道平石	水泥混凝土		
		平石尺寸	500mm×250mm×100mm		
	人行道	面层做法	6cm 浅灰色透水砖		
		基层做法	10cm 级配碎石		
		侧石尺寸	500mm×120mm×200mm		
	非机动车道	面层做法	彩色路面防护剂 +4cm 蓝色沥青混合料（AC-10C）		
		基层做法	15cmC20 混凝土 +10cm 级配碎石		
	绿化带	侧石尺寸	500mm×120mm×200mm		
		绿化带宽度（m）	4.5		

隧道工程					
隧道类别	交通隧道	穿越介质	运河隧道	隧道开挖方式	明挖法
车道数（双向）	6 车道	隧道长度（m）	327.00	隧道水平投影面积（m²）	13029.32
隧道平均开挖深度（m）	13.22		隧道最大开挖深度（m）		13.35
隧道内径截面面积（m²）	415.04	隧道内径宽（m）	37.63	隧道内径高（m）	11.03
隧道外径截面面积（m²）	521.61	隧道外径宽（m）	39.85	隧道外径高（m）	13.09
敞开段水平投影面积（m²）	1553.96	敞开段水平投影长度（m）	39.00	敞开段坡度	3%
暗埋段水平投影面积（m²）	11475.36		暗埋段水平投影长度（m）		288.00
围护结构	围岩等级 V 级 + 复合式衬砌				
底板、侧墙、顶板厚度	800mm 底板和侧墙、800mm 顶板				
主体结构混凝土	混凝土强度等级 C35，抗渗等级 P8				
机动车道	面层做法	4cm 细粒式改性沥青混凝土（AC-13C）添加阻燃剂 +0.5L/m²70 号 A 级石油热沥青 +6cm 中粒式改性沥青混凝土（AC-20C）			
	基层做法	18cm 水泥稳定碎石（4.0MPa）+ 18cm 水泥稳定碎石（4.0MPa）+ 18cm 水泥稳定石屑（2.5MPa）			
人行道	面层做法	6cm 浅灰色透水人行道砖			
	基层做法	10cm 级配碎石			
附属	电缆沟、排水边沟、排水盲沟、检查井				

桥梁工程					
桥梁类别	跨江（河）桥	桥梁分类	中桥	结构类型	梁式桥
材料类别	钢筋混凝土	桥梁水平投影面积（m²）	3302.43	桥梁高度（m）	33.30
桥梁宽度（m）	41.75	多孔跨径（m）	79.10	单孔跨径（m）	13.00
基础	φ1200mm/φ1300mm 钻孔灌注桩				
桥墩	桩接盖梁式桥墩，混凝土强度等级 C35				
主梁	预应力空心板梁 C50				
桥面铺装（机动车道）	6cm 中粒式改性沥青混凝土（AC-20C）+70 号 A 级石油热沥青 +4cm 细粒式改性沥青混凝土（AC-13C）				
桥面铺装（人行道）	6cm 浅灰色透水人行道砖 +3cm 干硬性水泥砂浆				

续表

附属工程	
地基处理	处理面积 105228m²，处理方式为换填砂碎石、水泥搅拌桩、水泥粉煤灰碎石桩
绿化及喷灌	乔木（胸径）：丛生朴树 45~50cm、粉花山扁豆 21~22cm、秋枫 19~20cm、小叶榄仁 17~18cm、紫花风铃木 13~14cm、鸡蛋花 11~12cm、小叶紫薇 5~6cm；养护期：6 个月
	灌木（苗高 × 冠幅）：鹤望兰（61~80）cm×（61~80）cm；养护期：6 个月
	露地花卉及地被（种植密度）：柳叶马鞭草 36 株 /m²、勒杜鹃 36 株 /m²、繁星花 36 株 /m²、紫花满天星 49 株 /m²、白美人狼尾草 25 株 /m²、紫穗狼尾草 25 株 /m²、蓝雪花 36 株 /m²、泰国龙船花 25 株 /m²、蓝花鼠尾草 36 株 /m²、黄虾花 36 株 /m²、翠芦莉 36 株 /m²、金叶薯 36 株 /m²、马缨丹 36 株 /m²、肾蕨 36 株 /m²、糖蜜草 25 株 /m²、鸭脚木 36 株 /m²、锦绣杜鹃 36 株 /m²、九里香 36 株 /m²、美女樱 49 株 /m²、台湾草满铺；养护期：6 个月
照明	LED 灯 142 套
交通设施及监控	信号灯、视频监控、电子警察、标识标线
给水	聚乙烯管（PE）ϕ25~ϕ100、砌筑井 10 座、无支护
排水	污水：混凝土管 ϕ300~ϕ1650、混凝土井 153 座
	雨水：混凝土管 ϕ300~ϕ1650、混凝土井 154 座
	支护方式：无支护
渠、涵	渠、涵类型：混凝土箱涵，体积：3227.04m³，尺寸：长 × 宽 × 高为 72m×8.3m×5.4m；渠、涵类型：混凝土箱涵，体积：8693.06m³，尺寸：长 × 宽 × 高为 69.5m×23.6m×5.3m；渠、涵类型：混凝土箱涵，体积：8755.6m³，尺寸：长 × 宽 × 高为 70m×23.6m×5.3m
管沟	电力管沟、电缆井
其他	拆除路面

工程造价指标分析表 表 1-66-2

总面积（m²）	115722.49		经济指标（元 /m²）	3808.34
总长度（m）	2709.91		经济指标（元 /m）	162629.32
专业	工程造价（万元）	造价比例	经济指标（元 /m²）	经济指标（元 /m）
地基处理	4980.85	11.30%	473.34①	—
道路	5116.29	11.61%	514.77②	22207.10③
隧道	21973.77	49.86%	16864.86④	671980.62⑤
桥梁	1928.49	4.38%	5839.61⑥	244081.98⑦
绿化及喷灌	417.98	0.95%	36.12	1542.40
照明	649.23	1.47%	56.10	2395.78
交通设施及监控	754.12	1.71%	65.17	2782.82
给水	109.43	0.25%	9.46	403.81
排水	3297.03	7.48%	284.91	12166.56
渠、涵	2634.96	5.98%	227.70	9723.41
管沟	2136.49	4.85%	184.62	7883.98
其他	72.45	0.16%	6.26	267.35

①地基处理指标是以处理面积为计算基础。
②③道路指标分别以道路面积、道路长度为计算基础。
④⑤隧道指标分别以隧道水平投影面积、隧道长度为计算基础。
⑥⑦桥梁指标分别以桥梁水平投影面积、桥梁多孔跨径为计算基础。

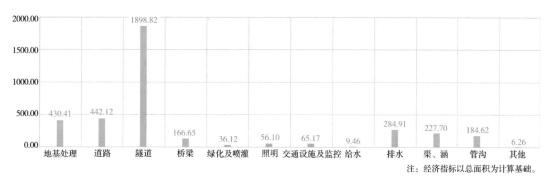

图 1-66-1　经济指标对比（元 /m²）

注：经济指标以总面积为计算基础。

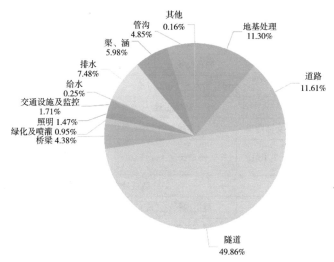

图 1-66-2　专业造价占比

综合项目 4（沥青主干道、交通隧道）

工程概况表　　　　　　　　　表 1-67-1

计价时期	年份	2020	计价地区	省份	广东	建设类型	扩建
	月份	12		城市	珠海	工程造价（万元）	12813.85
计价依据（清单）	2013		计价依据（定额）	2018		计税模式	增值税
道路工程							
道路等级	主干道		道路类别	沥青混凝土道路		车道数（单向）	2 车道
道路面积（m²）	8472.00		机动车道面积（m²）			3951.00	
			人行道面积（m²）			1291.00	
			非机动车道面积（m²）			2404.00	
			绿化带面积（m²）			826.00	

续表

道路长度（m）			586.00	道路宽度（m）		10.75/14.50/16.00
道路	机动车道	面层做法	4cm 细粒式改性沥青混凝土（AC-13C）+6cm 中粒式改性沥青混凝土（AC-20C）+8cm 粗粒式改性沥青混凝土（AC-25C）			
		基层做法	18cm4.0MPa 水泥稳定级配碎石 +18cm 水泥级配碎石 +20cm2.5MPa 水泥稳定石屑			
		机动车道平石	花岗岩			
	人行道	面层做法	23cm×11.5cm×6cm 透水砖			
		基层做法	10cmC25 原色透水混凝土 +15cm 级配碎石			
		侧石尺寸	150mm×400mm×750mm、100mm×200mm×500mm			
		压条尺寸	100mm×150mm×500mm			
	非机动车道	面层做法	4cm 细粒式彩色透水沥青混凝土			
		基层做法	18cmC20 无砂大孔混凝土			
	绿化带	侧石尺寸	180mm×400mm×750mm			
		绿化带宽度（m）	1.5			

隧道工程					
隧道类别	交通隧道	穿越介质	山岭隧道	隧道开挖方式	传统矿山法
车道数（双向）	2 车道	隧道长度（m）	580.00	隧道水平投影面积（m²）	8607.20
隧道平均开挖深度（m）	—		隧道最大开挖深度（m）	10.00	
隧道内径截面面积（m²）	120.11	隧道内径宽（m）	13.45	隧道内径高（m）	8.93
隧道外径截面面积（m²）	139.64	隧道外径宽（m）	14.84	隧道外径高（m）	9.41
基础	平洞开挖（Ⅱ级围岩）				
围护结构	喷射 10cmC25 早强混凝土 +ϕ22mm 早强砂浆锚杆				
底板、侧墙、顶板厚度	750mm 底板、侧墙、顶板				
主体结构混凝土	混凝土强度等级 C30				
机动车道	面层做法	4cm 细粒式阻燃沥青混凝土（AC-13C）+6cm 中粒式阻燃沥青混凝土（AC-20C）			
	基层做法	24cmC30 水泥混凝土 +15cmC20 水泥混凝土			

附属工程	
地基处理	处理面积 9237.5m²，处理方式为水泥搅拌桩
绿化及喷灌	乔木（胸径）：丛生柚子树 20~22cm、丛生玉蕊 20~22cm、锦叶榄仁 16~18cm、宫粉紫荆 11~12cm、红花风铃木 13~15cm、大叶紫薇 13~15cm、阴香 8~15cm、海南红豆 18~20cm；养护期：12 个月
	灌木（苗高×冠幅）：四季桂花 250cm×180cm、红花继木球 100cm×80cm、黄金榕球 100cm×80cm、尖叶木樨榄球 100cm×80cm、金凤花 120cm×100cm、美花红千层 250cm×250cm；养护期：12 个月
	露地花卉及地被（种植密度）：红绒球 64 袋/m²、七彩千年木 25 袋/m²、千屈菜 64 袋/m²、软枝黄蝉 36 袋/m²、红玉叶金花 36 袋/m²、红背桂 36 袋/m²、银毛野牡丹 36 袋/m²、黄金叶 36 袋/m²、葱兰 64 袋/m²、小蚌兰 64 袋/m²、红花韭兰 64 袋/m²、福建茶 36 袋/m²、海桐 36 袋/m²、红继木 36 袋/m²、花叶假连翘 36 袋/m²；养护期：12 个月

续表

照明	LED 灯 23 套
交通设施及监控	标识标线
排水	污水：铸铁管 DN300~1200、混凝土井 123 座
	雨水：混凝土管 φ300~φ600、混凝土井 12 座
	支护方式：钢板桩
	泵站设备、配电
渠、涵	渠、涵类型：混凝土箱涵，体积：954.97m³，尺寸：长 × 宽 × 高为 21.4m × 8.5m × 5.25m
管沟	三通型人孔，砖砌电力直线井，UPVC 通信管保护管，通信桥架
其他	附属建筑工程，污水泵站，污水泵站（安装）

工程造价指标分析表　　　　　　　　　　　　　表 1-67-2

总面积（m²）	17079.20	经济指标（元 /m²）		7502.60
总长度（m）	1166.00	经济指标（元 /m）		109895.78
专业	工程造价（万元）	造价比例	经济指标（元 /m²）	经济指标（元 /m）
地基处理	206.42	1.61%	223.45[①]	—
道路	558.71	4.36%	659.48[②]	9534.27[③]
隧道	6643.22	51.85%	7718.21[④]	114538.22[⑤]
绿化及喷灌	151.49	1.18%	88.70	1299.27
照明	31.29	0.24%	18.32	268.32
交通设施及监控	37.27	0.29%	21.82	319.61
排水	3880.82	30.29%	2272.25	33283.18
渠、涵	173.60	1.35%	101.65	1488.89
管沟	118.14	0.92%	69.17	1013.25
其他	1012.89	7.91%	593.06	8686.90

①地基处理指标是以处理面积为计算基础。
②③道路指标分别以道路面积、道路长度为计算基础。
④⑤隧道指标分别以隧道水平投影面积、隧道长度为计算基础。

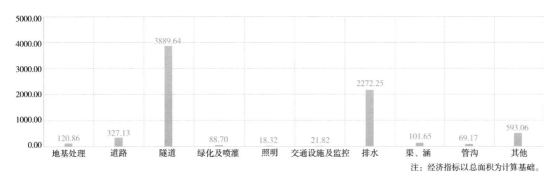

图 1-67-1　经济指标对比（元 /m²）

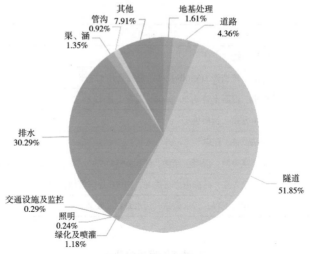

图 1-67-2　专业造价占比

综合项目5（沥青次干道、交通隧道）

工程概况表　　　　　　　　　　　　表 1-68-1

计价时期	年份	2018	计价地区	省份	广东	建设类型	新建
	月份	9		城市	珠海	工程造价（万元）	32106.39
计价依据（清单）	2013		计价依据（定额）	2010		计税模式	增值税
道路工程							
道路等级	次干道		道路类别	沥青混凝土道路		车道数（双向）	4 车道
道路面积（m²）	39748.39		机动车道面积（m²）	24561.81			
			人行道面积（m²）	8642.58			
			非机动车道面积（m²）	0.00			
			绿化带面积（m²）	6544.00			
道路长度（m）	897.00		道路宽度（m）	50.00			
道路	机动车道	面层做法	4cm 细粒式改性沥青混凝土（AC-13C）+5cm 中粒式改性沥青混凝土（AC-20C）+7cm 粗粒式改性沥青混凝土（AC-25C）				
		基层做法	35cm 水泥稳定碎石 +18cm 水泥稳定石屑				
		机动车道平石	花岗岩				
		平石尺寸	500mm×500mm×180mm				
	人行道	面层做法	20cm×10cm×6cm 环保砖				
		基层做法	15cmC25 水泥混凝土 +15cm 透水级配碎石				
		侧石尺寸	1000mm×450mm×150mm				
	绿化带	侧石尺寸	1000mm×350mm×150mm、500mm×350mm×100mm				

续表

隧道工程					
隧道类别	交通隧道	穿越介质	地下隧道	隧道开挖方式	明挖法
车道数（双向）	2 车道	隧道长度（m）	704.00	隧道水平投影面积（m²）	14220.80
隧道平均开挖深度（m）	7.36		隧道最大开挖深度（m）	12.00	
隧道内径截面面积（m²）	51.75	隧道内径宽（m）	9.00	隧道内径高（m）	5.75
隧道外径截面面积（m²）	156.55	隧道外径宽（m）	20.20	隧道外径高（m）	7.75
敞开段水平投影面积（m²）	10423.20	敞开段水平投影长度（m）	516.00	敞开段坡度	4.97%
暗埋段水平投影面积（m²）	3797.60	暗埋段水平投影长度（m）	188.00		
围护结构	ϕ600mm 高压水泥旋喷桩、ϕ1000mm 泥浆护壁成孔灌注桩和钢板桩支撑				
底板、侧墙、顶板厚度	700~1300mm 敞开段底板和侧墙，1300mm 暗埋段侧墙和底板，1000mm、1300mm 顶板				
主体结构混凝土	混凝土强度等级 C40、抗渗等级 P8				
机动车道	面层做法	4cm 细粒式改性沥青混凝土（AC-13C）+5cm 中粒式改性沥青混凝土（AC-20C）+7cm 粗粒式改性沥青混凝土（AC-25C）			
	基层做法	50cmC40 混凝土 +20cmC40 混凝土			
人行道	面层做法	6cm 透水砖			
	基层做法	44~55cm4% 水泥稳定碎石			
附属工程					
地基处理	处理面积 12711m²，处理方式为水泥搅拌桩				
绿化及喷灌	乔木（胸径）：麻楝 13~14cm、细叶榄仁 15~16cm、大腹木棉 17~18cm、黄花风铃木 9~10cm、红花鸡蛋花 9~10cm、细叶紫薇（独干）5~6cm；养护期：6 个月				
	灌木（苗高 × 冠幅）：紫花勒杜鹃 45cm × 40cm；养护期：6 个月				
	露地花卉及地被（种植密度）：葱兰 64 袋 /m²、台湾草满铺、大叶船花 36 袋 /m²、紫花翠芦莉 36 袋 /m²、山管兰 36 袋 /m²、花叶鹅掌财 36 袋 /m²；养护期：6 个月				
照明	LED 灯 594 套				
交通设施及监控	标识标线、信号灯、视频监控、电子警察				
给水	铸铁管 DN200~600、砌筑井 24 座、无支护				
排水	污水：铸铁管 DN400~500、混凝土井 36 座				
	雨水：混凝土管 ϕ300~ϕ1400、混凝土井 60 座				
	支护方式：钢板桩				
渠、涵	渠、涵类型：混凝土箱涵，体积：7726.79m³，尺寸：长 × 宽 × 高为 152.8m × 12.9m × 3.92m				
海绵城市	绿化带	雨水花园做法	1mm 防渗土工布 +30cm 绿化回填土 +30cm 砾石滤层		
	透水管主要管道	硬聚氯乙烯管（UPVC）ϕ150、无支护			
	其他	雨水调蓄池			
综合管廊	管廊舱数：2 舱，管廊长度 653.20m，管廊水平投影面积 1516.21m²，平均埋深 1.65m，截面尺寸（2.88 × 0.1+2.69 × 0.2+2.48 × 1.05）m，断面外仓面积 3.43m²，内径 1000mm × 900mm、700mm × 900mm，外壁壁厚 240mm，外壁防水做法：1：2 水泥防水砂浆，地板防水做法：1：2 水泥防水砂浆，顶板防水做法：1：2 水泥防水砂浆				
其他	泵站工艺，泵站电气工程，临时用电工程				

工程造价指标分析表　　　　　　　　　　表 1-68-2

总面积（m²）	53969.19		经济指标（元/m²）		5949.02
总长度（m）	1601.00		经济指标（元/m）		200539.59
专业	工程造价（万元）	造价比例	经济指标（元/m²）	经济指标（元/m）	
地基处理	821.19	2.56%	646.04①	—	
道路	1742.64	5.43%	438.42②	19427.39③	
隧道	25711.49	80.08%	18080.20④	365220.06⑤	
绿化及喷灌	273.02	0.85%	50.59	1705.30	
照明	348.37	1.09%	64.55	2175.92	
交通设施及监控	268.03	0.84%	49.66	1674.16	
给水	367.39	1.14%	68.07	2294.76	
排水	841.91	2.62%	156.00	5258.66	
渠、涵	662.81	2.06%	122.81	4139.98	
海绵城市	107.54	0.33%	19.93	671.73	
综合管廊	600.47	1.87%	3960.34⑥	9192.75⑦	
其他	361.53	1.13%	66.99	2258.14	

①地基处理指标是以处理面积为计算基础。
②③道路指标分别以道路面积、道路长度为计算基础。
④⑤隧道指标分别以隧道水平投影面积、隧道长度为计算基础。
⑥⑦综合管廊指标以综合管廊水平投影面积、综合管廊长度为计算基础。

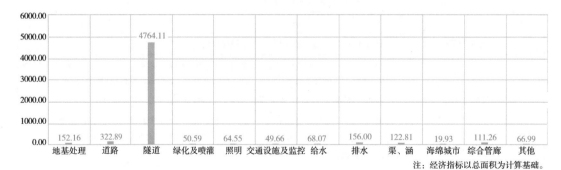

图 1-68-1　经济指标对比（元/m²）

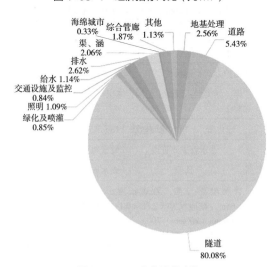

图 1-68-2　专业造价占比

综合项目6（沥青快速路、立交高架）

工程概况表　　　　　　　　表 1-69-1

计价时期	年份	2018	计价地区	省份	广东	建设类型	新建
	月份	1		城市	珠海	工程造价（万元）	99330.20
计价依据（清单）	2013		计价依据（定额）	2018		计税模式	增值税
道路工程							
道路等级	快速路		道路类别	沥青混凝土道路		车道数（双向）	6 车道
道路面积（m²）	126831.00			机动车道面积（m²）		74268.00	
				人行道面积（m²）		19226.00	
				非机动车道面积（m²）		7598.00	
				绿化带面积（m²）		25739.00	
道路长度（m）	3730.00			道路宽度（m）		34.00	
道路	机动车道		面层做法	5cm 细粒式改性沥青混凝土（AC-13C）+6cm 中粒式改性沥青混凝土（AC-20C）+8cm 粗粒式改性沥青混凝土（AC-25C）			
			基层做法	18cm5% 水泥稳定碎石 +18cm4.5% 水泥稳定碎石 +20cm 4.5% 水泥稳定碎石			
			机动车道平石	花岗岩			
			平石尺寸	1000mm × 350mm × 150mm			
	人行道		面层做法	24cm × 11.5cm × 6cm 彩色环保砖			
			基层做法	10cmC25 透水混凝土			
			侧石尺寸	1000mm × 350mm × 150mm			
	非机动车道		面层做法	3cmC25 彩色强固透水混凝土			
			基层做法	15cmC25 原色透水混凝土 +15cm5% 水泥稳定碎石			
	绿化带		侧石尺寸	1000mm × 200mm × 400mm			
			绿化带宽度（m）	1.5 × 2+2 × 2			
桥梁工程							
桥梁类别	立交高架桥		桥梁分类	特大桥	结构类型		梁式桥
材料类别	钢筋混凝土		桥梁水平投影面积（m²）	51789.96	桥梁高度（m）		8.60
桥梁宽度（m）	26.5~44.41		多孔跨径（m）	1860.94	单孔跨径（m）		31.90
基础	φ1300mm/φ1400mm/φ1600mm/φ2000mm 钻孔灌注桩						
桥墩	双柱式边墩、混凝土强度等级 C40						
主梁	现浇预应力混凝土连续箱梁 C50，结构宽度为 2m						

续表

桥面铺装（机动车道）	1mmPCR（快裂）改性乳化沥青粘层 +4cm 细粒式改性沥青混凝土（AC-13C）+6cm 中粒式改性沥青混凝土（AC-20C）
附属工程	
地基处理	处理面积 77667m²，处理方式为水泥搅拌桩
绿化及喷灌	乔木（胸径）：香樟 15~16cm；养护期：12 个月
	灌木（苗高 × 冠幅）：灰莉 120cm × 120cm；养护期：12 个月
	露地花卉及地被（种植密度）：花叶鹅掌藤 36 袋 /m²、白蝴蝶 25 袋 /m²、一叶兰 49 袋 /m²、栽植麦冬 49 袋 /m²、蔓马缨丹 49 袋 /m²、小蚌兰 36 袋 /m²、红背桂 36 袋 /m²、矮种翠芦莉 36 袋 /m²；养护期：12 个月
照明	LED 灯 4617 套
交通设施及监控	标识标线、信号灯
给水	铸铁管 $\phi200$~$\phi600$、砌筑井 19 座、无支护
排水	污水：铸铁管 $\phi400$~$\phi800$、混凝土井 42 座
	雨水：混凝土管 $\phi600$~$\phi1000$、混凝土井 196 座
	支护方式：钢板桩
渠、涵	渠、涵类型：混凝土雨水渠，体积：171m³，尺寸：长 × 宽 × 高为 60m × 1.9m × 1.5m； 渠、涵类型：混凝土雨水渠，体积：472.5m³，尺寸：长 × 宽 × 高为 150m × 2.1m × 1.5m； 渠、涵类型：混凝土雨水渠，体积：469.2m³，尺寸：长 × 宽 × 高为 136m × 2.3m × 1.5m； 渠、涵类型：混凝土雨水渠，体积：1192.9m³，尺寸：长 × 宽 × 高为 316m × 2.5m × 1.51m； 渠、涵类型：混凝土雨水渠，体积：2912.76m³，尺寸：长 × 宽 × 高为 648m × 2.9m × 1.55m； 渠、涵类型：混凝土雨水渠，体积：395.77m³，尺寸：长 × 宽 × 高为 65m × 3.54m × 1.72m； 渠、涵类型：混凝土雨水渠，体积：318.2m³，尺寸：长 × 宽 × 高为 43m × 4m × 1.85m； 渠、涵类型：混凝土雨水渠，体积：952.43m³，尺寸：长 × 宽 × 高为 115m × 4.04m × 2.05m； 渠、涵类型：混凝土雨水渠，体积：425.52m³，尺寸：长 × 宽 × 高为 33m × 6.97m × 1.85m； 渠、涵类型：混凝土雨水渠，体积：3081.4m³，尺寸：长 × 宽 × 高为 226m × 7.37m × 1.85m
综合管廊	管廊舱数：2 舱，管廊长度 1247.9m，管廊水平投影面积 12853.42m²，平均埋深 4.5m，截面尺寸 10.3m × 4.5m，断面外仓面积 33.075m²，内径 4500mm × 3500mm，外壁壁厚 450mm，基坑支护：15m、18m 拉森 IV 型钢板桩；软基处理：$\phi500mm$ 双向水泥搅拌桩；外壁防水做法：CPS-CL 反应粘防水卷材；地板防水做法：CPS-CL 反应粘防水卷材；顶板防水做法：CPS-CL 反应粘防水卷材；管廊内包含的系统有：排水系统、通风系统、消防系统、供配电照明系统、监控系统、人防系统
管沟	电缆沟（不含电缆）

工程造价指标分析表 表 1-69-2

总面积（m²）	178620.96		经济指标（元 /m²）	5560.95	
总长度（m）	5590.94		经济指标（元 /m）	177662.80	
专业	工程造价（万元）	造价比例	经济指标（元 /m²）		经济指标（元 /m）
地基处理	9662.56	9.73%	1244.10[①]		—
道路	5765.77	5.80%	454.60[②]		15457.82[③]
桥梁	37086.14	37.34%	7160.87[④]		199287.15[⑤]
绿化及喷灌	1871.08	1.88%	104.75		3346.63
照明	2283.86	2.30%	127.86		4084.94

续表

交通设施及监控	1141.05	1.15%	63.88	2040.90
给水	350.00	0.35%	19.59	626.01
排水	2572.96	2.59%	144.05	4602.01
渠、涵	891.88	0.90%	49.93	1595.23
综合管廊	37075.76	37.33%	28845.10[⑥]	297105.25[⑦]
管沟	629.13	0.63%	35.22	1125.27

①地基处理指标是以处理面积为计算基础。
②③道路指标分别以道路面积、道路长度为计算基础。
④⑤桥梁指标分别以桥梁水平投影面积、桥梁多孔跨径为计算基础。
⑥⑦综合管廊指标以综合管廊水平投影面积、综合管廊长度为计算基础。

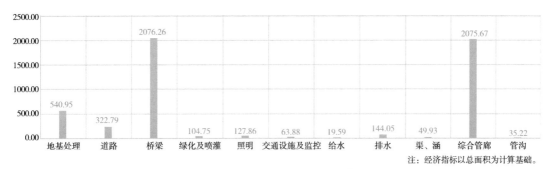

注：经济指标以总面积为计算基础。

图 1-69-1　经济指标对比（元/m²）

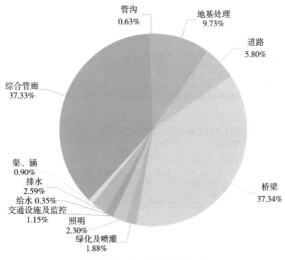

图 1-69-2　专业造价占比

综合项目 7（沥青主干道、立交高架桥）

工程概况表　　　　　　　　　　　　　　　　　　表 1-70-1

计价时期	年份	2015	计价地区	省份	广东	建设类型	新建
	月份	11		城市	东莞	工程造价（万元）	2134.68
计价依据（清单）		2013	计价依据（定额）		2010	计税模式	营业税
道路工程							
道路等级		主干道	道路类别		沥青混凝土道路	车道数（双向）	6 车道
道路面积（m²）		18335.78	机动车道面积（m²）			14622.10	
			人行道面积（m²）			3713.68	
			非机动车道面积（m²）			0.00	
			绿化带面积（m²）			0.00	
道路长度（m）		382.38	道路宽度（m）			50.00	
道路	机动车道	面层做法	4cm 沥青玛蹄脂碎石（SMA-13）+6cm 中粒式改性沥青混凝土（AC-20C）+7cm 粗粒式沥青混凝土（AC-25C）				
		基层做法	30cm5% 水泥稳定级配碎石 +20cm4% 水泥稳定碎石				
	人行道	面层做法	23cm×11.5cm×6cm 新型环保表面彩色人行道板砖				
		基层做法	15cm4% 水泥稳定石屑				
		侧石尺寸	100mm×200mm×500mm				
		车止石	φ240mm×800mm 花岗岩				
桥梁工程							
桥梁类别		立交高架桥	桥梁分类		中桥	结构类型	梁式桥
材料类别		钢筋混凝土	桥梁水平投影面积（m²）		2000.00	桥梁高度（m）	39.75
桥梁宽度（m）		50.00	多孔跨径（m）		40.00	单孔跨径（m）	—
基础		φ1800mm 钻孔灌注桩					
桥墩		柱式墩，混凝土强度等级 C30					
主梁		预应力混凝土 T 形梁 C50					
桥面铺装（机动车道）		4cm 沥青玛碲脂碎石混合料（SMA-13）+6cm 中粒式改性沥青混凝土（AC-20C）+10cmC50 混凝土					
桥面铺装（人行道）		23cm×11.5cm×6cm 表面彩色人行道砖					
附属工程							
地基处理		处理面积 21504.9m²，处理方式为换填土方、换填砂碎石					
照明		LED 灯 24 套					
交通设施及监控		标识标线					
排水		污水：混凝土管 φ600~φ1200、混凝土井 41 座					
		支护方式：无支护					

工程造价指标分析表　　　　表 1-70-2

总面积（m²）	20335.78	经济指标（元/m²）		1049.71
总长度（m）	422.38	经济指标（元/m）		50539.22
专业	工程造价（万元）	造价比例	经济指标（元/m²）	经济指标（元/m）
地基处理	346.94	16.25%	161.33①	—
道路	710.92	33.30%	387.72②	18591.88③
桥梁	805.11	37.72%	4025.54④	201277.23⑤
照明	67.89	3.18%	33.38	1607.28
交通设施及监控	32.31	1.51%	15.89	764.89
排水	171.52	8.04%	84.34	4060.77

①地基处理指标是以处理面积为计算基础。
②③道路指标分别按道路面积、道路长度为计算基础。
④⑤桥梁指标分别以桥梁水平投影面积、桥梁多孔跨径为计算基础。

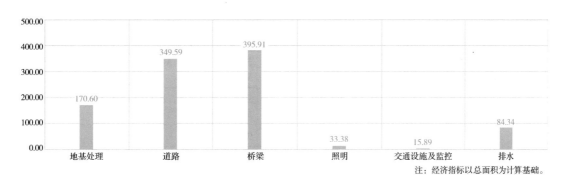

注：经济指标以总面积为计算基础。

图 1-70-1　经济指标对比（元/m²）

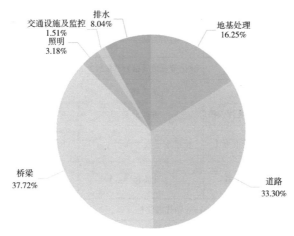

图 1-70-2　专业造价占比

综合项目 8（沥青主干道、人车混行天桥）

计价时期	年份	2017	计价地区	省份	广东	建设类型	新建
	月份	12		城市	珠海	工程造价（万元）	3493.76
计价依据（清单）		2013	计价依据（定额）		2010	计税模式	增值税
道路工程							
道路等级		主干道	道路类别	沥青混凝土道路		车道数（单向）	3 车道
道路面积（m²）		14939.20		机动车道面积（m²）		6236.40	
				人行道面积（m²）		5574.00	
				非机动车道面积（m²）		1185.80	
				绿化带面积（m²）		1943.00	
道路长度（m）		470.00		道路宽度（m）		30.00	
道路	机动车道		面层做法	4cm 细粒式改性沥青混凝土（AC-13C）+6cm 中粒式普通沥青混凝土（AC-20C）+8cm 粗粒式普通沥青混凝土（AC-25C）			
			基层做法	35cm 水泥稳定碎石层 +18cm 水泥稳定石屑层 +15cm 水泥碎石级配层			
			机动车道平石	仿花岗岩			
			平石尺寸	600mm×150mm×100mm			
	人行道		面层做法	10cmC25 原色透水混凝土			
			基层做法	15cm 级配碎石垫层			
			侧石尺寸	1000mm×400mm×150mm			
	非机动车道		面层做法	3cm 彩色强固透水混凝土			
			基层做法	15cmC25 原色透水混凝土 +15cm 水泥稳定碎石层 +15cm 级配碎石层			
	绿化带		绿化带宽度（m）	2×2+2			
桥梁工程							
桥梁类别		人车混行天桥	桥梁分类		中桥	结构类型	梁式桥
材料类别		钢筋混凝土	桥梁水平投影面积（m²）		1189.50	桥梁高度（m）	5.50
桥梁宽度（m）		30.50	多孔跨径（m）		39.00	单孔跨径（m）	13.00
基础		φ1000mm/φ1200mm 钻孔灌注桩					
桥墩		双柱式边墩，混凝土强度等级 C40					

续表

主梁	钢筋混凝土盖梁 C50，结构宽度 1.24m
桥面铺装（机动车道）	4cm 细粒式改性沥青混凝土（AC-13C）+6cm 中粒式改性沥青混凝土（AC-20C）
桥面铺装（人行道）	3cm 花岗岩
附属工程	
地基处理	处理面积 22855.7m²，处理方式为水泥搅拌桩、堆载预压、塑料排水板
绿化及喷灌	乔木（胸径）：秋枫 14~15cm；养护期：12 个月
	露地花卉及地被（种植密度）：大红花 36 株 /m²、新加坡龙船花 25 株 /m²、红花檵木 25 株 /m²、紫花翠芦莉 25 株 /m²、紫叶狼尾草 49 株 /m²、麦冬 49 株 /m²；养护期：12 个月
	绿化配套：PE 塑料管
照明	LED 灯 66 套
交通设施及监控	标识标线、信号灯、视频监控、电子警察
给水	铸铁管 DN100~500、混凝土井 18 座
排水	污水：铸铁管 DN400~500、混凝土井 26 座
	雨水：混凝土管 φ600~φ800、混凝土井 14 座
海绵城市	透水管主要管道 / 硬聚氯乙烯管（UPVC）φ150
综合管廊	管廊舱数：2，管廊长度 410m，管廊水平投影面积 1016.8m²，平均埋深 1.7m，截面尺寸 2.48m×1.1m，外壁壁厚 240mm，管廊内包含的系统：电力系统、通信系统
管沟	通信管沟

工程造价指标分析表　　　　　　　　　表 1-71-2

总面积（m²）	16128.70		经济指标（元 /m²）		2166.18
总长度（m）	509.00		经济指标（元 /m）		68639.71
专业	工程造价（万元）	造价比例	经济指标（元 /m²）		经济指标（元 /m）
地基处理	1180.03	33.78%	516.30①		—
道路	406.78	11.64%	272.29②		8654.89③
桥梁	727.12	20.81%	6112.82④		186441.09⑤
绿化及喷灌	116.86	3.34%	72.46		2295.94
照明	86.56	2.48%	53.67		1700.62
交通设施及监控	217.03	6.21%	134.56		4263.76
给水	112.35	3.22%	69.66		2207.37
排水	436.94	12.51%	270.91		8584.25
海绵城市	21.70	0.62%	13.45		426.25
综合管廊	164.51	4.71%	1617.95⑥		4012.51⑦
管沟	23.87	0.68%	14.80		469.05

①地基处理指标是以处理面积为计算基础。
②③道路指标分别以道路面积、道路长度为计算基础。
④⑤桥梁指标分别以桥梁水平投影面积、桥梁多孔跨径为计算基础。
⑥⑦综合管廊指标以综合管廊水平投影面积、综合管廊长度为计算基础。

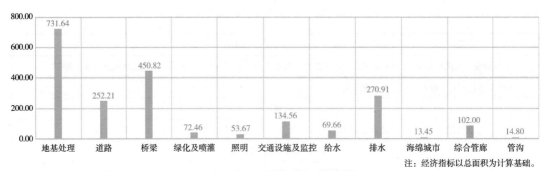

图 1-71-1　经济指标对比（元 /m²）

注：经济指标以总面积为计算基础。

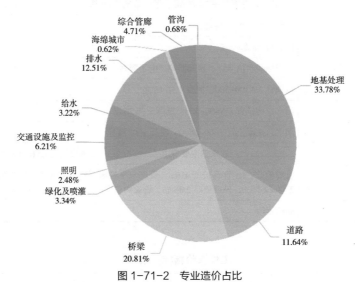

图 1-71-2　专业造价占比

综合项目 9　[沥青主干道、跨江（河）桥]

工程概况表　　　　　　　　　表 1-72-1

计价时期	年份	2020	计价地区	省份	广东	建设类型	新建
	月份	10		城市	惠州	工程造价（万元）	12065.00
计价依据（清单）		2013	计价依据（定额）		2018	计税模式	增值税
道路工程							
道路等级		主干道	道路类别	沥青混凝土道路		车道数（双向）	6 车道
道路面积（m²）		66300.71		机动车道面积（m²）		37604.12	
				人行道面积（m²）		11468.48	
				非机动车道面积（m²）		6539.85	
				绿化带面积（m²）		10688.26	

道路长度（m）		1358.98		道路宽度（m）	40.00/47.00
道路	机动车道	面层做法		4cm 细粒式改性沥青混凝土（AC-13C）+5cm 中粒式沥青混凝土（AC-16C）+6cm 粗粒式沥青混凝土（AC-20C）	
		基层做法		36cm5% 水泥稳定级配碎石 +20cm4% 水泥稳定级配碎石 +15cm 碎石垫层	
		机动车道平石		花岗岩	
		平石尺寸		500mm×250mm×100mm	
	人行道	面层做法		240mm×120mm×60mm 透水砖、300mm×300mm×60mm 盲道砖	
		基层做法		10cmC25 透水混凝土	
		侧石尺寸		500mm×150mm×400mm	
		车止石		ϕ250mm×800mm 花岗岩	
	非机动车道	面层做法		4cm 细粒式改性沥青混凝土（AC-13C）+5cm 中粒式沥青混凝土（AC-16C）+6cm 粗粒式沥青混凝土（AC-20C）	
		基层做法		36cm5% 水泥稳定级配碎石 +20cm4% 水泥稳定级配碎石 +15cm 碎石垫层	
	绿化带	侧石尺寸		500mm×150mm×400mm	
		绿化带宽度（m）		5+1.5×2	

桥梁工程					
桥梁类别	跨江（河）桥	桥梁分类		中桥	结构类型	梁式桥
材料类别	钢筋混凝土	桥梁水平投影面积（m²）		1050.50	桥梁高度（m）	7.98
桥梁宽度（m）	41.00	多孔跨径（m）		36.40	单孔跨径（m）	29.94
基础	ϕ1600mm 钻孔灌注桩				
桥墩	桥台采用柱式桥台，帽梁高 1.5m				
主梁	简支预应力混凝土小箱梁 C50				
桥面铺装（机动车道）	10cmC50 整体化混凝土现浇层 +YN 高分子聚合物防水涂料 +4cm 细粒式改性沥青混凝土（AC-13C）+6cm 中粒式改性沥青混凝土（AC-20C）				
桥面铺装（人行道）	2cm 防滑广场砖 +2cmM7.5 水泥砂浆				
其他	热镀锌方通防撞护栏，高 1.1m				

附属工程	
地基处理	处理面积 46526.43m²，处理方式为水泥粉煤灰碎石桩 19904.73m²、强夯处理 19833.66m²、换填石屑 6788.04m²
绿化及喷灌	乔木（胸径）：香樟 30cm、尖叶杜英 10cm；养护期：3 个月
	灌木（苗高 × 冠幅）：黄金榕球 100cm×100cm；养护期：3 个月
	露地花卉及地被（种植密度）：春羽 25 株 /m²、假俭草满铺；养护期：3 个月
	绿化配套：聚乙烯管（PE）
照明	LED 灯 84 套
交通设施及监控	标识标线、信号灯
排水	污水：混凝土管 ϕ500、混凝土井 69 座
	雨水：混凝土管 ϕ300~ϕ2000、混凝土井 90 座
	支护方式：无支护

续表

渠、涵	渠、涵类型：钢筋混凝土箱涵，体积：1299.2m³，尺寸：长 × 宽 × 高为 232m×2.8m×2m； 渠、涵类型：钢筋混凝土箱涵，体积：910.52m³，尺寸：长 × 宽 × 高为 103m×3.4m×2.6m； 渠、涵类型：钢筋混凝土箱涵，体积：1104m³，尺寸：长 × 宽 × 高为 138m×4m×2m； 渠、涵类型：钢筋混凝土箱涵，体积：972m³，尺寸：长 × 宽 × 高为 108m×4.5m×2m； 渠、涵类型：钢筋混凝土箱涵，体积：269.57m³，尺寸：长 × 宽 × 高为 32.4m×3.2m×2.6m
管沟	塑料管、隐蔽式动力电缆沟 1m×1m、1.2m×1.2m
其他	临时便道

工程造价指标分析表　　　　　　　　表 1-72-2

总面积（m²）	67351.21	经济指标（元/m²）		1791.36
总长度（m）	1395.38	经济指标（元/m）		86463.89
专业	工程造价（万元）	造价比例	经济指标（元/m²）	经济指标（元/m）
地基处理	2631.67	21.81%	565.63①	—
道路	3943.60	32.69%	594.81②	29018.85③
桥梁	579.47	4.80%	5516.17④	159196.18⑤
绿化及喷灌	440.60	3.65%	65.42	3157.57
照明	235.54	1.95%	34.97	1687.96
交通设施及监控	95.65	0.79%	14.20	685.46
排水	2227.71	18.47%	330.76	15964.87
渠、涵	1247.92	10.34%	185.29	8943.22
管沟	654.99	5.43%	97.25	4693.98
其他	7.86	0.07%	1.17	56.30

①地基处理指标是以处理面积为计算基础。
②③道路指标分别以道路面积、道路长度为计算基础。
④⑤桥梁指标分别以桥梁水平投影面积、桥梁多孔跨径为计算基础。

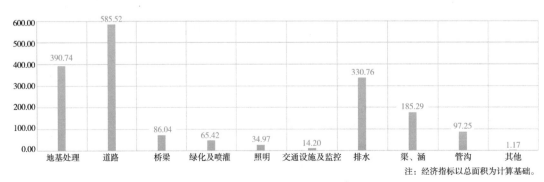

注：经济指标以总面积为计算基础。

图 1-72-1　经济指标对比（元/m²）

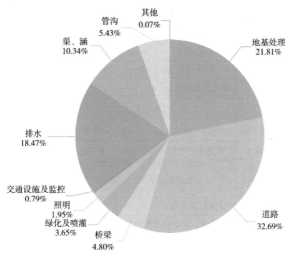

图 1-72-2 专业造价占比

综合项目 10 ［沥青主干道、跨江（河）桥］

工程概况表

表 1-73-1

<table>
<tr><td rowspan="2">计价时期</td><td>年份</td><td>2020</td><td rowspan="2">计价地区</td><td>省份</td><td>广东</td><td>建设类型</td><td>新建</td></tr>
<tr><td>月份</td><td>9</td><td>城市</td><td>惠州</td><td>工程造价
（万元）</td><td>5152.19</td></tr>
<tr><td>计价依据（清单）</td><td colspan="2">2013</td><td>计价依据（定额）</td><td colspan="2">2018</td><td>计税模式</td><td>增值税</td></tr>
<tr><td colspan="8" align="center">道路工程</td></tr>
<tr><td>道路等级</td><td colspan="2">主干道</td><td>道路类别</td><td colspan="2">沥青混凝土道路</td><td>车道数（双向）</td><td>6 车道</td></tr>
<tr><td rowspan="4">道路面积（m²）</td><td colspan="2" rowspan="4">21097.54</td><td colspan="2">机动车道面积
（m²）</td><td colspan="3">15307.23</td></tr>
<tr><td colspan="2">人行道面积
（m²）</td><td colspan="3">3228.00</td></tr>
<tr><td colspan="2">非机动车道面积
（m²）</td><td colspan="3">1789.31</td></tr>
<tr><td colspan="2">绿化带面积
（m²）</td><td colspan="3">773.00</td></tr>
<tr><td>道路长度（m）</td><td colspan="2">424.84</td><td colspan="2">道路宽度（m）</td><td colspan="3">40.00/49.00</td></tr>
<tr><td rowspan="7">道路</td><td colspan="2" rowspan="4">机动车道</td><td colspan="2">面层做法</td><td colspan="3">4cm 细粒式改性沥青混凝土（AC-13C）+6cm 中粒式改性沥青混凝土（AC-20C）+8cm 粗粒式改性沥青混凝土（AC-25C）</td></tr>
<tr><td colspan="2">基层做法</td><td colspan="3">16cm5% 水泥稳定碎石基层 +16cm5% 水泥稳定碎石基层 +18cm4% 水泥稳定碎石底基层</td></tr>
<tr><td colspan="2">机动车道平石</td><td colspan="3">花岗岩</td></tr>
<tr><td colspan="2">平石尺寸</td><td colspan="3">90mm × 120mm × 500mm</td></tr>
<tr><td colspan="2" rowspan="3">人行道</td><td colspan="2">面层做法</td><td colspan="3">6cm 大理石人行道砖</td></tr>
<tr><td colspan="2">基层做法</td><td colspan="3">10cmC20 透水混凝土</td></tr>
<tr><td colspan="2">侧石尺寸</td><td colspan="3">210mm × 80mm × 500mm</td></tr>
</table>

续表

道路	非机动车道	面层做法	6cm 彩色改性沥青混凝土			
		基层做法	15cmC25 素混凝土			
	绿化带	侧石尺寸	400mm×150mm×500mm			
		绿化带宽度（m）	2			
桥梁工程						
桥梁类别	跨江（河）桥	桥梁分类		中桥	结构类型	梁式桥
材料类别	钢筋混凝土	桥梁水平投影面积（m²）		3376.74	桥梁高度（m）	10.65
桥梁宽度（m）	33.50~35.30	多孔跨径（m）		98.16	单孔跨径（m）	21.50+19.73+17.63+15.80+14.50
基础	ϕ1500mm 泥浆护壁成孔灌注桩					
桥墩	墩台采用薄壁实体结构，其中桥墩墩身厚 80cm，桥台台身厚度 100cm，混凝土强度等级 C40					
主梁	钢筋混凝土框架桥梁结构 C50，结构宽度 33.5~35.3m					
桥面铺装（机动车道）	防水层（FTY-1 两道）+4cm 细粒式改性沥青混凝土（AC-13C）+6cm 中粒式改性沥青混凝土（AC-20C）+8cm 粗粒式改性沥青混凝土（AC-25C）					
桥面铺装（人行道）	C30 人行道板（预制）+2cm 粗面花岗岩					
栏杆	花岗岩栏杆，高 1.51m					
附属工程						
绿化及喷灌	乔木（胸径）：紫荆树 15cm；养护期：6 个月					
	灌木（苗高×冠幅）：非洲茉莉 80cm×80cm；养护期：6 个月					
	露地花卉及地被（种植密度）：福建茶 25 袋/m²；养护期：6 个月					
照明	LED 灯 32 套					
交通设施及监控	标识标线、信号灯、视频监控、电子警察					
给水	铸铁管 DN300、混凝土井 6 座、无支护					
排水	污水：高密度聚乙烯管（HDPE）ϕ400~ϕ500、混凝土井 26 座					
	雨水：混凝土管 ϕ600~ϕ1500、混凝土井 26 座					
	支护方式：无支护					
管沟	玻璃钢电缆保护管 FRP-4×4ϕ150/8mm					

工程造价指标分析表

表 1-73-2

总面积（m²）	24474.28		经济指标（元/m²）		2105.14
总长度（m）	523.00		经济指标（元/m）		98512.04
专业	工程造价（万元）	造价比例	经济指标（元/m²）	经济指标（元/m）
道路	1256.60	24.39%	595.61[①]	29578.19[②]
桥梁	3209.88	62.30%	9505.87[③]	327001.96[④]
绿化及喷灌	16.56	0.32%	6.76	316.54
照明	74.13	1.44%	30.29	1417.32
交通设施及监控	90.20	1.75%	36.86	1724.71
给水	32.08	0.62%	13.11	613.47
排水	282.51	5.49%	115.43	5401.70
管沟	190.23	3.69%	77.73	3637.24

①②道路指标分别以道路面积、道路长度为计算基础。

③④桥梁指标分别以桥梁水平投影面积、桥梁多孔跨径为计算基础。

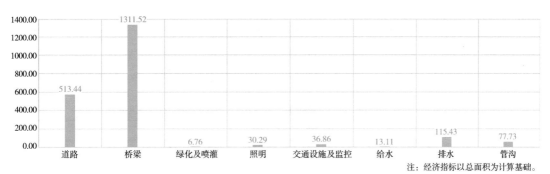

注：经济指标以总面积为计算基础。

图 1-73-1　经济指标对比（元/m²）

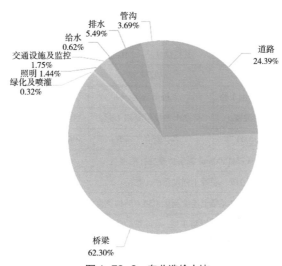

图 1-73-2　专业造价占比

综合项目 11 ［沥青主干道、跨江（河）桥］

工程概况表　　　　　　　　　　　　表 1-74-1

计价时期	年份	2020	计价地区	省份	广东	建设类型	新建
	月份	2		城市	珠海	工程造价（万元）	55333.52
计价依据（清单）		2013	计价依据（定额）		2010	计税模式	增值税
道路工程							
道路等级		主干道	道路类别	沥青混凝土道路		车道数（双向）	8 车道
道路面积（m²）		122970.98	机动车道面积（m²）		92787.72		
			人行道面积（m²）		19582.39		
			非机动车道面积（m²）		10600.87		
			绿化带面积（m²）		0.00		

续表

道路长度（m）			2058.42		道路宽度（m）		60.00
道路	机动车道	面层做法	4cm 细粒式改性沥青混凝土（AC-13C）+6cm 中粒式改性沥青混凝土（AC-20C）+8cm 粗粒式改性沥青混凝土（AC-25C）				
		基层做法	17cm 水泥稳定碎石 +18cm 水泥稳定石屑				
		机动车道平石	花岗岩				
		平石尺寸	500mm×150mm×100mm				
	人行道	面层做法	23cm×11.5cm×6cm 环保透水砖				
		基层做法	10cmC25 透水混凝土				
		侧石尺寸	1000mm×400mm×150mm				
	非机动车道	面层做法	3cmC25 彩色强固透水混凝土 +15cmC25 原色透水混凝土				
		基层做法	10cm 透水水泥稳定碎石 +15cm 级配碎石				
桥梁工程							
桥梁类别	跨江（河）桥		桥梁分类	中桥	结构类型		梁式桥
材料类别	钢筋混凝土		桥梁水平投影面积（m²）	2882.40	桥梁高度（m）		17.33
桥梁宽度（m）	30.00		多孔跨径（m）	96.08	单孔跨径（m）		30.00
基础	ϕ1200mm/ϕ1500mm 泥浆护壁成孔灌注桩						
桥墩	双柱式边墩、混凝土强度等级 C45						
主梁	现浇预应力混凝土连续箱梁 C50，结构宽度为 4.8m						
桥面铺装（机动车道）	1mmFYT-1 改进型防水层 +4cm 细粒式改性沥青混凝土（AC-13C）+6cm 粗粒式改性沥青混凝土（AC-25C）						
桥面铺装（人行道）	1mmFYT-1 改进型防水层 +6cmC50 防水混凝土 +6cm 环保透水砖						
附属工程							
地基处理	处理面积 151862m²，处理方式为水泥搅拌桩 116019m²、旋喷桩 33375m²、PHC 管桩 2468m²						
绿化及喷灌	绿化配套：聚乙烯管（PE）ϕ20~ϕ25、高密度聚乙烯管（HDPE）ϕ50~ϕ150、铸铁管 DN150						
照明	LED 灯 173 套						
交通设施及监控	标识标线、信号灯、视频监控、电子警察						
给水	铸铁管 DN200~800、砌筑井 137 座、无支护						
排水	污水：混凝土管 ϕ400~ϕ1000、混凝土井 179 座						
	雨水：混凝土管 ϕ200~ϕ1000、混凝土井 177 座						
	支护方式：钢板桩						
渠、涵	渠、涵类型：混凝土箱涵，体积：5163.75m³，尺寸：长×宽×高为 85m×13.5m×4.5m						
海绵城市	非机动车道	防渗材料做法	防渗土工布 +30cm 绿化回填土 +30cm 砾石滤层				
	绿化带	雨水花园做法	1mm 防渗土工布 +30cm 绿化回填土 +30cm 砾石滤层				
	透水管主要管道		硬聚氯乙烯管（UPVC）ϕ150、无支护、混凝土井 126 座				
	其他		PVC 消能沉淀池				
综合管廊	管廊舱数：2 舱，管廊长度 3023.42m，管廊水平投影面积 7800.4236m²，平均埋深 1.05m，截面尺寸（2.78×0.1+2.58×0.2+2.38×1.07）m，断面外仓面积 3.3406m²，内径 1700mm×900mm，外壁壁厚 240mm，软基处理：ϕ600mm 高压水泥旋喷桩，外壁防水做法：1：2 防水水泥砂浆，地板防水做法：1：2 防水水泥砂浆，顶板防水做法：1：2 防水水泥砂浆						
管沟	含路由，电缆沟（不含电缆）						
其他	预留沟工程						

工程造价指标分析表　　　　　　　　　　　表 1-74-2

总面积（m²）	125853.38		经济指标（元/m²）		4396.67
总长度（m）	2154.50		经济指标（元/m）		256827.65
专业	工程造价（万元）	造价比例		经济指标（元/m²）	经济指标（元/m）
地基处理	31433.43	56.81%		2069.87①	—
道路	4944.45	8.93%		402.08②	24020.62③
桥梁	5366.01	9.70%		18616.46④	558493.69⑤
绿化及喷灌	93.96	0.17%		7.47	436.11
照明	488.10	0.88%		38.78	2265.49
交通设施及监控	649.54	1.17%		51.61	3014.83
给水	1099.05	1.99%		87.33	5101.19
排水	6308.84	11.40%		501.28	29282.14
渠、涵	1667.66	3.01%		132.51	7740.35
海绵城市	263.95	0.48%		20.97	1225.12
综合管廊	1680.64	3.04%		2154.54⑥	5558.73⑦
管沟	1096.45	1.98%		87.12	5089.11
其他	241.44	0.44%		19.18	1120.65

①地基处理指标是以处理面积为计算基础。
②③道路指标分别以道路面积、道路长度为计算基础。
④⑤桥梁指标分别以桥梁水平投影面积、桥梁多孔跨径为计算基础。
⑥⑦综合管廊指标以综合管廊水平投影面积、综合管廊长度为计算基础。

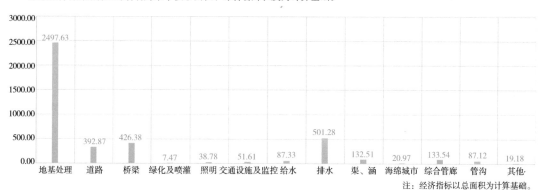

注：经济指标以总面积为计算基础。

图 1-74-1　经济指标对比（元/m²）

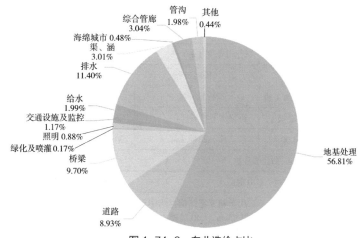

图 1-74-2　专业造价占比

综合项目 12 ［沥青次干道、跨江（河）桥］

工程概况表　　　　　　　　表 1-75-1

<table>
<tr><td rowspan="2">计价时期</td><td>年份</td><td>2021</td><td rowspan="2">计价地区</td><td>省份</td><td>广东</td><td>建设类型</td><td>新建</td></tr>
<tr><td>月份</td><td>3</td><td>城市</td><td>佛山</td><td>工程造价
（万元）</td><td>8606.77</td></tr>
<tr><td>计价依据（清单）</td><td colspan="2">2013</td><td>计价依据（定额）</td><td colspan="2">2018</td><td>计税模式</td><td>增值税</td></tr>
<tr><td colspan="8" align="center">道路工程</td></tr>
<tr><td>道路等级</td><td colspan="2">次干道</td><td>道路类别</td><td colspan="2">沥青混凝土道路</td><td>车道数
（双向）</td><td>4 车道</td></tr>
<tr><td rowspan="4">道路面积（m²）</td><td colspan="2" rowspan="4">65597.00</td><td colspan="3">机动车道面积
（m²）</td><td colspan="2">38518.00</td></tr>
<tr><td colspan="3">人行道面积
（m²）</td><td colspan="2">24369.00</td></tr>
<tr><td colspan="3">非机动车道面积
（m²）</td><td colspan="2">0.00</td></tr>
<tr><td colspan="3">绿化带面积
（m²）</td><td colspan="2">2710.00</td></tr>
<tr><td>道路长度（m）</td><td colspan="2">2645.00</td><td colspan="2">道路宽度（m）</td><td colspan="3">24.00</td></tr>
<tr><td rowspan="13">道路</td><td rowspan="4">机动车道</td><td colspan="2">面层做法</td><td colspan="4">4cm 细粒式改性沥青混凝土（AC-13C）+6cm 中粒式普通
沥青混凝土（AC-20C）</td></tr>
<tr><td colspan="2">基层做法</td><td colspan="4">20cm5.5% 水泥稳定碎石 +20cm4.5% 水泥稳定石屑</td></tr>
<tr><td colspan="2">机动车道平石</td><td colspan="4">水泥混凝土</td></tr>
<tr><td colspan="2">平石尺寸</td><td colspan="4">250mm×100mm</td></tr>
<tr><td rowspan="8">人行道</td><td colspan="2">面层做法</td><td colspan="4">23cm×11.5cm×6cm 橘红色透水环保砖、9cm 细粒式彩色
透水沥青混凝土（COGFC-10）</td></tr>
<tr><td colspan="2">基层做法</td><td colspan="4">15cmC25 透水混凝土 +15cm 石渣</td></tr>
<tr><td colspan="2" rowspan="2">侧石尺寸</td><td colspan="4">500mm×150mm×300mm、500mm×180mm×600mm、</td></tr>
<tr><td colspan="4">500mm×150mm×150mm</td></tr>
<tr><td colspan="2">压条尺寸</td><td colspan="4">500mm×100mm×60mm</td></tr>
<tr><td colspan="2">车止石</td><td colspan="4">φ250mm×600mm 花岗岩</td></tr>
<tr><td colspan="2">树穴尺寸</td><td colspan="4">1000mm×850mm</td></tr>
<tr><td>绿化带</td><td>绿化带宽度（m）</td><td colspan="4">6</td></tr>
<tr><td colspan="8" align="center">桥梁工程</td></tr>
<tr><td>桥梁类别</td><td colspan="2">跨江（河）桥</td><td>桥梁分类</td><td>中桥</td><td>结构类型</td><td colspan="2">梁式桥</td></tr>
<tr><td>材料类别</td><td colspan="2">钢筋混凝土</td><td>桥梁水平投影面积（m²）</td><td>524.00</td><td>桥梁高度（m）</td><td colspan="2">4.50</td></tr>
<tr><td>桥梁宽度（m）</td><td colspan="2">24.00</td><td>多孔跨径（m）</td><td>31.50</td><td>单孔跨径（m）</td><td colspan="2">9.50+12.50+9.50</td></tr>
<tr><td>基础</td><td colspan="7">φ1200mm 钻孔灌注桩</td></tr>
<tr><td>桥墩</td><td colspan="7">柱式墩台身，C40 混凝土</td></tr>
<tr><td>主梁</td><td colspan="7">主梁梁高 1m，采用单箱 9 室结构，跨中顶板、底板厚 22cm，腹板厚 50cm；支点顶板、底
板厚 32cm，腹板厚 75cm，C40 混凝土</td></tr>
</table>

续表

桥面铺装（机动车道）	250g/m²HM1500 防水剂 +6cm 中粒式普通沥青混凝土（AC-20C）+4cm 细粒式改性沥青混凝土（AC-13C）
桥面铺装（人行道）	4cm 人行道方砖
附属工程	
地基处理	处理面积 66152.4m²，处理方式为水泥搅拌桩
绿化及喷灌	乔木（胸径）：细叶榄仁 13~15cm、黄花风铃木 10~12cm；养护期：12 个月
	露地花卉及地被（种植密度）：绿萝 16 株/m²、鸭脚木 36 株/m²、春羽 36 株/m²、台湾草满铺；养护期：12 个月
照明	LED 灯 190 套
交通设施及监控	标识标线
给水	焊接钢管 DN50~200、砌筑井 66 座、无支护
排水	污水：混凝土管 φ600~φ1500、混凝土井 35 座
	雨水：混凝土管 φ600~φ1500、混凝土井 97 座
	支护方式：无支护
渠、涵	渠、涵类型：钢筋混凝土箱涵，体积：5964.48m³，尺寸：长 × 宽 × 高为 327m×5.7m×3.2m；渠、涵类型：钢筋混凝土箱涵，体积：872.32m³，尺寸：长 × 宽 × 高为 58m×4.7m×3.2m；渠、涵类型：钢筋混凝土箱涵，体积：245.76m³，尺寸：长 × 宽 × 高为 24m×3.2m×3.2m

工程造价指标分析表 表 1-75-2

总面积（m²）	66353.00	经济指标（元/m²）		1297.12
总长度（m）	2676.50	经济指标（元/m）		32156.82
专业	工程造价（万元）	造价比例	经济指标（元/m²）	经济指标（元/m）
地基处理	1119.17	13.00%	169.18[①]	—
道路	3293.80	38.27%	502.13[②]	12452.91[③]
桥梁	850.46	9.88%	11249.53[④]	269988.72[⑤]
绿化及喷灌	227.32	2.64%	34.26	849.32
照明	457.94	5.32%	69.02	1710.97
交通设施及监控	110.41	1.28%	16.64	412.50
给水	259.38	3.02%	39.09	969.12
排水	1423.19	16.54%	214.49	5317.37
渠、涵	865.10	10.05%	130.38	3232.22

①地基处理指标是以处理面积为计算基础。
②③道路指标分别以道路面积、道路长度为计算基础。
④⑤桥梁指标分别以桥梁水平投影面积、桥梁多孔跨径为计算基础。

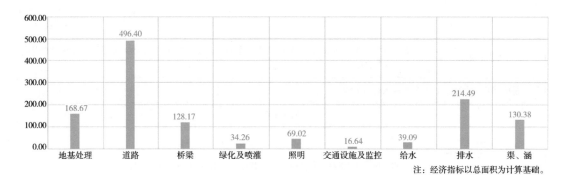

图 1-75-1　经济指标对比（元 /m²）

注：经济指标以总面积为计算基础。

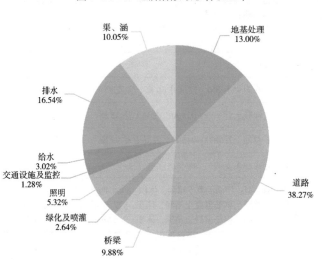

图 1-75-2　专业造价占比

综合项目 13 [沥青次干道、跨江（河）桥]

工程概况表　　　　　　　　　　　　　　　表 1-76-1

计价时期	年份	2015	计价地区	省份	广东	建设类型	新建
	月份	5		城市	佛山	工程造价（万元）	1478.28
计价依据（清单）		2013	计价依据（定额）		2010	计税模式	营业税
道路工程							
道路等级		次干道	道路类别	沥青混凝土道路		车道数（双向）	4 车道
道路面积（m²）		7135.73	机动车道面积（m²）		4106.13		
			人行道面积（m²）		1809.81		
			非机动车道面积（m²）		1219.79		
			绿化带面积（m²）		—		

154

续表

道路长度（m）	300.00		道路宽度（m）	30.00	
道路	机动车道	面层做法	4cm 细粒式改性沥青混凝土（AC–13C）+8cm 粗粒式普通沥青混凝土（AC–25C）		
		基层做法	18cm5% 水泥稳定级配碎石 +18cm4.5% 水泥稳定级配碎石 +18cm4% 水泥稳定石屑		
		机动车道平石	水泥混凝土		
		平石尺寸	500mm × 250mm × 120mm		
	人行道	面层做法	6cm 防滑型环保人行道砖 +6cm 花岗岩盲人砖		
		基层做法	15cmC15 混凝土		
		侧石尺寸	500mm × 200mm × 500mm、500mm × 100mm × 230mm		
		车止石	ϕ300mm × 730mm 花岗岩		
		树穴尺寸	1000mm × 1000mm		
	非机动车道	面层做法	4cm 细粒式改性沥青混凝土（AC–13C）		
		基层做法	12.5cm6% 水泥稳定级配碎石上基层		

桥梁工程					
桥梁类别	跨江（河）桥	桥梁分类	中桥	结构类型	梁式桥
材料类别	钢筋混凝土	桥梁水平投影面积（m²）	1830.00	桥梁高度（m）	—
桥梁宽度（m）	30.50	多孔跨径（m）	60.00	单孔跨径（m）	—
基础	ϕ1200mm 泥浆护壁成孔灌注桩				
桥墩	C30 普通混凝土 20 石桥台 +C40 普通混凝土 20 石盖梁				
主梁	预制预应力空心板梁 C50				
桥面铺装（机动车道）	100mmC50 普通混凝土 20 石 +4cm 细粒式改性沥青混凝土 +6cm 中粒式普通沥青混凝土 + 三遍聚合物改性沥青桥面粘贴防水涂料				
桥面铺装（人行道）	80mmC30 普通混凝土 20 石 +30mm 花岗岩人行道砖 +20mm 水泥砂浆				

附属工程					
地基处理	处理面积 1437.54m²，处理方式为水泥搅拌桩				
绿化及喷灌	乔木（胸径）：樟树 35~38cm、黄槐 8~9cm、人面子 18~20cm、母生树 70~80cm、鸡蛋花 7~8cm；养护期：12 个月				
	灌木（苗高 × 冠幅）：小叶紫薇（121~150）cm ×（101~120）cm、福木（121~150）cm ×（101~120）cm、柳叶榕（121~150）cm ×（101~120）cm、红车（121~150）cm ×（101~120）cm；养护期：12 个月				
	露地花卉及地被（种植密度）：黄金叶 36 株 /m²、龙船花 36 株 /m²、朱蕉 25 株 /m²、变叶木 36 株 /m²、彩叶草 36 株 /m²、台湾草满铺；养护期：12 个月				
照明	LED 灯 20 套				
交通设施及监控	标识标线				
给水	铸铁管 DN150、砌筑井 2 座、无支护				
排水	污水：高密度聚乙烯管（HDPE）ϕ400、砌筑井 10 座				
	雨水：高密度聚乙烯管（HDPE）ϕ300~ϕ600、混凝土井 9 座				
	支护方式：钢板桩				
渠、涵	渠、涵类型：混凝土箱涵，体积：1192.8m³，尺寸：长 × 宽 × 高为 142m × 4.2m × 2m				

工程造价指标分析表　　　　　表 1-76-2

总面积（m²）	8965.73	经济指标（元/m²）		1648.82
总长度（m）	360.00	经济指标（元/m）		41063.42
专业	工程造价（万元）	造价比例	经济指标（元/m²）	经济指标（元/m）
地基处理	217.46	14.71%	1512.72①	—
道路	225.20	15.23%	315.59②	7506.59③
桥梁	717.16	48.51%	3918.93④	119527.23⑤
绿化及喷灌	96.67	6.54%	107.82	2685.24
照明	35.24	2.39%	39.31	979.02
交通设施及监控	14.03	0.95%	15.65	389.78
给水	12.51	0.85%	13.95	347.52
排水	65.95	4.46%	73.56	1832.05
渠、涵	94.05	6.36%	104.90	2612.57

①地基处理指标是以处理面积为计算基础。
②③道路指标分别以道路面积、道路长度为计算基础。
④⑤桥梁指标分别以桥梁水平投影面积、桥梁多孔跨径为计算基础。

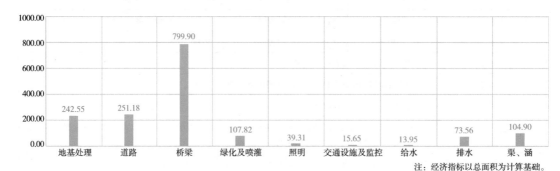

注：经济指标以总面积为计算基础。

图 1-76-1　经济指标对比（元/m²）

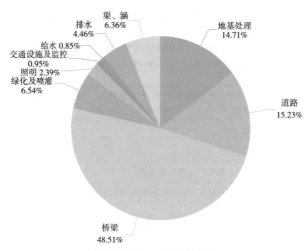

图 1-76-2　专业造价占比

综合项目 14（沥青次干道、人车混行天桥）

计价时期	年份	2019	计价地区	省份	广东	建设类型	新建
	月份	5		城市	广州	工程造价（万元）	12926.86
计价依据（清单）		2013	计价依据（定额）		2018	计税模式	增值税
道路工程							
道路等级		次干道	道路类别		沥青混凝土道路	车道数（双向）	6 车道
道路面积（m²）		74391.00	机动车道面积（m²）			42693.00	
			人行道面积（m²）			18725.00	
			非机动车道面积（m²）			6443.00	
			绿化带面积（m²）			6530.00	
道路长度（m）		1512.35	道路宽度（m）			40.00	
道路	机动车道	面层做法		4cm 细粒式沥青玛蹄脂碎石（SMA-13）+6cm 中粒式沥青混凝土（AC-20C）+8cm 粗粒式沥青混凝土（AC-25C）			
		基层做法		18cm4% 水泥稳定碎石 +18cm5% 水泥稳定碎石 +18cm5% 水泥稳定碎石			
		机动车道平石		仿花岗岩			
		平石尺寸		1000mm×250mm×120mm			
	人行道	面层做法		8cmC40 高强透水混凝土面砖			
		基层做法		13cmC20 透水混凝土 +10cm 级配碎石			
		侧石尺寸		1000mm×150mm×300mm			
		压条尺寸		1000mm×150mm×160mm			
		车止石		ϕ200mm×1000mm 仿花岗岩			
		树穴尺寸		1350mm×1350mm			
	非机动车道	面层做法		4cm 细粒式改性透水沥青混凝土（PAC-13）+5cm 中粒式改性透水沥青混凝土（PAC-16）			
		基层做法		15cmC20 透水混凝土 +10cm 级配碎石			
	绿化带	侧石尺寸		1000mm×200mm×600mm			
		绿化带宽度（m）		4			
桥梁工程							
桥梁类别		人车混行天桥	桥梁分类		中桥	结构类型	梁式桥

续表

材料类别	钢筋混凝土	桥梁水平投影面积（m²）	1925.48	桥梁高度（m）	6.44
桥梁宽度（m）	37.00	多孔跨径（m）	52.04	单孔跨径（m）	16.00
基础	φ1300mm 钻孔灌注桩				
桥墩	单柱式桥墩，混凝土强度等级 C35				
主梁	空心板桥 C50，结构宽度为 37m				
桥面铺装（机动车道）	2cm 桥面防水砂浆 +4cm 细粒式沥青玛蹄脂碎石（SMA-13）+6cm 中粒式沥青混凝土（AC-20C）				
桥面铺装（人行道）	10cm 人行道板 +3cm 花岗岩				
附属工程					
绿化及喷灌	乔木（胸径）：桃花心木 14~15cm、美丽异木棉 23~42cm、火焰木 13~15cm、细叶榄仁 11~13cm、秋枫 14~15cm、无忧树 11~13cm；养护期：12 个月				
	灌木（苗高 × 冠幅）：细叶紫薇 200cm×120cm、银叶金合欢 200cm×100cm、红绒球 100cm×100cm、毛杜鹃球 90cm×90cm；养护期：12 个月				
	露地花卉及地被（种植密度）：翠芦莉 25 株/m²、斑叶鸭脚木 25 株/m²、红继木 25 株/m²、大红花 25 株/m²、黄金叶 25 株/m²、米仔兰 25 株/m²、福建茶 25 株/m²、葱兰 36 株/m²、台湾草满铺、时花 36 株/m²、花叶假连翘 25 株/m²；养护期：12 个月				
照明	LED 灯 157 套				
交通设施及监控	标识标线、信号灯、视频监控、电子警察				
排水	污水：混凝土管 φ300~φ1500、混凝土井 115 座				
	雨水：混凝土管 φ300~φ1500、混凝土井 148 座				
	支护方式：钢板桩				
渠、涵	渠、涵类型：混凝土箱涵，体积：613.94m³，尺寸：长 × 宽 × 高为 45.8m×4.72m×2.84m				
管沟	电缆桥（钢桁梁），长度 49m，宽度 3m、3 回 110kV 及 12 回 10kV 合建电缆沟（2 孔）、3 回 110kV 及 24 回 10kV 合建电缆沟（2 孔）、4 回 110kV 及 16 回 10kV 合建电缆沟（2 孔）、12 回 10kV 电缆沟（1 孔）、16 回 10kV 电缆沟（1 孔）、24 回 10kV 电缆沟（1 孔）、3 回 110kV 电力埋管 [HDPE 管 11（φ225×12.5）+2（φ116×8）]、2 回 110kV 电力埋管 [HDPE 管 7（φ225×12.5）+2（φ116×8）]、12 回 10kV 电力埋管（过路）[BWFRP（纤维编绕拉挤）管 D150×4]、16 回 10kV 电力埋管（过路）[BWFRP（纤维编绕拉挤）管 D150×4]、24 回 10kV 电力埋管（过路）[BWFRP（纤维编绕拉挤）管 D150×4]				

工程造价指标分析表　　　　　　　　　　表 1-77-2

总面积（m²）	76316.48		经济指标（元/m²）		1693.85
总长度（m）	1564.39		经济指标（元/m）		82631.93
专业	工程造价（万元）	造价比例	经济指标（元/m²）		经济指标（元/m）
道路	4591.80	35.52%	617.25①		30362.05②
桥梁	1965.87	15.21%	10209.74③		377760.38④
绿化及喷灌	321.58	2.49%	42.14		2055.63
照明	229.67	1.78%	30.09		1468.14
交通设施及监控	675.59	5.23%	88.52		4318.55
排水	2646.90	20.47%	346.83		16919.70
渠、涵	112.92	0.87%	14.80		721.83
管沟	2382.52	18.43%	312.19		15229.71

①②道路指标分别以道路面积、道路长度为计算基础。
③④桥梁指标分别以桥梁水平投影面积、桥梁多孔跨径为计算基础。

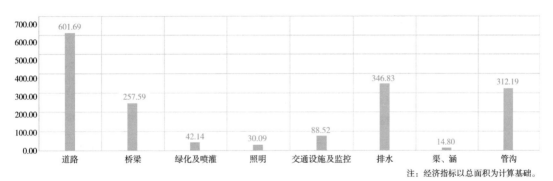

注：经济指标以总面积为计算基础。

图 1-77-1　经济指标对比（元 /m²）

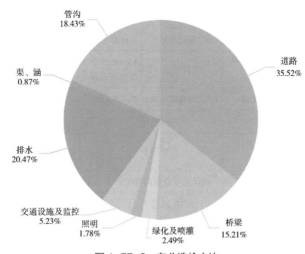

图 1-77-2　专业造价占比

综合项目 15（沥青次干道、人车混行天桥）

工程概况表　　　　　　　　　　表 1-78-1

计价时期	年份	2017	计价地区	省份	广东	建设类型	新建
	月份	12		城市	珠海	工程造价（万元）	3371.75
计价依据（清单）		2013	计价依据（定额）		2010	计税模式	增值税
道路工程							
道路等级	次干道		道路类别	沥青混凝土道路		车道数（双向）	4 车道
道路面积（m²）	14694.50			机动车道面积（m²）		6975.00	
				人行道面积（m²）		4224.50	
				非机动车道面积（m²）		1223.00	
				绿化带面积（m²）		2272.00	

道路长度（m）			410.00	道路宽度（m）		34.00
道路	机动车道	面层做法	4cm 细粒式改性沥青混凝土（AC-13C）+5cm 中粒式普通沥青混凝土（AC-16C）+7cm 中粒式普通沥青混凝土（AC-20C）			
		基层做法	35cm 水泥稳定碎石层 +18cm 水泥稳定石屑层 +15cm 水泥碎石级配层			
		机动车道平石	仿花岗岩			
		平石尺寸	600mm×150mm×100mm			
	人行道	面层做法	10cmC25 原色透水混凝土			
		基层做法	15cm 级配碎石垫层			
		侧石尺寸	1000mm×400mm×150mm			
	非机动车道	面层做法	3cm 彩色强固透水混凝土			
		基层做法	15cmC25 原色透水混凝土 +15cm 水泥稳定碎石层 +15cm 级配碎石层			
	绿化带	绿化带宽度（m）	3 +1.5×2			
桥梁工程						
桥梁类别	人车混行天桥	桥梁分类		中桥	结构类型	梁式桥
材料类别	钢筋混凝土	桥梁水平投影面积（m²）		1345.50	桥梁高度（m）	5.50
桥梁宽度（m）	30.50	多孔跨径（m）		39.00	单孔跨径（m）	13.00
基础	φ1000mm/φ1200mm 钻孔灌注桩					
桥墩	双柱式边墩，混凝土强度等级 C40					
主梁	钢筋混凝土盖梁 C50，结构宽度 1.24m					
桥面铺装（机动车道）	4cm 细粒式改性沥青混凝土（AC-13C）+6cm 中粒式普通沥青混凝土（AC-20C）					
桥面铺装（人行道）	3cm 花岗岩					
附属工程						
地基处理	处理面积 23181.3m²，处理方式为水泥搅拌桩、堆载预压、塑料排水板					
绿化及喷灌	乔木（胸径）：秋枫 14~15cm；养护期：12 个月					
	露地花卉及地被（种植密度）：大红花 36 袋 /m²、新加坡龙船花 25 袋 /m²、红花檵木 25 袋 /m²、紫花翠芦莉 25 袋 /m²、紫叶狼尾草 49 袋 /m²、麦冬 49 袋 /m²；养护期：12 个月					
	绿化配套：PE 塑料管					
照明	LED 灯 60 套					
交通设施及监控	标识标线、信号灯、视频监控、电子警察					
给水	铸铁管 DN100~500、混凝土井 14 座、无支护					
排水	污水：铸铁管 DN400~600、混凝土井 15 座					
	雨水：混凝土管 φ600~φ800、混凝土井 17 座					
	支护方式：钢板桩					

续表

海绵城市	人行道	防渗材料做法	防渗土工布
	非机动车道	防渗材料做法	防渗土工布
	绿化带	雨水花园做法	1.2mm 防渗土工布 +35cm 碎石滤层
	透水管主要管道		硬聚氯乙烯管（UPVC）ϕ150、无支护、砌筑井 16 座
综合管廊	管廊舱数：2，管廊长度 430m，管廊水平投影面积 1066.4m²，平均埋深 1.7m，截面尺寸 2.48m×1.1m，外壁壁厚 240mm，管廊内包含的系统：电力系统、通信系统		
管沟	通信管沟		

工程造价指标分析表　　　　　　　　　　　表 1-78-2

总面积（m²）	16040.00	经济指标（元 /m²）	2102.09
总长度（m）	449.00	经济指标（元 /m）	75094.66

专业	工程造价（万元）	造价比例	经济指标（元 /m²）	经济指标（元 /m）
地基处理	992.69	29.44%	428.23①	—
道路	435.24	12.91%	296.19②	10615.53③
桥梁	842.95	25.00%	6264.92④	216139.87⑤
绿化及喷灌	115.39	3.42%	71.94	2569.90
照明	78.99	2.34%	49.25	1759.23
交通设施及监控	260.09	7.71%	162.15	5792.66
给水	126.74	3.76%	79.02	2822.80
排水	285.31	8.46%	177.87	6354.33
海绵城市	18.86	0.56%	11.76	419.94
综合管廊	187.63	5.57%	1759.49⑥	4363.53⑦
管沟	27.87	0.83%	17.37	620.64

①地基处理指标是以处理面积为计算基础。
②③道路指标分别以道路面积、道路长度为计算基础。
④⑤桥梁指标分别以桥梁水平投影面积、桥梁多孔跨径为计算基础。
⑥⑦综合管廊指标以综合管廊水平投影面积、综合管廊长度为计算基础。

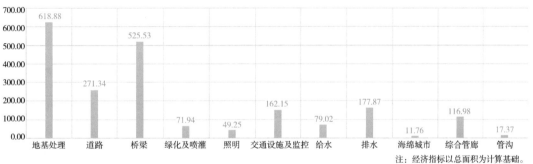

图 1-78-1　经济指标对比（元 /m²）

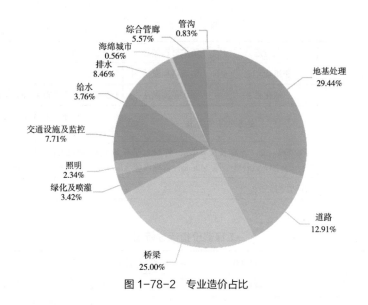

图 1-78-2　专业造价占比

综合项目 16 [沥青支道、跨江（河）桥]

工程概况表　　　　　　　　　　　　表 1-79-1

计价时期	年份	2020	计价地区	省份	广东	建设类型	新建
	月份	10		城市	广州	工程造价（万元）	7525.59
计价依据（清单）		2013	计价依据（定额）		2018	计税模式	增值税
道路工程							
道路等级		支道	道路类别	沥青混凝土道路		车道数（双向）	2 车道
道路面积（m²）		26254.97		机动车道面积（m²）		17527.28	
				人行道面积（m²）		6478.65	
				非机动车道面积（m²）		728.90	
				绿化带面积（m²）		1520.14	
道路长度（m）		924.74		道路宽度（m）		20.00	
道路		机动车道	面层做法	4cm 细粒式改性沥青混凝土（AC-13C）+8cm 中粒式改性沥青混凝土（AC-20C）+8cm 粗粒式沥青混凝土（AC-25C）			
			基层做法	20cm5% 水泥稳定碎石 +20cm4% 水泥稳定碎石 +15cm 级配碎石垫层			
			机动车道平石	花岗岩			
			平石尺寸	1000mm×250mm×120mm			

续表

道路	人行道	面层做法	4cmC30 彩色强固透水混凝土 +6cm 花岗岩盲道砖 +8cm 花岗岩砖 +30cm×30cm×6cm 人行道砖 +30cm×30cm×6cm 人行道导盲砖
		基层做法	10mm 级配碎石
		压条尺寸	1000mm×150mm×150mm、1500mm×150mm×150mm、200/500mm×150mm×150mm
		车止石	φ250mm×700mm 花岗岩
	非机动车道	面层做法	4cmC30 彩色强固透水混凝土 +6cmC30 原色强固透水混凝土（粒径 10mm）
		基层做法	20cmC20 水泥混凝土垫层 +10mm 级配碎石
	绿化带	侧石尺寸	1000mm×600mm×200mm、1000mm×300mm×150mm、200/500mm×600mm×220mm
		绿化带宽度（m）	1.2

桥梁工程					
桥梁类别	跨江（河）桥	桥梁分类	中桥	结构类型	组合桥
材料类别	钢和钢筋混凝土组合	桥梁水平投影面积（m²）	705.20	桥梁高度（m）	5.00
桥梁宽度（m）	20.00	多孔跨径（m）	35.26	单孔跨径（m）	—
基础	φ1200mm 钻孔灌注桩				
桥墩	桩接盖梁式桥台，混凝土强度等级 C30				
主梁	预应力预制混凝土小箱梁 C50				
主塔	钢筋混凝土索塔				
斜拉索	采用标准抗拉强度为 1860MPa 的钢绞线，共重 11306.5kg				
桥面铺装（机动车道）	4cm 沥青玛蹄脂碎石混合料（SMA-13）+ 粘层沥青（PC-3）+6cm 中粒式改性沥青混凝土（AC-20C）+10cmC50 整体化层				
桥面铺装（人行道）	4cmC30 彩色强固透水混凝土 +8cm 人行道板				

附属工程	
地基处理	处理面积 7816.7m²，处理方式为换填砂碎石
绿化及喷灌	乔木（胸径）：秋枫 13~15cm、仁面子 13~15cm、澳洲火焰木 13~15cm、黄槐 13~15cm；养护期：3 个月
	灌木（苗高 × 冠幅）：造型勒杜鹃 25cm×15cm；养护期：3 个月
	露地花卉及地被（种植密度）：刚竹 27 袋 /m²、红继木 36 株 /m²、龙船花 49 袋 /m²、台湾草 30cm×30cm/ 件；养护期：3 个月
照明	LED 灯 79 套
交通设施及监控	标识标线、信号灯、电子警察
给水	铸铁管 DN100~400、砌筑井 58 座、挡土板
排水	污水：混凝土管 φ500~φ1500、混凝土井 77 座
	雨水：混凝土管 φ300~φ1500、混凝土井 45 座
	支护方式：挡土板

续表

综合管廊	管廊长度826m，管廊水平投影面积2065m²，平均埋深1.5m，截面尺寸2.5m×2.6m，断面外仓面积9.92m²，内径2500mm×2600mm，外壁壁厚300mm；基坑支护：打拔拉森Ⅳ型钢板桩；软基处理：ϕ500mm深层水泥搅拌桩（空桩）、ϕ500mm深层水泥搅拌桩（实桩）；外壁防水做法：1.5mm厚反应粘贴型高分子防水卷材CPS-CL；地板防水做法：1.5mm厚反应粘贴型高分子防水卷材CPS-CL；顶板防水做法：3mm厚耐根穿刺反应粘贴型高分子防水卷材CPS-CL
管沟	排管、直线井
其他	水闸管理用房

工程造价指标分析表　　表1-79-2

总面积（m²）	26960.17		经济指标（元/m²）	2791.37
总长度（m）	960.00		经济指标（元/m）	78391.56
专业	工程造价（万元）	造价比例	经济指标（元/m²）	经济指标（元/m）
地基处理	1378.29	18.32%	1763.26①	—
道路	1576.11	20.94%	600.31②	17043.86③
桥梁	275.26	3.66%	3903.36④	78067.21⑤
绿化及喷灌	108.52	1.44%	40.25	1130.39
照明	124.87	1.66%	46.32	1300.73
交通设施及监控	320.03	4.25%	118.70	3333.60
给水	112.41	1.49%	41.70	1170.98
排水	790.05	10.50%	293.04	8229.72
综合管廊	2341.83	31.12%	11340.58⑥	28351.45⑦
管沟	414.40	5.51%	153.71	4316.70
其他	83.81	1.11%	31.09	872.98

①地基处理指标是以处理面积为计算基础。
②③道路指标分别以道路面积、道路长度为计算基础。
④⑤桥梁指标分别以桥梁水平投影面积、桥梁多孔跨径为计算基础。
⑥⑦综合管廊指标以综合管廊水平投影面积、综合管廊长度为计算基础。

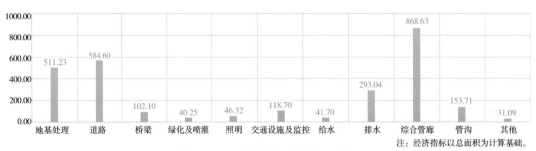

图1-79-1　经济指标对比（元/m²）

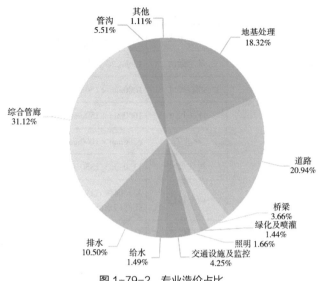

图 1-79-2　专业造价占比

综合项目 17（沥青支道、人车混行天桥）

工程概况表　　　　　　　　　　表 1-80-1

计价时期	年份	2019	计价地区	省份	广东	建设类型	新建
	月份	5		城市	广州	工程造价（万元）	6829.09
计价依据（清单）		2013	计价依据（定额）		2018	计税模式	增值税
道路工程							
道路等级	支道		道路类别	沥青混凝土道路		车道数（双向）	4 车道
道路面积（m²）	37241.00		机动车道面积（m²）	24671.00			
			人行道面积（m²）	6871.00			
			非机动车道面积（m²）	5407.00			
			绿化带面积（m²）	292.00			
道路长度（m）	1429.48		道路宽度（m）	20.00			
道路	机动车道	面层做法	4cm 细粒式沥青玛蹄脂碎石（SMA-13）+8cm 中粒式沥青混凝土（AC-20C）				
		基层做法	18cm4% 水泥稳定碎石 +18cm5% 水泥稳定碎石 +18cm5% 水泥稳定碎石				
		机动车道平石	仿花岗岩				
		平石尺寸	1000mm × 250mm × 120mm				

续表

道路	人行道	面层做法	8cmC40 高强透水混凝土面砖			
		基层做法	13cmC20 透水混凝土			
		侧石尺寸	1000mm×150mm×300mm			
		压条尺寸	1000mm×150mm×160mm			
		车止石	ϕ200mm×1000mm 仿花岗岩			
		树穴尺寸	1350mm×1350mm			
	非机动车道	面层做法	4cm 细粒式改性透水沥青混凝土（PAC-13）+5m 中粒式改性透水沥青混凝土（PAC-16）			
		基层做法	15cmC20 透水混凝土 +10cm 级配碎石			
	绿化带	侧石尺寸	1000mm×200mm×600mm			

桥梁工程						
桥梁类别	人车混行天桥	桥梁分类		中桥	结构类型	梁式桥
材料类别	钢筋混凝土	桥梁水平投影面积（m²）		1040.80	桥梁高度（m）	5.34
桥梁宽度（m）	20.00	多孔跨径（m）		52.04	单孔跨径（m）	16.00
基础	ϕ1300mm 钻孔灌注桩					
桥墩	单柱式桥墩，混凝土强度等级 C35					
主梁	空心板桥 C50，结构宽度为 20m					
桥面铺装（机动车道）	2cm 桥面防水砂浆 +6cm 中粒式沥青混凝土（AC-20C）+4cm 细粒式沥青玛蹄脂碎石（SMA-13）					
桥面铺装（人行道）	10cm 人行道板 +3cm 花岗岩					

附属工程						
绿化及喷灌	乔木（胸径）：麻楠 14~15cm、秋枫 14~15cm、无忧树 11~13cm；养护期：12 个月					
	露地花卉及地被（种植密度）：黄金叶 25 株 /m²、花叶假连翘 25 株 /m²、台湾草满铺、时花 36 株 /m²；养护期：12 个月					
照明	LED 灯 58 套					
交通设施及监控	标识标线、信号灯、视频监控、电子警察					
排水	污水：混凝土管 ϕ300~ϕ1500、混凝土井 71 座					
	支护方式：钢板桩					
渠、涵	渠、涵类型：混凝土箱涵，体积：1888m³，尺寸：长 × 宽 × 高为 40m×11.8m×4m					
管沟	12 回 10kV 电缆沟（1 孔）、12 回 10kV 电力埋管（过路）[BWFRP（纤维编绕拉挤）管 D150×4]、16 回 10kV 电力埋管（过路）[BWFRP（纤维编绕拉挤）管 D150×4]、2 回 110kV 电力埋管 HDPE 管 7（ϕ225×12.5）+2（ϕ116×8）					

工程造价指标分析表　　　　　　　　　表 1-80-2

总面积（m²）	38281.80	经济指标（元/m²）		1783.90
总长度（m）	1481.52	经济指标（元/m）		46095.15
专业	工程造价（万元）	造价比例	经济指标（元/m²）	经济指标（元/m）
道路	2119.08	31.03%	569.02①	14824.17②
桥梁	1151.52	16.86%	11063.81③	221276.14④
绿化及喷灌	27.64	0.40%	7.22	186.54
照明	109.78	1.61%	28.68	740.99
交通设施及监控	527.85	7.73%	137.89	3562.90
排水	1509.58	22.11%	394.33	10189.42
渠、涵	314.24	4.60%	82.08	2121.03
管沟	1069.40	15.66%	279.35	7218.25

①②道路指标分别以道路面积、道路长度为计算基础。
③④桥梁指标分别以桥梁水平投影面积、桥梁多孔跨径为计算基础。

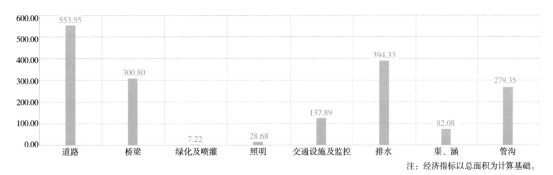

注：经济指标以总面积为计算基础。

图 1-80-1　经济指标对比（元/m²）

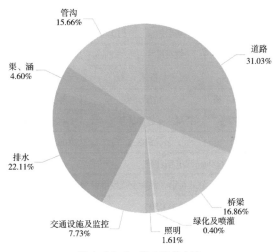

图 1-80-2　专业造价占比

综合项目 18 ［沥青支道、跨江（河）桥］

工程概况表

表 1-81-1

计价时期	年份	2021	计价地区	省份	广东	建设类型	新建
	月份	9		城市	惠州	工程造价（万元）	2641.22
计价依据（清单）	2013		计价依据（定额）		2018	计税模式	增值税

道路工程							
道路等级	支道		道路类别	沥青混凝土道路		车道数（双向）	2 车道
道路面积（m²）	11872.83			机动车道面积（m²）		6260.72	
				人行道面积（m²）		3011.75	
				非机动车道面积（m²）		2600.36	
				绿化带面积（m²）		0.00	
道路长度（m）	608.60			道路宽度（m）		16.00	
道路	机动车道	面层做法	4cm 细粒式改性沥青混凝土（AC-13C）+8cm 中粒式改性沥青混凝土（AC-20C）				
		基层做法	15cm5% 水泥稳定碎石基层 +15cm4% 水泥稳定碎石基层				
		机动车道平石	花岗岩				
		平石尺寸	200mm×500mm×100mm				
	人行道	面层做法	芝麻灰花岗岩平缘石				
		基层做法	C15 混凝土垫层				
		侧石尺寸	500mm×150mm×400mm				
		压条尺寸	200mm×500mm×100mm				
		车止石	φ250mm×800mm 花岗岩				
	非机动车道	面层做法	8cm 桔红色透水混凝土				
		基层做法	10cmC20 透水混凝土 +15cm 级配碎石				
	绿化带	侧石尺寸	500mm×100mm×80mm				

桥梁工程						
桥梁类别	跨江（河）桥	桥梁分类	大桥	结构类型	梁式桥	
材料类别	钢筋混凝土	桥梁水平投影面积（m²）	1702.40	桥梁高度（m）	12.00	
桥梁宽度（m）	16.00	多孔跨径（m）	106.40	单孔跨径（m）	20.00+2×30.20+20.00	
基础	φ1500mm/φ1600mm 钻孔灌注桩					
桥墩	采用桩柱式墩，柱式桥台，混凝土强度等级为 C35					
主梁	预应力混凝土简支小箱梁 C50					
桥面铺装（机动车道）	FYT-1 防水涂料（2 道）+10cmC50 整体化层 +6cm 中粒式改性沥青混凝土（AC-20C）+4cm 细粒式改性沥青混凝土（AC-13C）					

续表

桥面铺装（人行道）	C30 人行道板 +3cm 粗面花岗岩
其他	不锈钢防撞护栏
附属工程	
地基处理	处理面积 12532.47m²，处理方式为翻晒碾压 11703.27m²、换填土方 829.20m²
绿化及喷灌	乔木（胸径）：人面子 15~18cm；养护期：10 个月
照明	LED 灯 31 套
交通设施及监控	标识标线
给水	铸铁管 DN200~300、混凝土井 9 座、无支护
排水	污水：高密度聚乙烯管（HDPE）ϕ500、混凝土井 61 座
	雨水：混凝土管 ϕ600~ϕ1200、混凝土井 35 座
	支护方式：钢板桩
管沟	BWFRP 电缆保护管 16ϕ150

工程造价指标分析表　　　　　　　　　表 1-81-2

总面积（m²）	13575.23		经济指标（元 /m²）	1945.62
总长度（m）	715.00		经济指标（元 /m）	36940.12
专业	工程造价（万元）	造价比例	经济指标（元 /m²）	经济指标（元 /m）
地基处理	126.38	4.78%	100.84[①]	—
道路	663.20	25.11%	558.59[②]	10897.15[③]
桥梁	928.75	35.16%	5455.51[④]	87288.20[⑤]
绿化及喷灌	35.39	1.34%	26.07	495.01
照明	44.02	1.67%	32.43	615.67
交通设施及监控	11.33	0.43%	8.35	158.49
给水	76.30	2.89%	56.21	1067.15
排水	527.15	19.96%	388.32	7372.69
管沟	228.70	8.66%	168.47	3198.59

①地基处理指标是以处理面积为计算基础。
②③道路指标分别以道路面积、道路长度为计算基础。
④⑤桥梁指标分别以桥梁水平投影面积、桥梁多孔跨径为计算基础。

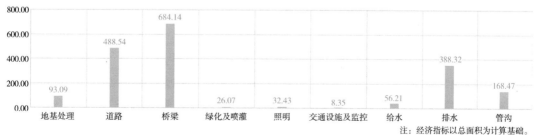

图 1-81-1　经济指标对比（元 /m²）

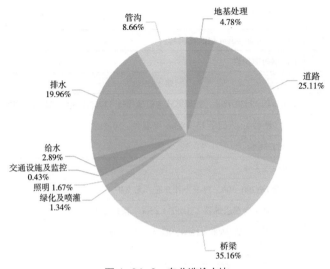

图 1-81-2　专业造价占比

综合项目 19（人行隧道、人行天桥）

工程概况表　　　　　　　　　　　　　　　　　　　表 1-82-1

计价时期	年份	2015	计价地区	省份	广东	建设类型	新建
	月份	11		城市	佛山	工程造价（万元）	1581.17
计价依据（清单）		2013	计价依据（定额）		2010	计税模式	营业税
隧道工程							
隧道类别		人行隧道	穿越介质		地下隧道	隧道开挖方式	明挖法
车道数（双向）		—	隧道长度（m）		53.00	隧道水平投影面积（m²）	435.70
隧道内径截面面积（m²）		50.84	隧道内径宽（m）		8.20	隧道内径高（m）	6.20
基础		φ1000mm/φ1200mm 泥浆护壁成孔灌注桩					
主体结构混凝土		C40 混凝土 20 石，抗渗等级 P8					
人行道		面层做法	24cm 水泥混凝土路面				
		基层做法	18cm4.5% 水泥稳定碎石层				
附属		路面拆除					
桥梁工程							
桥梁类别		人行天桥	桥梁分类		—	结构类型	组合桥
材料类别		钢和钢筋混凝土组合	桥梁水平投影面积（m²）		791.32	桥梁高度（m）	5.00
桥梁宽度（m）		4.50	多孔跨径（m）		137.00	单孔跨径（m）	—
梁道长度（m）		52.98		梁道宽度（m）		3.30	

续表

基础	φ800mm/φ1000mm 泥浆护壁成孔灌注桩
桥墩	C30 普通预拌混凝土 20 石 +C40 普通预拌混凝土 20 石
主梁	钢箱梁 Q355
桥面铺装（人行道）	C40 防水预拌混凝土抗渗等级 P8+25mm 彩色防滑砖 +30mmM15 水泥砂浆
其他	采光天棚、吊顶天棚、1 部观光电梯
附属工程	
绿化及喷灌	灌木（苗高 × 冠幅）：勒杜鹃（31~35）cm×（31~35）cm；养护期：12 个月
	绿化配套：聚乙烯管（PE）
照明	LED 灯 252 套
排水	污水：混凝土管 φ1000、混凝土井 2 座
	雨水：高密度聚乙烯管（HDPE）φ400、混凝土井 7 座
	支护方式：旋喷桩

工程造价指标分析表　　　　表 1-82-2

总面积（m²）	1227.02		经济指标（元 /m²）	12886.29
总长度（m）	242.98①		经济指标（元 /m）	65074.22
专业	工程造价（万元）	造价比例	经济指标（元 /m²）	经济指标（元 /m）
隧道	720.10	45.54%	16527.38②	135867.55③
桥梁	767.23	48.52%	9695.52④	40384.56⑤
绿化及喷灌	5.25	0.33%	42.76	215.93
照明	22.59	1.43%	184.13	929.86
排水	66.01	4.18%	537.96	2716.65

①总长度包括隧道长度、多孔跨径、梯道长度。
②③隧道指标分别以隧道水平投影面积、隧道长度为计算基础。
④⑤桥梁指标分别以桥梁水平投影面积、桥梁多孔跨径为计算基础。

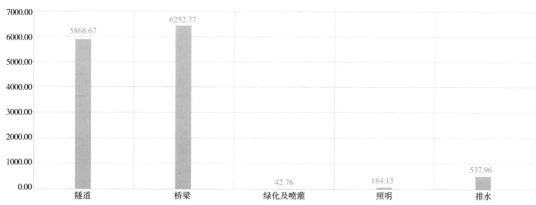

注：经济指标以总面积为计算基础。

图 1-82-1　经济指标对比（元 /m²）

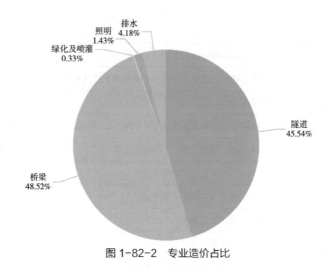

图 1-82-2 专业造价占比

第五节 公园

某公园 1

工程概况表　　　　　　表 1-83-1

计价时期	年份	2021	计价地区	省份	广东	建设类型	新建
	月份	3		城市	惠州	工程造价（万元）	4234.73
计价依据（清单）		2013	计价依据（定额）		2018	计税模式	增值税
总面积（m²）		138900.00	绿化面积（m²）		88359.00	园建面积（m²）	50541.00
园建		建筑物总建筑面积 5226.10m²，其中：三太子宫 2720.50m²，管理处 229.90m²，公厕 81.60m²，驿站 / 书吧 69.30m²，新增田径场看台 1003.00m²；运动场地总面积 21802.00m²，其中：田径场 14719.00m²，篮球场 3648.00m²，五人足球场 1270.00m²，门球场 832.00m²，羽毛球场 665.00m²，网球场 668.00m²；儿童游乐场地及成人健身场地 2437.00m²；园路及铺装 18061.00m²；非机动车位 199 个，占地面积 398.00m²；机动车位 170 个，其中：小车位 165 个，无障碍停车位 2 个，大巴车位 3 个，占地面积 2419.00m²						
绿化		乔木（胸径）：大腹木棉 35~36cm、刚竹 2~3cm、宫粉紫荆 15~16cm、黄花风铃木 15~16cm、落羽杉 10~12cm；养护期：12 个月						
		灌木（苗高 × 冠幅）：桂花（160~200）cm ×（100~150）cm、红继木球 120cm × 120cm、黄榕球 150cm × 150cm；养护期：12 个月						
		露地花卉及地被（种植密度）：台湾草 100cm × 30cm/ 件；养护期：12 个月						
附属照明		草坪灯 96 套、庭院灯 213 套						
附属交通		视频监控						
附属给水		聚乙烯管（PE）φ25~φ125、砌筑井 7 座、挡土板						
附属排水		污水：高密度聚乙烯管（HDPE）φ200、砌筑井 15 座						
		雨水：高密度聚乙烯管（HDPE）φ200~φ500、砌筑井 27 座						
		挡土板						

工程造价指标分析表　　　　　表 1-83-2

总面积（m²）	138900.00	经济指标（元/m²）		304.88
专业	工程造价（万元）	造价比例	经济指标（元/m²）	
交通	63.51	1.50%	4.57	
园建	3059.58	72.25%	605.37①	
照明	186.20	4.40%	13.41	
给水	63.88	1.51%	4.60	
排水	124.19	2.93%	8.94	
绿化	737.37	17.41%	83.45②	

①园建指标以园建面积为计算基础。
②绿化指标以绿化面积为计算基础。

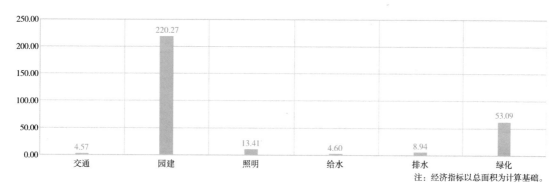

图 1-83-1　经济指标对比（元/m²）

图 1-83-2　专业造价占比

某公园 2

工程概况表　　　　　　　　　　　　　　　　　　表 1-84-1

计价时期	年份	2021	计价地区	省份	广东	建设类型	改建
	月份	1		城市	东莞	工程造价（万元）	133.10
计价依据（清单）		2013	计价依据（定额）		2018	计税模式	增值税
总面积（m²）		2026.20	绿化面积（m²）		689.18	园建面积（m²）	1337.02
园建		园路 791.12m²、台阶 12.86m²、树池、条石坐凳 33 张					
绿化		乔木（胸径）：澳洲火焰木 16~18cm、美丽异木棉 15~17cm、香樟 35~40cm、凤凰木 30~32cm；养护期：6 个月					
		灌木（苗高 × 冠幅）：福建茶 37cm×110cm，养护期 6 个月；红继木球 90cm×90cm，养护期 3 个月；黄金假连翘 37cm×110cm，养护期 6 个月					
		露地花卉及地被（种植密度）：龙船花 9 株 /m²、大叶油草满铺；养护：6 个月					
园路	人行道	面层做法	400mm×200mm×50mm 灰麻花岗岩、1200/600mm×400mm×100mm 花岗岩板汀步				
		基层做法	150mm5% 水泥砂浆级配碎石				
		侧石尺寸	600mm×150mm×300mm				
附属照明		景观路灯 10 套、广场地灯 24 套、景观射灯 33 套					
附属排水		雨水：混凝土管 φ300~φ800、混凝土井 2 座					

工程造价指标分析表　　　　　　　　　　　　　　表 1-84-2

总面积（m²）	2026.20	经济指标（元 /m²）	656.88
专业	工程造价（万元）	造价比例	经济指标（元 /m²）
园建	60.27	45.28%	450.75[①]
照明	11.86	8.91%	58.52
排水	20.34	15.28%	100.40
绿化	40.63	30.53%	589.54[②]

①园建指标以园建面积为计算基础。
②绿化指标以绿化面积为计算基础。

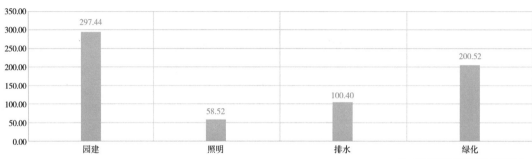

图 1-84-1　经济指标对比（元 /m²）

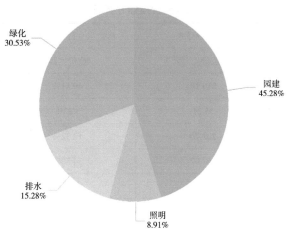

图 1-84-2　专业造价占比

某公园 3

工程概况表

表 1-85-1

计价时期	年份	2020	计价地区	省份	广东	建设类型	新建
	月份	3		城市	东莞	工程造价（万元）	1644.68
计价依据（清单）		2013	计价依据（定额）		2018	计税模式	增值税
总面积（m²）		41733.47	绿化面积（m²）		28613.00	园建面积（m²）	13120.47
园建		园路 8748.52m²、亲水栈道 612.89m²、生态碧道 3134.17m²、休闲平台、溪流					
绿化		乔木（胸径）：木棉 19~30cm、大腹木棉 34~58cm、（多花）紫花风铃木 9~12cm、宫粉紫荆 9~15cm、红花紫荆 9~15cm、红花玉蕊 30~35cm、丛生香樟 75~80cm、秋枫 16~18cm、香樟 16~18cm、苹婆 19~21cm、水蒲桃 11~18cm、水石榕 7~12cm、黄槐 7~12cm、美国红火箭紫薇 7~8cm、红花鸡蛋花 10~28cm、四季桂 5~15cm、杨梅 11~16cm、柚子 18~20cm、山茶 5~6cm、美花红千层 5~6cm；养护期：6 个月					
		灌木（苗高 × 冠幅）：香水合欢 130cm×110cm、紫锦木 150cm×130cm、木芙蓉 200cm×150cm、银叶金合欢 130cm×120cm、箭杜鹃（红色）120cm×100cm、烟火树 130cm×120cm、粉纸扇 100cm×100cm、硬质黄婵 80cm×60cm、小木槿 60cm×50cm、黄纹万年麻 60cm×50cm、灰莉球 110cm×120cm、红花玉芙蓉 100cm×100cm、双面红继木 110cm×110cm、毛杜鹃 100cm×100cm；养护期：6 个月					
		露地花卉及地被（种植密度）：红鸟蕉 16 株/m²、花叶美人蕉 25 株/m²、亮叶朱蕉 25 株/m²、软枝黄婵 25 株/m²、春羽 16 株/m²、小天使 25 株/m²、矮化勒杜鹃（樱花红）25 株/m²、花叶良姜 16 株/m²、马利筋 25 株/m²、蓝金花 25 株/m²、巴西野牡丹 36 株/m²、彩霞变叶木 36 株/m²、柳叶马鞭草 36 株/m²、蜘蛛兰 25 株/m²、翠芦莉 36 株/m²、喜花草 25 株/m²、巴西鸢尾 25 株/m²、鸭脚木 25 株/m²、雪花木 36 株/m²、栀子花 36 株/m²、鸟尾花 25 株/m²、彩叶草（红色）36 株/m²；养护期：6 个月					
		绿化配套：景石					
园路		人行道	面层做法	600mm×300mm×300mm 黄锈石荔枝面花岗岩			
			基层做法	C20 混凝土			
			侧石尺寸	600mm×150mm×300mm			
附属照明		庭院灯 120 套、草坪灯 115 套					
附属交通		标识标线					
附属给水		聚乙烯管（PE）φ32~φ100、砌筑井 1 座、无支护					

工程造价指标分析表   表 1-85-2

总面积（m²）	41733.47	经济指标（元/m²）		394.09
专业	工程造价（万元）	造价比例		经济指标（元/m²）
园建	819.19	49.81%		624.36[①]
照明	53.21	3.23%		12.75
给水	202.70	12.32%		48.57
绿化	564.07	34.30%		197.14[②]
其他	5.52	0.34%		1.32

①园建指标以园建面积为计算基础。
②绿化指标以绿化面积为计算基础。

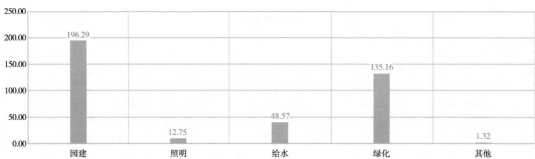

注：经济指标以总面积为计算基础。

图 1-85-1 经济指标对比（元/m²）

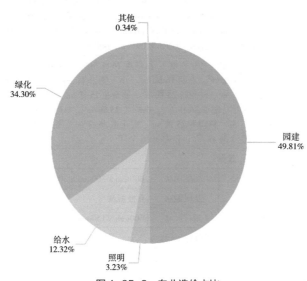

图 1-85-2 专业造价占比

第六节　附属工程

某管网工程

工程概况表　　　　　　　　　表 1-86-1

计价时期	年份	2020	计价地区	省份	广东	建设类型	改建
	月份	9		城市	东莞	工程造价（万元）	1026.70
计价依据（清单）		2013	计价依据（定额）		2018	计税模式	增值税
道路工程							
道路等级		次干道	道路类别		水泥混凝土道路	车道数（双向）	2 车道
道路面积（m²）		8783.83		机动车道面积（m²）		7847.56	
				人行道面积（m²）		291.50	
				非机动车道面积（m²）		644.77	
				绿化带面积（m²）		0.00	
道路长度（m）		3264.96		道路宽度（m）		—	
道路	机动车道		面层做法	26cmC40 水泥混凝土 /23cmC35 水泥混凝土 /22cmC35 水泥混凝土 /22cmC30 水泥混凝土 /15cmC30 水泥混凝土			
			基层做法	20cm6% 水泥稳定碎石 /18cm6% 水泥稳定碎石			
	人行道		面层做法	8cm 花岗岩人行道砖			
			基层做法	15cm5% 水泥稳定碎石			
			侧石尺寸	500mm×350mm×150mm			
	非机动车道		面层做法	20cm 级配碎石			
			基层做法	20cm 石屑			
	其他			道路破除修复			
附属工程							
地基处理			处理面积 4092.975m²，处理方式为换填石屑 3320.59m²、换填砂碎石 179.2m²、旋喷桩 593.185m²				
绿化及喷灌			露地花卉及地被（种植密度）：台湾草满铺；养护期：6 个月				
交通设施及监控			标线				
给水			无缝钢管 φ20~φ600、砌筑井 32 座、供水管道 4.51km				
其他			现状井破除				

工程造价指标分析表　　　　　　表 1-86-2

总面积（m²）	8783.83		经济指标（元/m²）	1168.86
供水管道长度（m）	4510.00		经济指标（元/m）	2276.52
专业	工程造价（万元）	造价比例	经济指标（元/m²）	经济指标（元/m）
地基处理	468.34	45.61%	1144.24①	—
道路	194.04	18.90%	220.91	430.24
绿化及喷灌	2.35	0.23%	2.68	5.21
交通设施及监控	0.70	0.07%	0.80	1.55
给水	313.32	30.52%	356.70	694.72
排水	0.22	0.02%	0.25	0.49
其他	47.73	4.65%	54.34	105.83

①地基处理指标是以处理面积为计算基础。

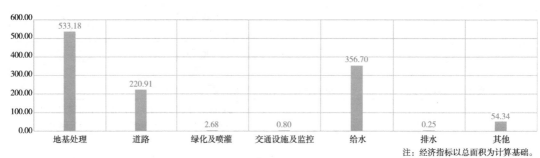

注：经济指标以总面积为计算基础。

图 1-86-1　经济指标对比（元/m²）

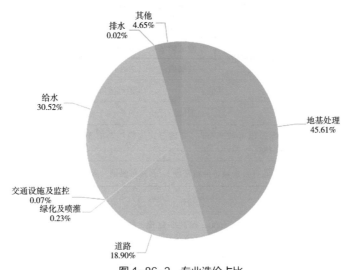

图 1-86-2　专业造价占比

第二章

建设工程常用材料价格趋势、指数分析

第一节　市政材料价格趋势、指数分析(广东省综合信息价)

第二节　市政材料价格趋势、指数分析（多地区信息价）

说　明

一、本章节所有材料价格趋势按 2020 年 1 月至 2022 年 12 月的价格变化进行分析。

二、本章节所有材料指数趋势按 2020 年 1 月至 2022 年 12 月的价格变化进行分析，并以 2020 年 1 月的材料价格作为基期。

三、本章第一节材料（广东省）包含了钢板标志、钢板桩、钢管桩、钢护筒等。

四、本章第二节材料（广州、佛山、珠海、惠州、东莞不同组合）包含了砂砾、碎石、天然级配、中（粗）砂、螺纹钢、圆钢、普通硅酸盐水泥、普通混凝土、水下混凝土、乳化沥青、石屑、碎石、中砂、粗粒式普通沥青混凝土、中粒式普通沥青混凝土、细粒式普通沥青混凝土、细粒式改性沥青混凝土、Ⅱ级钢筋混凝土排水管、HDPE 双壁波纹管（直管）、花岗岩人行道砖、麻石花岗岩路侧石、麻石花岗岩平石、原色人行道透水砖、球墨铸铁平入式进水井盖等。

第一节　市政材料价格趋势、指数分析（广东省综合信息价）

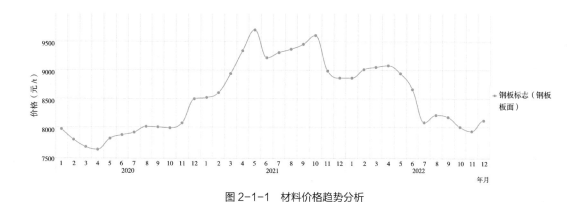

图 2-1-1　材料价格趋势分析

材料价格信息列表（单位：元 /t ）　　　　　　　表 2-1-1

材料名称	2020 年												
	1 月	2 月	3 月	4 月	5 月	6 月	7 月	8 月	9 月	10 月	11 月	12 月	平均值
钢板标志（钢板板面）	7967.00	7782.00	7655.00	7607.00	7800.00	7863.00	7906.00	8009.00	8001.00	7986.00	8071.00	8492.00	7928.25
材料名称	2021 年												
	1 月	2 月	3 月	4 月	5 月	6 月	7 月	8 月	9 月	10 月	11 月	12 月	平均值
钢板标志（钢板板面）	8515.00	8601.00	8936.00	9335.00	9700.00	9215.00	9304.00	9364.00	9451.00	9605.00	8985.00	8862.00	9156.08
材料名称	2022 年												
	1 月	2 月	3 月	4 月	5 月	6 月	7 月	8 月	9 月	10 月	11 月	12 月	平均值	总平均值
钢板标志（钢板板面）	8862.00	9010.00	9051.00	9079.00	8941.00	8661.00	8082.00	8209.00	8171.00	8001.00	7927.00	8114.00	8509.00	8531.11

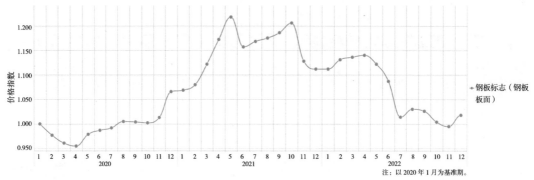

图 2-1-2　材料指数趋势分析

材料指数信息列表

表 2-1-2

材料名称	2020 年												
	1 月	2 月	3 月	4 月	5 月	6 月	7 月	8 月	9 月	10 月	11 月	12 月	平均值
钢板标志（钢板板面）	1.00	0.98	0.96	0.96	0.98	0.99	0.99	1.01	1.00	1.00	1.01	1.07	1.00

材料名称	2021 年												
	1 月	2 月	3 月	4 月	5 月	6 月	7 月	8 月	9 月	10 月	11 月	12 月	平均值
钢板标志（钢板板面）	1.07	1.08	1.12	1.17	1.22	1.16	1.17	1.18	1.19	1.21	1.13	1.11	1.15

材料名称	2022 年												总平均值
	1 月	2 月	3 月	4 月	5 月	6 月	7 月	8 月	9 月	10 月	11 月	12 月	平均值	
钢板标志（钢板板面）	1.11	1.13	1.14	1.14	1.12	1.09	1.01	1.03	1.03	1.00	1.00	1.02	1.07	1.07

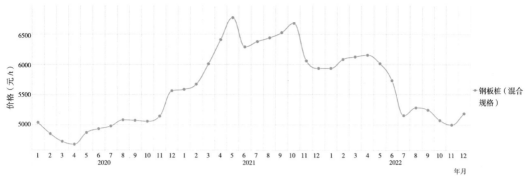

图 2-1-3　材料价格趋势分析

材料价格信息列表（单位：元 /t）　　　　表 2-1-3

材料名称	2020 年													
	1 月	2 月	3 月	4 月	5 月	6 月	7 月	8 月	9 月	10 月	11 月	12 月	平均值	
钢板桩（混合规格）	5038.00	4853.00	4726.00	4678.00	4871.00	4934.00	4977.00	5080.00	5072.00	5057.00	5142.00	5563.00	4999.25	
材料名称	2021 年													
	1 月	2 月	3 月	4 月	5 月	6 月	7 月	8 月	9 月	10 月	11 月	12 月	平均值	
钢板桩（混合规格）	5586.00	5672.00	6007.00	6406.00	6771.00	6286.00	6374.00	6435.00	6522.00	6675.00	6056.00	5933.00	6226.92	
材料名称	2022 年													总平均值
	1 月	2 月	3 月	4 月	5 月	6 月	7 月	8 月	9 月	10 月	11 月	12 月	平均值	
钢板桩（混合规格）	5933.00	6081.00	6122.00	6150.00	6012.00	5732.00	5152.00	5280.00	5242.00	5072.00	4997.00	5185.00	5579.83	5602.00

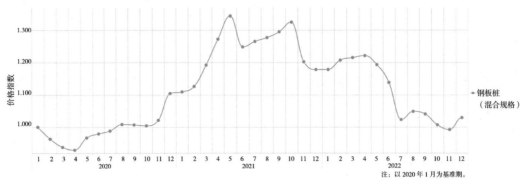

注：以2020年1月为基准期。

图2-1-4　材料指数趋势分析

材料指数信息列表 表2-1-4

材料名称	2020年													
	1月	2月	3月	4月	5月	6月	7月	8月	9月	10月	11月	12月	平均值	
钢板桩（混合规格）	1.00	0.96	0.94	0.93	0.97	0.98	0.99	1.01	1.01	1.00	1.02	1.10	0.99	
材料名称	2021年													
	1月	2月	3月	4月	5月	6月	7月	8月	9月	10月	11月	12月	平均值	
钢板桩（混合规格）	1.11	1.13	1.19	1.27	1.34	1.25	1.27	1.28	1.30	1.33	1.20	1.18	1.24	
材料名称	2022年													总平均值
	1月	2月	3月	4月	5月	6月	7月	8月	9月	10月	11月	12月	平均值	
钢板桩（混合规格）	1.18	1.21	1.22	1.22	1.19	1.14	1.02	1.05	1.04	1.01	0.99	1.03	1.11	1.11

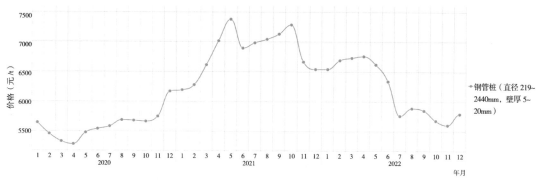

图 2-1-5　材料价格趋势分析

材料价格信息列表（单位：元 /t）　　　　　　　表 2-1-5

材料名称	2020 年												
	1月	2月	3月	4月	5月	6月	7月	8月	9月	10月	11月	12月	平均值
钢管桩（直径219~2440mm，壁厚5~20mm）	5644.00	5459.00	5332.00	5284.00	5477.00	5540.00	5583.00	5686.00	5678.00	5663.00	5748.00	6169.00	5605.25

材料名称	2021 年												
	1月	2月	3月	4月	5月	6月	7月	8月	9月	10月	11月	12月	平均值
钢管桩（直径219~2440mm，壁厚5~20mm）	6192.00	6278.00	6613.00	7012.00	7377.00	6892.00	6981.00	7041.00	7128.00	7282.00	6662.00	6539.00	6833.08

材料名称	2022 年													
	1月	2月	3月	4月	5月	6月	7月	8月	9月	10月	11月	12月	平均值	总平均值
钢管桩（直径219~2440mm，壁厚5~20mm）	6539.00	6687.00	6728.00	6756.00	6618.00	6338.00	5758.00	5886.00	5848.00	5678.00	5604.00	5791.00	6185.92	6208.08

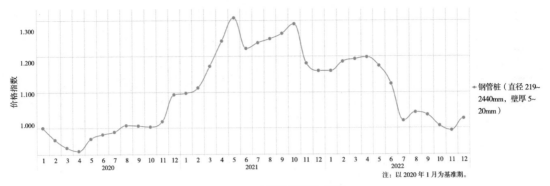

注：以 2020 年 1 月为基准期。

图 2-1-6　材料指数趋势分析

材料指数信息列表　　　　　　　　　　　　　　　　表 2-1-6

材料名称	2020 年												
	1 月	2 月	3 月	4 月	5 月	6 月	7 月	8 月	9 月	10 月	11 月	12 月	平均值
钢管桩（直径 219~2440mm，壁厚 5~20mm）	1.00	0.97	0.95	0.94	0.97	0.98	0.99	1.01	1.01	1.00	1.02	1.09	0.99

材料名称	2021 年												
	1 月	2 月	3 月	4 月	5 月	6 月	7 月	8 月	9 月	10 月	11 月	12 月	平均值
钢管桩（直径 219~2440mm，壁厚 5~20mm）	1.10	1.11	1.17	1.24	1.31	1.22	1.24	1.25	1.26	1.29	1.18	1.16	1.21

材料名称	2022 年													
	1 月	2 月	3 月	4 月	5 月	6 月	7 月	8 月	9 月	10 月	11 月	12 月	平均值	总平均值
钢管桩（直径 219~2440mm，壁厚 5~20mm）	1.16	1.19	1.19	1.20	1.17	1.12	1.02	1.04	1.04	1.01	0.99	1.03	1.10	1.10

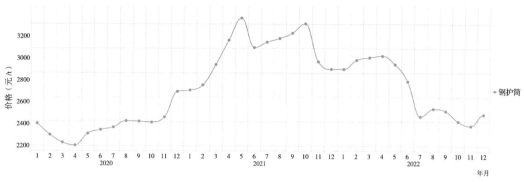

图 2-1-7　材料价格趋势分析

材料价格信息列表（单位：元/t）　　　　　　　　表 2-1-7

材料名称	2020 年												
	1 月	2 月	3 月	4 月	5 月	6 月	7 月	8 月	9 月	10 月	11 月	12 月	平均值
钢护筒	2383.00	2290.50	2227.00	2203.00	2299.50	2331.00	2352.50	2404.00	2400.00	2392.50	2435.00	2645.50	2363.63
材料名称	2021 年												
	1 月	2 月	3 月	4 月	5 月	6 月	7 月	8 月	9 月	10 月	11 月	12 月	平均值
钢护筒	2657.00	2700.00	2867.50	3067.00	3249.50	3007.00	3051.50	3081.50	3125.50	3202.00	2892.00	2830.50	2977.58
材料名称	2022 年												总平均值
	1 月	2 月	3 月	4 月	5 月	6 月	7 月	8 月	9 月	10 月	11 月	12 月	平均值	
钢护筒	2830.50	2904.50	2925.50	2939.00	2870.00	2730.00	2440.50	2504.00	2485.00	2400.00	2363.00	2456.50	2654.04	2665.08

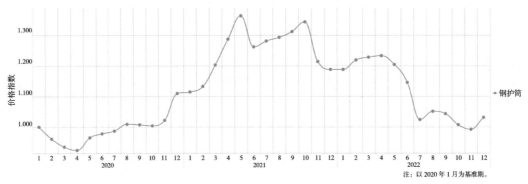

注：以 2020 年 1 月为基准期。

图 2-1-8　材料指数趋势分析

材料指数信息列表　　　　　　　　　　　　　　　　表 2-1-8

材料名称	2020 年													
	1 月	2 月	3 月	4 月	5 月	6 月	7 月	8 月	9 月	10 月	11 月	12 月	平均值	
钢护筒	1.00	0.96	0.94	0.92	0.97	0.98	0.99	1.01	1.01	1.00	1.02	1.11	0.99	
材料名称	2021 年													
	1 月	2 月	3 月	4 月	5 月	6 月	7 月	8 月	9 月	10 月	11 月	12 月	平均值	
钢护筒	1.12	1.13	1.20	1.29	1.36	1.26	1.28	1.29	1.31	1.34	1.21	1.19	1.25	
材料名称	2022 年													总平均值
	1 月	2 月	3 月	4 月	5 月	6 月	7 月	8 月	9 月	10 月	11 月	12 月	平均值	
钢护筒	1.19	1.22	1.23	1.23	1.20	1.15	1.02	1.05	1.04	1.01	0.99	1.03	1.11	1.12

第二节　市政材料价格趋势、指数分析（多地区信息价）

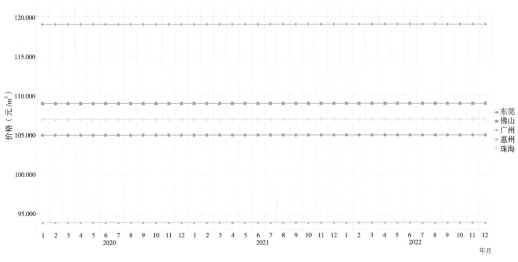

图 2-2-1　材料价格趋势分析

材料价格信息列表（单位：元 /m³）　　　　　　　　　表 2-2-1

材料名称	城市名称	2020 年												
		1 月	2 月	3 月	4 月	5 月	6 月	7 月	8 月	9 月	10 月	11 月	12 月	平均值
砂砾（堆方）	东莞	105.00	105.00	105.00	105.00	105.00	105.00	105.00	105.00	105.00	105.00	105.00	105.00	105.00
	佛山	109.00	109.00	109.00	109.00	109.00	109.00	109.00	109.00	109.00	109.00	109.00	109.00	109.00
	广州	119.00	119.00	119.00	119.00	119.00	119.00	119.00	119.00	119.00	119.00	119.00	119.00	119.00
	惠州	94.00	94.00	94.00	94.00	94.00	94.00	94.00	94.00	94.00	94.00	94.00	94.00	94.00
	珠海	107.00	107.00	107.00	107.00	107.00	107.00	107.00	107.00	107.00	107.00	107.00	107.00	107.00

材料名称	城市名称	2021 年												
		1 月	2 月	3 月	4 月	5 月	6 月	7 月	8 月	9 月	10 月	11 月	12 月	平均值
砂砾（堆方）	东莞	105.00	105.00	105.00	105.00	105.00	105.00	105.00	105.00	105.00	105.00	105.00	105.00	105.00
	佛山	109.00	109.00	109.00	109.00	109.00	109.00	109.00	109.00	109.00	109.00	109.00	109.00	109.00
	广州	119.00	119.00	119.00	119.00	119.00	119.00	119.00	119.00	119.00	119.00	119.00	119.00	119.00
	惠州	94.00	94.00	94.00	94.00	94.00	94.00	94.00	94.00	94.00	94.00	94.00	94.00	94.00
	珠海	107.00	107.00	107.00	107.00	107.00	107.00	107.00	107.00	107.00	107.00	107.00	107.00	107.00

材料名称	城市名称	2022 年													
		1 月	2 月	3 月	4 月	5 月	6 月	7 月	8 月	9 月	10 月	11 月	12 月	平均值	总平均值
砂砾（堆方）	东莞	105.00	105.00	105.00	105.00	105.00	105.00	105.00	105.00	105.00	105.00	105.00	105.00	105.00	105.00
	佛山	109.00	109.00	109.00	109.00	109.00	109.00	109.00	109.00	109.00	109.00	109.00	109.00	109.00	109.00
	广州	119.00	119.00	119.00	119.00	119.00	119.00	119.00	119.00	119.00	119.00	119.00	119.00	119.00	119.00
	惠州	94.00	94.00	94.00	94.00	94.00	94.00	94.00	94.00	94.00	94.00	94.00	94.00	94.00	94.00
	珠海	107.00	107.00	107.00	107.00	107.00	107.00	107.00	107.00	107.00	107.00	107.00	107.00	107.00	107.00

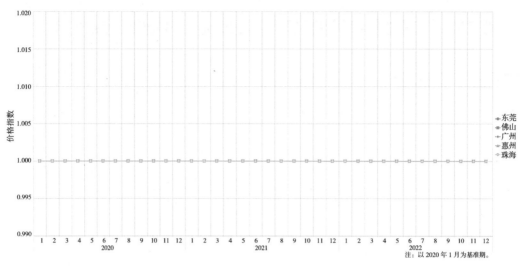

图 2-2-2　材料指数趋势分析

材料指数信息列表　　　　　　　　　　　　　　　　　　　　　　表 2-2-2

材料名称	城市名称	2020 年													
		1月	2月	3月	4月	5月	6月	7月	8月	9月	10月	11月	12月	平均值	
砂砾（堆方）	东莞	1.00	1.00	1.00	1.00	1.00	1.00	1.00	1.00	1.00	1.00	1.00	1.00	1.00	
	佛山	1.00	1.00	1.00	1.00	1.00	1.00	1.00	1.00	1.00	1.00	1.00	1.00	1.00	
	广州	1.00	1.00	1.00	1.00	1.00	1.00	1.00	1.00	1.00	1.00	1.00	1.00	1.00	
	惠州	1.00	1.00	1.00	1.00	1.00	1.00	1.00	1.00	1.00	1.00	1.00	1.00	1.00	
	珠海	1.00	1.00	1.00	1.00	1.00	1.00	1.00	1.00	1.00	1.00	1.00	1.00	1.00	
材料名称	城市名称	2021 年													
		1月	2月	3月	4月	5月	6月	7月	8月	9月	10月	11月	12月	平均值	
砂砾（堆方）	东莞	1.00	1.00	1.00	1.00	1.00	1.00	1.00	1.00	1.00	1.00	1.00	1.00	1.00	
	佛山	1.00	1.00	1.00	1.00	1.00	1.00	1.00	1.00	1.00	1.00	1.00	1.00	1.00	
	广州	1.00	1.00	1.00	1.00	1.00	1.00	1.00	1.00	1.00	1.00	1.00	1.00	1.00	
	惠州	1.00	1.00	1.00	1.00	1.00	1.00	1.00	1.00	1.00	1.00	1.00	1.00	1.00	
	珠海	1.00	1.00	1.00	1.00	1.00	1.00	1.00	1.00	1.00	1.00	1.00	1.00	1.00	
材料名称	城市名称	2022 年													总平均值
		1月	2月	3月	4月	5月	6月	7月	8月	9月	10月	11月	12月	平均值	
砂砾（堆方）	东莞	1.00	1.00	1.00	1.00	1.00	1.00	1.00	1.00	1.00	1.00	1.00	1.00	1.00	1.00
	佛山	1.00	1.00	1.00	1.00	1.00	1.00	1.00	1.00	1.00	1.00	1.00	1.00	1.00	1.00
	广州	1.00	1.00	1.00	1.00	1.00	1.00	1.00	1.00	1.00	1.00	1.00	1.00	1.00	1.00
	惠州	1.00	1.00	1.00	1.00	1.00	1.00	1.00	1.00	1.00	1.00	1.00	1.00	1.00	1.00
	珠海	1.00	1.00	1.00	1.00	1.00	1.00	1.00	1.00	1.00	1.00	1.00	1.00	1.00	1.00

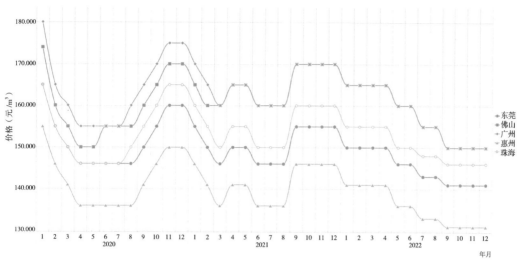

图 2-2-3　材料价格趋势分析

材料价格信息列表（单位：元/m³）　　　　　　　　　表 2-2-3

材料名称	城市名称	2020 年												
		1月	2月	3月	4月	5月	6月	7月	8月	9月	10月	11月	12月	平均值
碎石（未筛分碎石统料堆方）	东莞	165.00	155.00	150.00	146.00	146.00	146.00	146.00	146.00	150.00	155.00	160.00	160.00	152.08
	佛山	174.00	160.00	155.00	150.00	150.00	155.00	155.00	155.00	160.00	165.00	170.00	170.00	159.92
	广州	180.00	165.00	160.00	155.00	155.00	155.00	155.00	160.00	165.00	170.00	175.00	175.00	164.17
	惠州	155.00	146.00	141.00	136.00	136.00	136.00	136.00	136.00	141.00	146.00	150.00	150.00	142.42
	珠海	165.00	155.00	150.00	146.00	146.00	146.00	146.00	150.00	155.00	160.00	165.00	165.00	154.08

材料名称	城市名称	2021 年												
		1月	2月	3月	4月	5月	6月	7月	8月	9月	10月	11月	12月	平均值
碎石（未筛分碎石统料堆方）	东莞	155.00	150.00	146.00	150.00	150.00	146.00	146.00	146.00	155.00	155.00	155.00	155.00	150.75
	佛山	165.00	160.00	160.00	165.00	165.00	160.00	160.00	160.00	170.00	170.00	170.00	170.00	164.58
	广州	170.00	165.00	160.00	165.00	165.00	160.00	160.00	160.00	170.00	170.00	170.00	170.00	165.42
	惠州	146.00	141.00	136.00	141.00	141.00	136.00	136.00	136.00	146.00	146.00	146.00	146.00	141.42
	珠海	160.00	155.00	150.00	155.00	155.00	150.00	150.00	150.00	160.00	160.00	160.00	160.00	155.42

材料名称	城市名称	2022 年												
		1月	2月	3月	4月	5月	6月	7月	8月	9月	10月	11月	12月	平均值	总平均值
碎石（未筛分碎石统料堆方）	东莞	150.00	150.00	150.00	150.00	146.00	146.00	143.00	143.00	141.00	141.00	141.00	141.00	145.17	149.33
	佛山	165.00	165.00	165.00	165.00	160.00	160.00	155.00	155.00	150.00	150.00	150.00	150.00	157.50	160.67
	广州	165.00	165.00	165.00	165.00	160.00	160.00	155.00	155.00	150.00	150.00	150.00	150.00	157.50	162.36
	惠州	141.00	141.00	141.00	141.00	136.00	136.00	133.00	133.00	131.00	131.00	131.00	131.00	135.50	139.78
	珠海	155.00	155.00	155.00	155.00	150.00	150.00	148.00	148.00	146.00	146.00	146.00	146.00	150.00	153.17

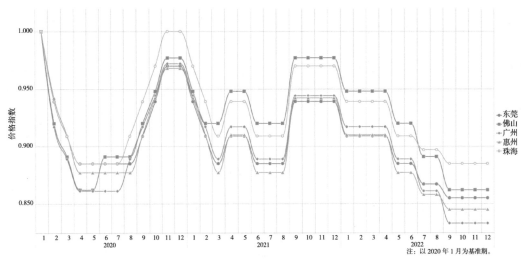

图 2-2-4　材料指数趋势分析

材料指数信息列表

表 2-2-4

材料名称	城市名称	2020 年												
		1 月	2 月	3 月	4 月	5 月	6 月	7 月	8 月	9 月	10 月	11 月	12 月	平均值
碎石（未筛分碎石统料堆方）	东莞	1.00	0.94	0.91	0.89	0.89	0.89	0.89	0.89	0.91	0.94	0.97	0.97	0.92
	佛山	1.00	0.92	0.89	0.86	0.86	0.89	0.89	0.89	0.92	0.95	0.98	0.98	0.92
	广州	1.00	0.92	0.89	0.86	0.86	0.86	0.86	0.89	0.92	0.94	0.97	0.97	0.91
	惠州	1.00	0.94	0.91	0.88	0.88	0.88	0.88	0.88	0.91	0.94	0.97	0.97	0.92
	珠海	1.00	0.94	0.91	0.89	0.89	0.89	0.89	0.91	0.94	0.97	1.00	1.00	0.93

材料名称	城市名称	2021 年												
		1 月	2 月	3 月	4 月	5 月	6 月	7 月	8 月	9 月	10 月	11 月	12 月	平均值
碎石（未筛分碎石统料堆方）	东莞	0.94	0.91	0.89	0.91	0.91	0.89	0.89	0.89	0.94	0.94	0.94	0.94	0.91
	佛山	0.95	0.92	0.92	0.95	0.95	0.92	0.92	0.92	0.98	0.98	0.98	0.98	0.95
	广州	0.94	0.92	0.89	0.92	0.92	0.89	0.89	0.89	0.94	0.94	0.94	0.94	0.92
	惠州	0.94	0.91	0.88	0.91	0.91	0.88	0.88	0.88	0.94	0.94	0.94	0.94	0.91
	珠海	0.97	0.94	0.91	0.94	0.94	0.91	0.91	0.91	0.97	0.97	0.97	0.97	0.94

材料名称	城市名称	2022 年													总平均值
		1 月	2 月	3 月	4 月	5 月	6 月	7 月	8 月	9 月	10 月	11 月	12 月	平均值	
碎石（未筛分碎石统料堆方）	东莞	0.91	0.91	0.91	0.91	0.89	0.89	0.87	0.87	0.86	0.86	0.86	0.86	0.88	0.90
	佛山	0.95	0.95	0.95	0.95	0.92	0.92	0.89	0.89	0.86	0.86	0.86	0.86	0.91	0.92
	广州	0.92	0.92	0.92	0.92	0.89	0.89	0.86	0.86	0.83	0.83	0.83	0.83	0.88	0.90
	惠州	0.91	0.91	0.91	0.91	0.88	0.88	0.86	0.86	0.85	0.85	0.85	0.85	0.87	0.90
	珠海	0.94	0.94	0.94	0.94	0.91	0.91	0.90	0.90	0.89	0.89	0.89	0.89	0.91	0.93

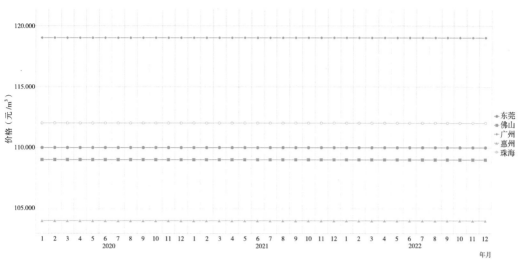

图 2-2-5　材料价格趋势分析

材料价格信息列表（单位：元 /m³）　　　　　　　　　　　表 2-2-5

材料名称	城市名称	2020 年												
		1月	2月	3月	4月	5月	6月	7月	8月	9月	10月	11月	12月	平均值
天然级配（堆方）	东莞	110.00	110.00	110.00	110.00	110.00	110.00	110.00	110.00	110.00	110.00	110.00	110.00	110.00
	佛山	109.00	109.00	109.00	109.00	109.00	109.00	109.00	109.00	109.00	109.00	109.00	109.00	109.00
	广州	119.00	119.00	119.00	119.00	119.00	119.00	119.00	119.00	119.00	119.00	119.00	119.00	119.00
	惠州	104.00	104.00	104.00	104.00	104.00	104.00	104.00	104.00	104.00	104.00	104.00	104.00	104.00
	珠海	112.00	112.00	112.00	112.00	112.00	112.00	112.00	112.00	112.00	112.00	112.00	112.00	112.00

材料名称	城市名称	2021 年												
		1月	2月	3月	4月	5月	6月	7月	8月	9月	10月	11月	12月	平均值
天然级配（堆方）	东莞	110.00	110.00	110.00	110.00	110.00	110.00	110.00	110.00	110.00	110.00	110.00	110.00	110.00
	佛山	109.00	109.00	109.00	109.00	109.00	109.00	109.00	109.00	109.00	109.00	109.00	109.00	109.00
	广州	119.00	119.00	119.00	119.00	119.00	119.00	119.00	119.00	119.00	119.00	119.00	119.00	119.00
	惠州	104.00	104.00	104.00	104.00	104.00	104.00	104.00	104.00	104.00	104.00	104.00	104.00	104.00
	珠海	112.00	112.00	112.00	112.00	112.00	112.00	112.00	112.00	112.00	112.00	112.00	112.00	112.00

材料名称	城市名称	2022 年												
		1月	2月	3月	4月	5月	6月	7月	8月	9月	10月	11月	12月	平均值	总平均值
天然级配（堆方）	东莞	110.00	110.00	110.00	110.00	110.00	110.00	110.00	110.00	110.00	110.00	110.00	110.00	110.00	110.00
	佛山	109.00	109.00	109.00	109.00	109.00	109.00	109.00	109.00	109.00	109.00	109.00	109.00	109.00	109.00
	广州	119.00	119.00	119.00	119.00	119.00	119.00	119.00	119.00	119.00	119.00	119.00	119.00	119.00	119.00
	惠州	104.00	104.00	104.00	104.00	104.00	104.00	104.00	104.00	104.00	104.00	104.00	104.00	104.00	104.00
	珠海	112.00	112.00	112.00	112.00	112.00	112.00	112.00	112.00	112.00	112.00	112.00	112.00	112.00	112.00

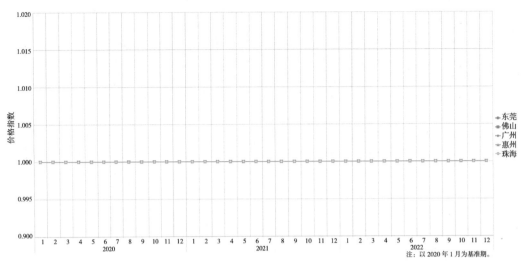

注：以2020年1月为基准期。

图2-2-6 材料指数趋势分析

材料指数信息列表 表 2-2-6

材料名称	城市名称	2020 年												
		1月	2月	3月	4月	5月	6月	7月	8月	9月	10月	11月	12月	平均值
天然级配（堆方）	东莞	1.00	1.00	1.00	1.00	1.00	1.00	1.00	1.00	1.00	1.00	1.00	1.00	1.00
	佛山	1.00	1.00	1.00	1.00	1.00	1.00	1.00	1.00	1.00	1.00	1.00	1.00	1.00
	广州	1.00	1.00	1.00	1.00	1.00	1.00	1.00	1.00	1.00	1.00	1.00	1.00	1.00
	惠州	1.00	1.00	1.00	1.00	1.00	1.00	1.00	1.00	1.00	1.00	1.00	1.00	1.00
	珠海	1.00	1.00	1.00	1.00	1.00	1.00	1.00	1.00	1.00	1.00	1.00	1.00	1.00

材料名称	城市名称	2021 年												
		1月	2月	3月	4月	5月	6月	7月	8月	9月	10月	11月	12月	平均值
天然级配（堆方）	东莞	1.00	1.00	1.00	1.00	1.00	1.00	1.00	1.00	1.00	1.00	1.00	1.00	1.00
	佛山	1.00	1.00	1.00	1.00	1.00	1.00	1.00	1.00	1.00	1.00	1.00	1.00	1.00
	广州	1.00	1.00	1.00	1.00	1.00	1.00	1.00	1.00	1.00	1.00	1.00	1.00	1.00
	惠州	1.00	1.00	1.00	1.00	1.00	1.00	1.00	1.00	1.00	1.00	1.00	1.00	1.00
	珠海	1.00	1.00	1.00	1.00	1.00	1.00	1.00	1.00	1.00	1.00	1.00	1.00	1.00

材料名称	城市名称	2022 年													
		1月	2月	3月	4月	5月	6月	7月	8月	9月	10月	11月	12月	平均值	总平均值
天然级配（堆方）	东莞	1.00	1.00	1.00	1.00	1.00	1.00	1.00	1.00	1.00	1.00	1.00	1.00	1.00	1.00
	佛山	1.00	1.00	1.00	1.00	1.00	1.00	1.00	1.00	1.00	1.00	1.00	1.00	1.00	1.00
	广州	1.00	1.00	1.00	1.00	1.00	1.00	1.00	1.00	1.00	1.00	1.00	1.00	1.00	1.00
	惠州	1.00	1.00	1.00	1.00	1.00	1.00	1.00	1.00	1.00	1.00	1.00	1.00	1.00	1.00
	珠海	1.00	1.00	1.00	1.00	1.00	1.00	1.00	1.00	1.00	1.00	1.00	1.00	1.00	1.00

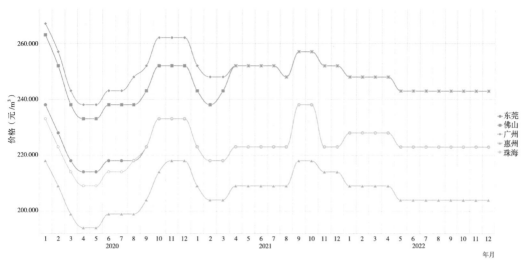

图 2-2-7　材料价格趋势分析

材料价格信息列表（单位：元 /m³）　　　　表 2-2-7

材料名称	城市名称	2020 年												
		1 月	2 月	3 月	4 月	5 月	6 月	7 月	8 月	9 月	10 月	11 月	12 月	平均值
中（粗）砂（混凝土、砂浆用堆方）	东莞	238.00	228.00	218.00	214.00	214.00	218.00	218.00	218.00	223.00	233.00	233.00	233.00	224.00
	佛山	263.00	252.00	238.00	233.00	233.00	238.00	238.00	238.00	243.00	252.00	252.00	252.00	244.33
	广州	267.00	257.00	243.00	238.00	238.00	243.00	243.00	248.00	252.00	262.00	262.00	262.00	251.25
	惠州	218.00	209.00	199.00	194.00	194.00	199.00	199.00	199.00	204.00	214.00	218.00	218.00	205.42
	珠海	233.00	223.00	214.00	209.00	209.00	214.00	214.00	218.00	223.00	233.00	233.00	233.00	221.33

材料名称	城市名称	2021 年												
		1 月	2 月	3 月	4 月	5 月	6 月	7 月	8 月	9 月	10 月	11 月	12 月	平均值
中（粗）砂（混凝土、砂浆用堆方）	东莞	223.00	218.00	218.00	223.00	223.00	223.00	223.00	223.00	238.00	238.00	223.00	223.00	224.67
	佛山	243.00	238.00	243.00	252.00	252.00	252.00	252.00	248.00	257.00	257.00	252.00	252.00	249.83
	广州	252.00	248.00	248.00	252.00	252.00	252.00	252.00	248.00	257.00	257.00	252.00	252.00	251.83
	惠州	209.00	204.00	204.00	209.00	209.00	209.00	209.00	209.00	218.00	218.00	214.00	214.00	210.50
	珠海	223.00	218.00	218.00	223.00	223.00	223.00	223.00	223.00	238.00	238.00	223.00	223.00	224.67

材料名称	城市名称	2022 年												
		1 月	2 月	3 月	4 月	5 月	6 月	7 月	8 月	9 月	10 月	11 月	12 月	平均值	总平均值
中（粗）砂（混凝土、砂浆用堆方）	东莞	228.00	228.00	228.00	228.00	223.00	223.00	223.00	223.00	223.00	223.00	223.00	223.00	224.67	224.44
	佛山	248.00	248.00	248.00	248.00	243.00	243.00	243.00	243.00	243.00	243.00	243.00	243.00	244.67	246.28
	广州	248.00	248.00	248.00	248.00	243.00	243.00	243.00	243.00	243.00	243.00	243.00	243.00	244.67	249.25
	惠州	209.00	209.00	209.00	209.00	204.00	204.00	204.00	204.00	204.00	204.00	204.00	204.00	205.67	207.19
	珠海	228.00	228.00	228.00	228.00	223.00	223.00	223.00	223.00	223.00	223.00	223.00	223.00	224.67	223.56

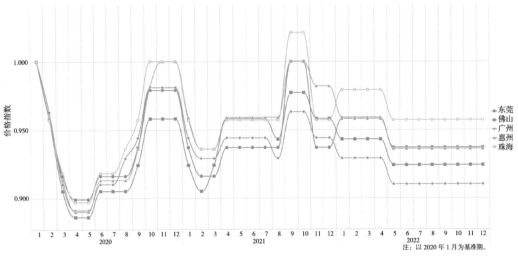

图 2-2-8　材料指数趋势分析

材料指数信息列表　　　　　　　　　　　　　表 2-2-8

材料名称	城市名称	2020 年												
		1 月	2 月	3 月	4 月	5 月	6 月	7 月	8 月	9 月	10 月	11 月	12 月	平均值
中（粗）砂（混凝土、砂浆用堆方）	东莞	1.00	0.96	0.92	0.90	0.90	0.92	0.92	0.92	0.94	0.98	0.98	0.98	0.94
	佛山	1.00	0.96	0.91	0.89	0.89	0.91	0.91	0.91	0.92	0.96	0.96	0.96	0.93
	广州	1.00	0.96	0.91	0.89	0.89	0.91	0.91	0.93	0.94	0.98	0.98	0.98	0.94
	惠州	1.00	0.96	0.91	0.89	0.89	0.91	0.91	0.91	0.94	0.98	1.00	1.00	0.94
	珠海	1.00	0.96	0.92	0.90	0.90	0.92	0.92	0.94	0.96	1.00	1.00	1.00	0.95

材料名称	城市名称	2021 年												
		1 月	2 月	3 月	4 月	5 月	6 月	7 月	8 月	9 月	10 月	11 月	12 月	平均值
中（粗）砂（混凝土、砂浆用堆方）	东莞	0.94	0.92	0.92	0.94	0.94	0.94	0.94	0.94	1.00	1.00	0.94	0.94	0.94
	佛山	0.92	0.91	0.92	0.96	0.96	0.96	0.96	0.94	0.98	0.98	0.96	0.96	0.95
	广州	0.94	0.93	0.93	0.94	0.94	0.94	0.94	0.93	0.96	0.96	0.94	0.94	0.94
	惠州	0.96	0.94	0.94	0.96	0.96	0.96	0.96	0.96	1.00	1.00	0.98	0.98	0.97
	珠海	0.96	0.94	0.94	0.96	0.96	0.96	0.96	0.96	1.02	1.02	0.96	0.96	0.96

材料名称	城市名称	2022 年													总平均值
		1 月	2 月	3 月	4 月	5 月	6 月	7 月	8 月	9 月	10 月	11 月	12 月	平均值	
中（粗）砂（混凝土、砂浆用堆方）	东莞	0.96	0.96	0.96	0.96	0.94	0.94	0.94	0.94	0.94	0.94	0.94	0.94	0.94	0.94
	佛山	0.94	0.94	0.94	0.94	0.92	0.92	0.92	0.92	0.92	0.92	0.92	0.92	0.93	0.94
	广州	0.93	0.93	0.93	0.93	0.91	0.91	0.91	0.91	0.91	0.91	0.91	0.91	0.92	0.93
	惠州	0.96	0.96	0.96	0.96	0.94	0.94	0.94	0.94	0.94	0.94	0.94	0.94	0.94	0.95
	珠海	0.98	0.98	0.98	0.98	0.96	0.96	0.96	0.96	0.96	0.96	0.96	0.96	0.96	0.96

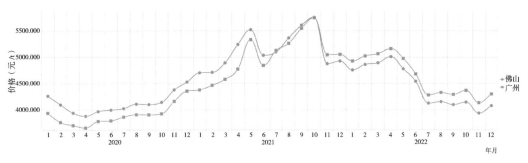

图 2-2-9　材料价格趋势分析（城市对比）

材料价格信息列表（单位：元/t）　　　　　　　　表 2-2-9

材料名称	城市名称	2020 年												
		1 月	2 月	3 月	4 月	5 月	6 月	7 月	8 月	9 月	10 月	11 月	12 月	平均值
螺纹钢（Ⅲ级钢）（φ12~φ25 HRB400）	佛山	4255.04	4090.04	3935.04	3875.04	3961.77	3991.86	4018.41	4103.41	4096.33	4136.33	4375.27	4527.48	4113.84
	广州	3932.42	3757.13	3697.29	3653.29	3775.53	3788.63	3859.13	3901.93	3900.03	3920.53	4156.07	4351.13	3891.09

材料名称	城市名称	2021 年												
		1 月	2 月	3 月	4 月	5 月	6 月	7 月	8 月	9 月	10 月	11 月	12 月	平均值
螺纹钢（Ⅲ级钢）（φ12~φ25 HRB400）	佛山	4702.70	4711.55	4890.11	5240.11	5520.11	5036.48	5096.69	5362.18	5607.15	5760.25	4875.18	4924.74	5143.94
	广州	4376.00	4464.50	4579.00	4772.38	5331.13	4842.25	5126.88	5260.88	5545.13	5748.88	5044.50	5051.38	5011.91

材料名称	城市名称	2022 年													总平均值
		1 月	2 月	3 月	4 月	5 月	6 月	7 月	8 月	9 月	10 月	11 月	12 月	平均值	
螺纹钢（Ⅲ级钢）（φ12~φ25 HRB400）	佛山	4756.60	4860.69	4890.33	5008.61	4777.26	4540.29	4123.04	4152.54	4094.53	4142.29	3934.96	4075.85	4446.42	4568.06
	广州	4926.63	5020.00	5064.13	5159.13	4974.13	4680.63	4277.88	4327.38	4291.38	4368.58	4132.88	4299.19	4626.83	4509.94

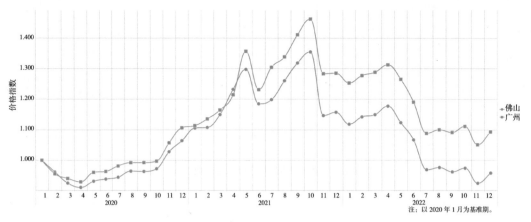

图 2-2-10　材料指数趋势分析（城市对比）

材料指数信息列表　　　　　　　　　　　　　　　　　　表 2-2-10

材料名称	城市名称	2020 年												
		1月	2月	3月	4月	5月	6月	7月	8月	9月	10月	11月	12月	平均值
螺纹钢（Ⅲ级钢）（φ12~φ25 HRB400）	佛山	1.00	0.96	0.93	0.91	0.93	0.94	0.94	0.96	0.96	0.97	1.03	1.06	0.97
	广州	1.00	0.96	0.94	0.93	0.96	0.96	0.98	0.99	0.99	1.00	1.06	1.11	0.99

材料名称	城市名称	2021 年												
		1月	2月	3月	4月	5月	6月	7月	8月	9月	10月	11月	12月	平均值
螺纹钢（Ⅲ级钢）（φ12~φ25 HRB400）	佛山	1.11	1.11	1.15	1.23	1.30	1.18	1.20	1.26	1.32	1.35	1.15	1.16	1.21
	广州	1.11	1.14	1.16	1.21	1.36	1.23	1.30	1.34	1.41	1.46	1.28	1.29	1.27

材料名称	城市名称	2022 年													总平均值
		1月	2月	3月	4月	5月	6月	7月	8月	9月	10月	11月	12月	平均值	
螺纹钢（Ⅲ级钢）（φ12~φ25 HRB400）	佛山	1.12	1.14	1.15	1.18	1.12	1.07	0.97	0.98	0.96	0.97	0.93	0.96	1.05	1.07
	广州	1.25	1.28	1.29	1.31	1.27	1.19	1.09	1.10	1.09	1.11	1.05	1.09	1.18	1.15

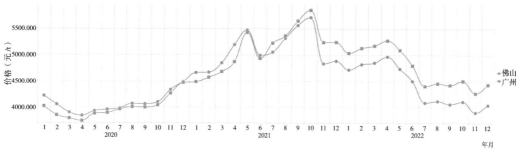

图 2-2-11　材料价格趋势分析（城市对比）

材料价格信息列表（单位：元/t）　　　　表 2-2-11

材料名称	城市名称	2020 年												
		1月	2月	3月	4月	5月	6月	7月	8月	9月	10月	11月	12月	平均值
螺纹钢（Ⅲ级钢）（ϕ25 外 HRB400）	佛山	4210.80	4045.80	3890.80	3830.80	3917.53	3947.62	3974.17	4059.17	4052.09	4092.09	4331.03	4483.24	4069.59
	广州	4010.00	3838.45	3778.38	3728.88	3869.90	3884.60	3951.80	3996.80	3990.20	4032.30	4259.23	4465.17	3983.81

材料名称	城市名称	2021 年												
		1月	2月	3月	4月	5月	6月	7月	8月	9月	10月	11月	12月	平均值
螺纹钢（Ⅲ级钢）（ϕ25 外 HRB400）	佛山	4658.46	4667.31	4845.87	5195.87	5475.87	4992.24	5052.45	5317.94	5562.91	5716.01	4830.94	4880.50	5099.70
	广州	4481.88	4569.50	4679.75	4870.50	5431.38	4934.13	5224.50	5363.75	5649.88	5859.75	5238.75	5242.38	5128.85

材料名称	城市名称	2022 年												总平均值
		1月	2月	3月	4月	5月	6月	7月	8月	9月	10月	11月	12月	平均值	
螺纹钢（Ⅲ级钢）（ϕ25 外 HRB400）	佛山	4712.36	4816.45	4846.09	4964.37	4733.02	4496.05	4079.27	4108.77	4050.76	4098.52	3891.19	4032.08	4402.41	4523.90
	广州	5033.13	5128.13	5173.88	5271.88	5090.00	4796.00	4399.00	4452.63	4419.25	4499.04	4258.47	4427.76	4745.76	4619.47

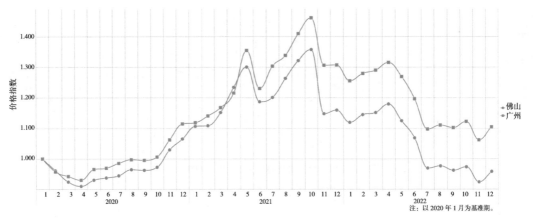

图 2-2-12　材料指数趋势分析（城市对比）

材料指数信息列表　　　　　　　　表 2-2-12

材料名称	城市名称	2020 年												
		1月	2月	3月	4月	5月	6月	7月	8月	9月	10月	11月	12月	平均值
螺纹钢（Ⅲ级钢）（φ25 外 HRB400）	佛山	1.00	0.96	0.92	0.91	0.93	0.94	0.94	0.96	0.96	0.97	1.03	1.07	0.97
	广州	1.00	0.96	0.94	0.93	0.97	0.97	0.99	1.00	1.00	1.01	1.06	1.11	0.99

材料名称	城市名称	2021 年												
		1月	2月	3月	4月	5月	6月	7月	8月	9月	10月	11月	12月	平均值
螺纹钢（Ⅲ级钢）（φ25 外 HRB400）	佛山	1.11	1.11	1.15	1.23	1.30	1.19	1.20	1.26	1.32	1.36	1.15	1.16	1.21
	广州	1.12	1.14	1.17	1.22	1.35	1.23	1.30	1.34	1.41	1.46	1.31	1.31	1.28

材料名称	城市名称	2022 年													总平均值
		1月	2月	3月	4月	5月	6月	7月	8月	9月	10月	11月	12月	平均值	
螺纹钢（Ⅲ级钢）（φ25 外 HRB400）	佛山	1.12	1.14	1.15	1.18	1.12	1.07	0.97	0.98	0.96	0.97	0.92	0.96	1.05	1.07
	广州	1.26	1.28	1.29	1.32	1.27	1.20	1.10	1.11	1.10	1.12	1.06	1.10	1.18	1.15

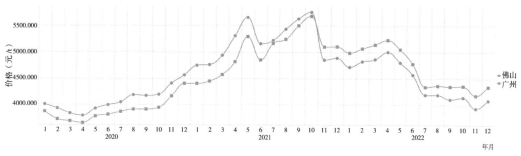

图 2-2-13 材料价格趋势分析（城市对比）

材料价格信息列表（单位：元 /t） 表 2-2-13

材料名称	城市名称	2020 年												
		1 月	2 月	3 月	4 月	5 月	6 月	7 月	8 月	9 月	10 月	11 月	12 月	平均值
圆钢（ϕ12~ϕ25 HPB300）	佛山	4006.74	3931.74	3836.74	3791.74	3924.48	3993.51	4044.84	4182.89	4170.50	4192.63	4408.56	4564.31	4087.39
	广州	3871.92	3724.10	3688.42	3655.42	3778.63	3811.73	3866.13	3909.93	3911.70	3945.30	4162.90	4405.00	3894.27

材料名称	城市名称	2021 年												
		1 月	2 月	3 月	4 月	5 月	6 月	7 月	8 月	9 月	10 月	11 月	12 月	平均值
圆钢（ϕ12~ϕ25 HPB300）	佛山	4746.61	4762.54	4939.53	5309.53	5659.53	5158.91	5222.94	5437.10	5632.45	5759.00	4851.22	4888.39	5197.31
	广州	4405.00	4447.88	4573.00	4818.50	5294.63	4851.50	5164.75	5243.00	5501.75	5683.67	5099.50	5104.50	5015.64

材料名称	城市名称	2022 年												总平均值
		1 月	2 月	3 月	4 月	5 月	6 月	7 月	8 月	9 月	10 月	11 月	12 月	平均值
圆钢（ϕ12~ϕ25 HPB300）	佛山	4716.71	4821.78	4863.22	5002.57	4801.44	4569.39	4188.30	4186.34	4102.76	4136.19	3926.33	4078.18	4449.43	4578.05
	广州	4984.17	5066.50	5139.33	5227.33	5049.17	4776.63	4339.25	4363.88	4348.88	4354.70	4172.23	4339.47	4680.13	4530.01

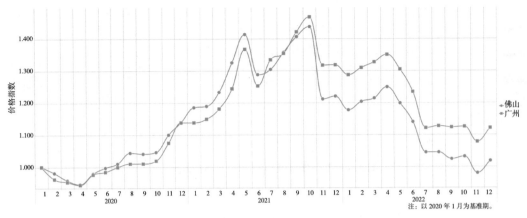

图 2-2-14　材料指数趋势分析（城市对比）

材料指数信息列表　　　　　　　　　　　　　　表 2-2-14

材料名称	城市名称	2020 年													
		1 月	2 月	3 月	4 月	5 月	6 月	7 月	8 月	9 月	10 月	11 月	12 月	平均值	
圆钢（φ12~φ25 HPB300）	佛山	1.00	0.98	0.96	0.95	0.98	1.00	1.01	1.04	1.04	1.05	1.10	1.14	1.02	
	广州	1.00	0.96	0.95	0.94	0.98	0.98	1.00	1.01	1.01	1.02	1.08	1.14	1.01	

材料名称	城市名称	2021 年													
		1 月	2 月	3 月	4 月	5 月	6 月	7 月	8 月	9 月	10 月	11 月	12 月	平均值	
圆钢（φ12~φ25 HPB300）	佛山	1.19	1.19	1.23	1.33	1.41	1.29	1.30	1.36	1.41	1.44	1.21	1.22	1.30	
	广州	1.14	1.15	1.18	1.24	1.37	1.25	1.33	1.35	1.42	1.47	1.32	1.32	1.30	

材料名称	城市名称	2022 年													总平均值
		1 月	2 月	3 月	4 月	5 月	6 月	7 月	8 月	9 月	10 月	11 月	12 月	平均值	
圆钢（φ12~φ25 HPB300）	佛山	1.18	1.20	1.21	1.25	1.20	1.14	1.05	1.05	1.02	1.03	0.98	1.02	1.11	1.14
	广州	1.29	1.31	1.33	1.35	1.30	1.23	1.12	1.13	1.12	1.13	1.08	1.12	1.21	1.17

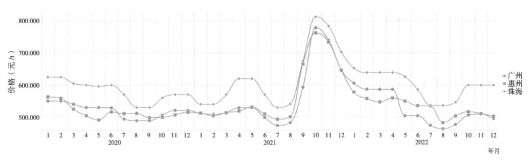

图 2-2-15　材料价格趋势分析（城市对比）

材料价格信息列表（单位：元 /t）　　　　　　　表 2-2-15

材料名称	城市名称	2020 年												
		1 月	2 月	3 月	4 月	5 月	6 月	7 月	8 月	9 月	10 月	11 月	12 月	平均值
普通硅酸盐水泥 P·O（42.5R）	广州	549.00	549.00	539.00	529.00	529.00	528.00	493.00	488.00	488.00	505.00	520.00	520.00	519.75
	惠州	561.95	557.52	523.89	503.54	490.27	515.04	509.73	510.62	497.35	498.23	506.19	514.16	515.71
	珠海	624.00	624.00	604.00	599.00	595.00	599.00	569.00	529.00	529.00	559.00	569.00	569.00	580.75

材料名称	城市名称	2021 年												
		1 月	2 月	3 月	4 月	5 月	6 月	7 月	8 月	9 月	10 月	11 月	12 月	平均值
普通硅酸盐水泥 P·O（42.5R）	广州	510.00	508.00	513.00	528.00	528.00	498.00	473.00	482.00	592.00	777.00	738.50	646.24	566.15
	惠州	511.50	503.54	512.39	517.70	530.09	508.85	492.04	500.00	664.60	761.06	732.74	645.13	573.30
	珠海	539.00	539.00	569.00	619.00	619.00	569.00	529.00	540.00	674.00	812.00	782.00	702.00	624.42

材料名称	城市名称	2022 年													
		1 月	2 月	3 月	4 月	5 月	6 月	7 月	8 月	9 月	10 月	11 月	12 月	平均值	总平均值
普通硅酸盐水泥 P·O（42.5R）	广州	605.23	586.06	585.74	585.73	503.27	503.27	473.47	462.90	476.14	505.39	508.52	494.80	524.21	536.70
	惠州	576.99	556.64	546.02	558.41	548.67	534.51	533.63	481.42	502.65	515.93	509.73	501.77	530.53	539.85
	珠海	652.00	638.00	638.00	638.00	625.00	585.24	535.24	535.24	545.24	599.00	599.00	599.00	599.08	601.42

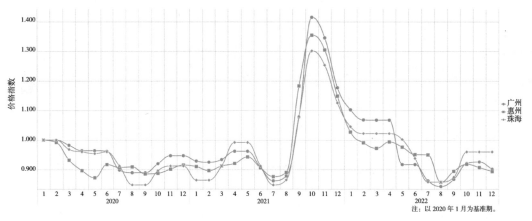

图 2-2-16　材料指数趋势分析（城市对比）

材料指数信息列表　　　　　　　　　　　　　　表 2-2-16

材料名称	城市名称	2020 年												
		1 月	2 月	3 月	4 月	5 月	6 月	7 月	8 月	9 月	10 月	11 月	12 月	平均值
普通硅酸盐水泥 P·O（42.5R）	广州	1.00	1.00	0.98	0.96	0.96	0.96	0.90	0.89	0.89	0.92	0.95	0.95	0.95
	惠州	1.00	0.99	0.93	0.90	0.87	0.92	0.91	0.91	0.89	0.89	0.90	0.92	0.92
	珠海	1.00	1.00	0.97	0.96	0.95	0.96	0.91	0.85	0.85	0.90	0.91	0.91	0.93

材料名称	城市名称	2021 年												
		1 月	2 月	3 月	4 月	5 月	6 月	7 月	8 月	9 月	10 月	11 月	12 月	平均值
普通硅酸盐水泥 P·O（42.5R）	广州	0.93	0.93	0.93	0.96	0.96	0.91	0.86	0.88	1.08	1.42	1.35	1.18	1.03
	惠州	0.91	0.90	0.91	0.92	0.94	0.91	0.88	0.89	1.18	1.35	1.30	1.15	1.02
	珠海	0.86	0.86	0.91	0.99	0.99	0.91	0.85	0.87	1.08	1.30	1.25	1.13	1.00

材料名称	城市名称	2022 年												总平均值
		1 月	2 月	3 月	4 月	5 月	6 月	7 月	8 月	9 月	10 月	11 月	12 月	平均值	
普通硅酸盐水泥 P·O（42.5R）	广州	1.10	1.07	1.07	1.07	0.92	0.92	0.86	0.84	0.87	0.92	0.93	0.90	0.95	0.98
	惠州	1.03	0.99	0.97	0.99	0.98	0.95	0.95	0.86	0.89	0.92	0.91	0.89	0.94	0.96
	珠海	1.05	1.02	1.02	1.02	1.00	0.94	0.86	0.86	0.87	0.96	0.96	0.96	0.96	0.96

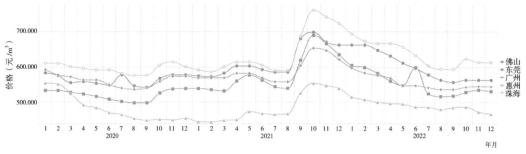

图2-2-17 材料价格趋势分析（城市对比）

材料价格信息列表（单位：元/m³）　　　　　　　表2-2-17

材料名称	城市名称	2020年												
		1月	2月	3月	4月	5月	6月	7月	8月	9月	10月	11月	12月	平均值
普通混凝土（C15 40石）	佛山	582.85	575.35	555.35	558.35	553.35	548.35	577.35	546.35	542.35	567.35	577.35	577.35	563.48
普通混凝土（C15）	东莞	532.82	532.82	527.48	522.63	516.11	508.13	501.54	497.78	497.78	525.46	537.23	538.57	519.86
	广州	592.00	577.00	572.00	563.00	563.00	549.00	540.00	536.00	540.00	559.00	573.00	573.00	561.42
	惠州	553.98	551.33	523.89	492.04	484.07	470.80	464.60	453.98	448.67	451.33	449.56	454.87	483.26
	珠海	610.00	610.00	600.48	595.68	591.00	591.00	581.00	576.00	576.00	605.00	614.00	600.00	595.85

材料名称	城市名称	2021年												
		1月	2月	3月	4月	5月	6月	7月	8月	9月	10月	11月	12月	平均值
普通混凝土（C15 40石）	佛山	574.35	572.35	582.35	602.35	602.35	592.35	585.35	585.35	679.85	697.85	669.85	661.85	617.18
普通混凝土（C15）	东莞	538.57	535.34	531.57	560.04	576.89	562.42	544.17	539.50	618.90	688.90	665.48	634.25	583.00
	广州	569.00	569.00	569.00	582.00	582.00	569.00	558.00	558.00	604.00	653.00	646.00	621.00	590.00
	惠州	445.13	444.25	448.67	450.44	473.45	468.14	465.49	467.26	525.66	553.98	546.90	538.94	485.69
	珠海	591.00	586.00	600.00	614.00	614.00	605.00	589.88	589.88	685.00	760.40	741.39	722.10	641.55

材料名称	城市名称	2022年													总平均值
		1月	2月	3月	4月	5月	6月	7月	8月	9月	10月	11月	12月	平均值	
普通混凝土（C15 40石）	佛山	661.85	661.85	646.85	630.85	610.85	595.85	577.85	562.85	556.85	562.85	562.85	562.85	599.52	593.39
普通混凝土（C15）	东莞	604.34	598.30	581.97	559.88	547.80	598.30	524.11	516.26	517.55	527.96	534.50	530.78	553.48	552.11
	广州	597.00	583.00	576.00	568.00	547.00	547.00	541.00	536.00	536.00	543.00	545.00	544.00	555.25	568.89
	惠州	515.04	507.08	500.00	496.46	494.69	486.73	485.84	479.65	484.96	486.73	472.57	466.37	489.68	486.21
	珠海	693.22	672.42	665.70	665.70	655.71	631.89	603.30	593.65	593.65	622.00	613.00	612.67	635.24	624.21

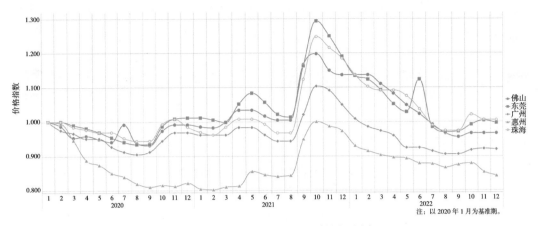

图 2-2-18　材料指数趋势分析（城市对比）

材料指数信息列表　　　　　　　　　表 2-2-18

材料名称	城市名称	2020 年												
		1 月	2 月	3 月	4 月	5 月	6 月	7 月	8 月	9 月	10 月	11 月	12 月	平均值
普通混凝土（C15 40 石）	佛山	1.00	0.99	0.95	0.96	0.95	0.94	0.99	0.94	0.93	0.97	0.99	0.99	0.97
普通混凝土（C15）	东莞	1.00	1.00	0.99	0.98	0.97	0.95	0.94	0.93	0.93	0.99	1.01	1.01	0.98
	广州	1.00	0.98	0.97	0.95	0.95	0.93	0.91	0.91	0.91	0.94	0.97	0.97	0.95
	惠州	1.00	1.00	0.95	0.89	0.87	0.85	0.84	0.82	0.81	0.82	0.81	0.82	0.87
	珠海	1.00	1.00	0.98	0.98	0.97	0.97	0.95	0.94	0.94	0.99	1.01	0.98	0.98
材料名称	城市名称	2021 年												
		1 月	2 月	3 月	4 月	5 月	6 月	7 月	8 月	9 月	10 月	11 月	12 月	平均值
普通混凝土（C15 40 石）	佛山	0.99	0.98	1.00	1.03	1.03	1.02	1.00	1.00	1.17	1.20	1.15	1.14	1.06
普通混凝土（C15）	东莞	1.01	1.01	1.00	1.05	1.08	1.06	1.02	1.01	1.16	1.29	1.25	1.19	1.09
	广州	0.96	0.96	0.96	0.98	0.98	0.96	0.94	0.94	1.02	1.10	1.09	1.05	1.00
	惠州	0.80	0.80	0.81	0.81	0.86	0.85	0.84	0.84	0.95	1.00	0.99	0.97	0.88
	珠海	0.97	0.96	0.98	1.01	1.01	0.99	0.97	0.97	1.12	1.25	1.22	1.18	1.05
材料名称	城市名称	2022 年												总平均值
		1 月	2 月	3 月	4 月	5 月	6 月	7 月	8 月	9 月	10 月	11 月	12 月	平均值	
普通混凝土（C15 40 石）	佛山	1.14	1.14	1.11	1.08	1.05	1.02	0.99	0.97	0.96	0.97	0.97	0.97	1.03	1.02
普通混凝土（C15）	东莞	1.13	1.12	1.09	1.05	1.03	1.12	0.98	0.97	0.97	0.99	1.00	1.00	1.04	1.04
	广州	1.01	0.99	0.97	0.96	0.92	0.92	0.91	0.91	0.91	0.92	0.92	0.92	0.94	0.96
	惠州	0.93	0.92	0.90	0.90	0.89	0.88	0.88	0.87	0.88	0.88	0.85	0.84	0.88	0.88
	珠海	1.14	1.10	1.09	1.09	1.08	1.04	0.99	0.97	0.97	1.02	1.01	1.00	1.04	1.02

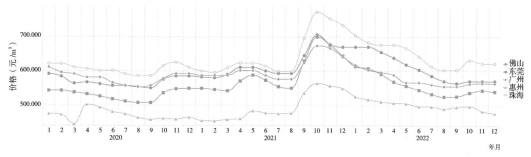

图 2-2-19　材料价格趋势分析（城市对比）

材料价格信息列表（单位：元 /m³）　　　　　　　　表 2-2-19

材料名称	城市名称	2020 年												
		1 月	2 月	3 月	4 月	5 月	6 月	7 月	8 月	9 月	10 月	11 月	12 月	平均值
普通混凝土（C20 40 石）	佛山	591.59	584.09	564.09	567.09	562.09	557.09	557.09	554.09	550.09	575.09	585.09	585.09	569.38
普通混凝土（C20）	东莞	542.87	542.87	537.43	532.49	525.84	517.71	511.00	507.17	507.17	535.37	547.36	548.72	529.67
	广州	611.00	596.00	591.00	581.00	581.00	566.00	558.00	553.00	558.00	578.00	592.00	592.00	579.75
	惠州	475.22	472.57	445.13	501.77	493.81	480.53	474.34	463.72	458.41	461.06	459.29	464.60	470.87
	珠海	621.00	621.00	611.31	606.42	601.00	601.00	591.00	586.00	586.00	615.00	625.00	610.00	606.23

材料名称	城市名称	2021 年												
		1 月	2 月	3 月	4 月	5 月	6 月	7 月	8 月	9 月	10 月	11 月	12 月	平均值
普通混凝土（C20 40 石）	佛山	582.09	580.09	590.09	610.09	610.09	600.09	593.09	593.09	645.09	705.59	677.59	669.59	621.38
普通混凝土（C20）	东莞	548.72	545.43	541.60	570.60	587.77	573.03	554.43	549.67	629.06	699.06	675.51	643.82	593.22
	广州	587.00	587.00	587.00	601.00	601.00	587.00	576.00	576.00	624.00	673.00	666.00	641.00	608.83
	惠州	454.87	453.98	458.41	460.18	483.19	477.88	475.22	476.99	535.40	563.72	556.64	548.67	495.43
	珠海	600.00	595.00	609.00	623.00	623.00	614.00	598.65	598.65	695.19	771.71	752.42	732.85	651.12

材料名称	城市名称	2022 年												总平均值
		1 月	2 月	3 月	4 月	5 月	6 月	7 月	8 月	9 月	10 月	11 月	12 月	平均值	
普通混凝土（C20 40 石）	佛山	669.59	669.59	654.59	638.09	618.09	603.09	585.09	570.09	564.09	570.09	570.09	570.09	606.88	599.21
普通混凝土（C20）	东莞	613.46	607.33	590.75	568.32	556.06	543.91	532.02	524.05	525.36	535.92	542.59	538.78	556.55	559.81
	广州	617.00	603.00	596.00	588.00	566.00	566.00	560.00	555.00	555.00	562.00	564.00	563.00	574.58	587.72
	惠州	524.78	516.81	509.73	506.19	504.42	496.46	495.58	489.38	494.69	496.46	482.30	476.11	499.41	488.57
	珠海	703.54	682.43	675.61	675.61	665.48	641.30	612.28	602.48	602.48	631.00	622.00	621.54	644.65	634.00

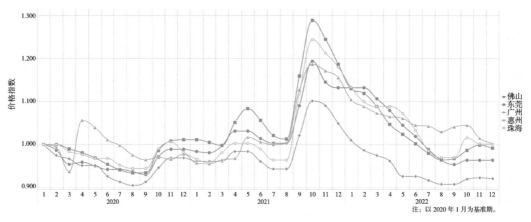

图 2-2-20　材料指数趋势分析（城市对比）

注：以 2020 年 1 月为基准期。

材料指数信息列表　　　　　　　　　　　　　　表 2-2-20

材料名称	城市名称	2020 年												
		1月	2月	3月	4月	5月	6月	7月	8月	9月	10月	11月	12月	平均值
普通混凝土（C20 40石）	佛山	1.00	0.99	0.95	0.96	0.95	0.94	0.94	0.94	0.93	0.97	0.99	0.99	0.96
普通混凝土（C20）	东莞	1.00	1.00	0.99	0.98	0.97	0.95	0.94	0.93	0.93	0.99	1.01	1.01	0.98
	广州	1.00	0.98	0.97	0.95	0.95	0.93	0.91	0.91	0.91	0.95	0.97	0.97	0.95
	惠州	1.00	0.99	0.94	1.06	1.04	1.01	1.00	0.98	0.97	0.97	0.97	0.98	0.99
	珠海	1.00	1.00	0.98	0.98	0.97	0.97	0.95	0.94	0.94	0.99	1.01	0.98	0.98

材料名称	城市名称	2021 年												
		1月	2月	3月	4月	5月	6月	7月	8月	9月	10月	11月	12月	平均值
普通混凝土（C20 40石）	佛山	0.98	0.98	1.00	1.03	1.03	1.01	1.00	1.00	1.09	1.19	1.15	1.13	1.05
普通混凝土（C20）	东莞	1.01	1.01	1.00	1.05	1.08	1.06	1.02	1.01	1.16	1.29	1.24	1.19	1.09
	广州	0.96	0.96	0.96	0.98	0.98	0.96	0.94	0.94	1.02	1.10	1.09	1.05	1.00
	惠州	0.96	0.96	0.97	0.97	1.02	1.01	1.00	1.00	1.13	1.19	1.17	1.16	1.04
	珠海	0.97	0.96	0.98	1.00	1.00	0.99	0.96	0.96	1.12	1.24	1.21	1.18	1.05

材料名称	城市名称	2022 年												总平均值
		1月	2月	3月	4月	5月	6月	7月	8月	9月	10月	11月	12月	平均值
普通混凝土（C20 40石）	佛山	1.13	1.13	1.11	1.08	1.05	1.02	0.99	0.96	0.95	0.96	0.96	0.96	1.03	1.01
普通混凝土（C20）	东莞	1.13	1.12	1.09	1.05	1.02	1.00	0.98	0.97	0.97	0.99	1.00	0.99	1.03	1.03
	广州	1.01	0.99	0.98	0.96	0.93	0.93	0.92	0.91	0.91	0.92	0.92	0.92	0.94	0.96
	惠州	1.10	1.09	1.07	1.07	1.06	1.05	1.04	1.03	1.04	1.05	1.02	1.00	1.05	1.03
	珠海	1.13	1.10	1.09	1.09	1.07	1.03	0.99	0.97	0.97	1.02	1.00	1.00	1.04	1.02

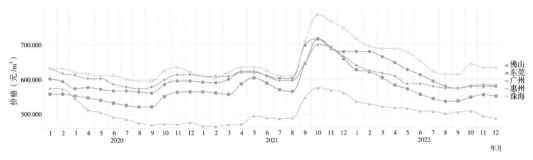

图 2-2-21　材料价格趋势分析（城市对比）

材料价格信息列表（单位：元 /m³）　　　　　　　表 2-2-21

材料名称	城市名称	2020 年												
		1 月	2 月	3 月	4 月	5 月	6 月	7 月	8 月	9 月	10 月	11 月	12 月	平均值
普通混凝土（C25 40 石）	佛山	601.30	593.80	573.80	576.80	571.80	566.80	566.80	563.80	559.80	584.80	594.80	594.80	579.09
普通混凝土（C25）	东莞	557.65	557.65	552.05	546.98	540.15	531.79	524.91	520.97	520.97	549.93	562.26	563.66	544.08
	广州	632.00	617.00	612.00	602.00	602.00	586.00	578.00	573.00	578.00	598.00	613.00	613.00	600.33
	惠州	575.22	572.57	545.13	513.27	505.31	492.04	485.84	475.22	469.91	472.57	470.80	476.11	504.50
	珠海	630.00	630.00	620.17	615.21	610.00	610.00	600.00	595.00	595.00	624.00	634.00	619.00	615.20

材料名称	城市名称	2021 年												
		1 月	2 月	3 月	4 月	5 月	6 月	7 月	8 月	9 月	10 月	11 月	12 月	平均值
普通混凝土（C25 40 石）	佛山	591.80	589.80	599.80	619.80	619.80	609.80	601.80	601.80	696.30	714.30	686.30	678.30	634.13
普通混凝土（C25）	东莞	563.66	560.28	556.34	586.13	603.77	588.63	569.52	564.63	644.00	714.00	690.27	657.88	608.26
	广州	608.00	608.00	608.00	622.00	622.00	608.00	596.00	596.00	646.00	697.00	689.50	664.00	630.38
	惠州	466.37	465.49	469.91	471.68	494.69	489.38	486.73	488.50	546.90	575.22	568.14	560.18	506.93
	珠海	609.00	604.00	619.00	634.00	634.00	624.00	608.40	608.40	706.52	784.28	764.67	744.79	661.76

材料名称	城市名称	2022 年												总平均值
		1 月	2 月	3 月	4 月	5 月	6 月	7 月	8 月	9 月	10 月	11 月	12 月	平均值	
普通混凝土（C25 40 石）	佛山	678.30	678.30	663.30	646.80	626.80	611.80	593.80	578.80	572.80	578.80	578.80	578.80	615.59	609.61
普通混凝土（C25）	东莞	626.85	620.59	603.65	582.70	571.06	555.79	543.64	535.50	536.84	547.64	554.44	550.55	569.10	573.81
	广州	639.00	624.00	617.00	608.00	586.00	586.00	579.00	574.00	574.00	581.00	583.00	582.00	594.42	608.38
	惠州	536.28	528.32	521.24	517.70	515.93	507.96	507.08	500.88	506.19	507.96	493.81	487.61	510.91	507.45
	珠海	715.00	693.55	686.61	686.61	676.32	651.74	622.25	612.29	612.29	642.00	632.00	632.37	655.25	644.07

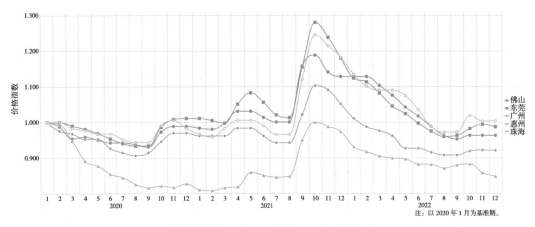

图 2-2-22　材料指数趋势分析（城市对比）

材料指数信息列表　　　　　　　　表 2-2-22

材料名称	城市名称	2020 年												
		1 月	2 月	3 月	4 月	5 月	6 月	7 月	8 月	9 月	10 月	11 月	12 月	平均值
普通混凝土（C25 40 石）	佛山	1.00	0.99	0.95	0.96	0.95	0.94	0.94	0.94	0.93	0.97	0.99	0.99	0.96
普通混凝土（C25）	东莞	1.00	1.00	0.99	0.98	0.97	0.95	0.94	0.93	0.93	0.99	1.01	1.01	0.98
	广州	1.00	0.98	0.97	0.95	0.95	0.93	0.92	0.91	0.92	0.95	0.97	0.97	0.95
	惠州	1.00	1.00	0.95	0.89	0.88	0.86	0.85	0.83	0.82	0.82	0.82	0.83	0.88
	珠海	1.00	1.00	0.98	0.98	0.97	0.97	0.95	0.94	0.94	0.99	1.01	0.98	0.98

材料名称	城市名称	2021 年												
		1 月	2 月	3 月	4 月	5 月	6 月	7 月	8 月	9 月	10 月	11 月	12 月	平均值
普通混凝土（C25 40 石）	佛山	0.98	0.98	1.00	1.03	1.03	1.01	1.00	1.00	1.16	1.19	1.14	1.13	1.05
普通混凝土（C25）	东莞	1.01	1.01	1.00	1.05	1.08	1.06	1.02	1.01	1.16	1.28	1.24	1.18	1.09
	广州	0.96	0.96	0.96	0.98	0.98	0.96	0.94	0.94	1.02	1.10	1.09	1.05	1.00
	惠州	0.81	0.81	0.82	0.82	0.86	0.85	0.85	0.85	0.95	1.00	0.99	0.97	0.88
	珠海	0.97	0.96	0.98	1.01	1.01	0.99	0.97	0.97	1.12	1.25	1.21	1.18	1.05

材料名称	城市名称	2022 年												总平均值
		1 月	2 月	3 月	4 月	5 月	6 月	7 月	8 月	9 月	10 月	11 月	12 月	平均值	
普通混凝土（C25 40 石）	佛山	1.13	1.13	1.10	1.08	1.04	1.02	0.99	0.96	0.95	0.96	0.96	0.96	1.02	1.01
普通混凝土（C25）	东莞	1.12	1.11	1.08	1.05	1.02	1.00	0.98	0.96	0.96	0.98	0.99	0.99	1.02	1.03
	广州	1.01	0.99	0.98	0.96	0.93	0.93	0.92	0.91	0.91	0.92	0.92	0.92	0.94	0.96
	惠州	0.93	0.92	0.91	0.90	0.90	0.88	0.88	0.87	0.88	0.88	0.86	0.85	0.89	0.88
	珠海	1.14	1.10	1.09	1.09	1.07	1.04	0.99	0.97	0.97	1.02	1.00	1.00	1.04	1.02

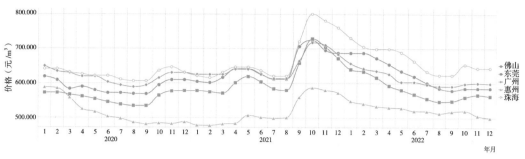

图 2-2-23　材料价格趋势分析（城市对比）

材料价格信息列表（单位：元/m³）　　　　　　　表 2-2-23

材料名称	城市名称	2020 年												
		1 月	2 月	3 月	4 月	5 月	6 月	7 月	8 月	9 月	10 月	11 月	12 月	平均值
普通混凝土（C30 40 石）	佛山	618.50	608.51	583.51	589.51	579.51	571.51	571.51	568.51	568.45	594.51	609.51	609.51	589.42
普通混凝土（C30）	东莞	571.71	571.71	565.99	560.78	553.78	545.22	538.15	534.11	534.11	563.81	576.44	577.88	557.81
	广州	649.00	634.00	629.00	619.00	619.00	603.00	594.00	589.00	594.00	615.00	630.00	630.00	617.08
	惠州	587.61	584.96	557.52	524.78	516.81	503.54	497.35	486.73	481.42	484.07	482.30	487.61	516.22
	珠海	641.00	641.00	631.00	625.95	621.00	621.00	611.00	606.00	606.00	636.00	646.00	631.00	626.41

材料名称	城市名称	2021 年												
		1 月	2 月	3 月	4 月	5 月	6 月	7 月	8 月	9 月	10 月	11 月	12 月	平均值
普通混凝土（C30 40 石）	佛山	604.51	601.51	616.51	641.51	641.51	626.51	611.51	611.51	706.01	724.01	695.01	687.01	647.26
普通混凝土（C30）	东莞	577.88	574.41	570.38	600.91	619.00	603.48	583.89	578.87	658.23	728.23	704.32	671.27	622.57
	广州	625.00	625.00	625.00	640.00	640.00	625.00	613.00	613.00	664.00	717.00	709.50	683.00	648.29
	惠州	477.88	476.99	481.42	483.19	506.19	500.88	498.23	500.00	558.41	586.73	579.65	571.68	518.44
	珠海	621.00	616.00	631.00	646.00	646.00	636.00	620.10	620.10	720.10	800.10	780.10	760.10	674.72

材料名称	城市名称	2022 年												总平均值
		1 月	2 月	3 月	4 月	5 月	6 月	7 月	8 月	9 月	10 月	11 月	12 月	平均值	
普通混凝土（C30 40 石）	佛山	687.01	687.01	672.01	654.01	634.01	619.01	600.01	585.01	578.51	584.51	584.51	584.51	622.51	619.73
普通混凝土（C30）	东莞	639.62	633.23	615.93	592.56	579.78	567.10	554.71	546.40	547.77	558.78	565.73	561.76	580.28	586.89
	广州	657.00	642.00	635.00	626.00	603.00	603.00	596.00	591.00	591.00	598.00	600.00	599.00	611.75	625.71
	惠州	547.79	539.82	532.74	529.20	527.43	519.47	518.58	512.39	517.70	519.47	505.31	499.12	522.42	519.03
	珠海	730.10	705.10	698.05	698.05	688.05	663.05	633.05	623.05	623.05	653.00	643.00	643.20	666.73	655.95

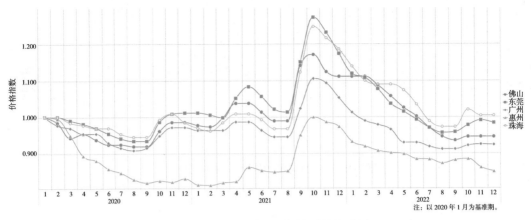

图 2-2-24　材料指数趋势分析（城市对比）

材料指数信息列表　　　　　　　　　　　　　　　　表 2-2-24

材料名称	城市名称	2020 年												
		1月	2月	3月	4月	5月	6月	7月	8月	9月	10月	11月	12月	平均值
普通混凝土（C30 40石）	佛山	1.00	0.98	0.94	0.95	0.94	0.92	0.92	0.92	0.92	0.96	0.99	0.99	0.95
普通混凝土（C30）	东莞	1.00	1.00	0.99	0.98	0.97	0.95	0.94	0.93	0.93	0.99	1.01	1.01	0.98
	广州	1.00	0.98	0.97	0.95	0.95	0.93	0.92	0.91	0.92	0.95	0.97	0.97	0.95
	惠州	1.00	1.00	0.95	0.89	0.88	0.86	0.85	0.83	0.82	0.82	0.82	0.83	0.88
	珠海	1.00	1.00	0.98	0.98	0.97	0.97	0.95	0.95	0.95	0.99	1.01	0.98	0.98

材料名称	城市名称	2021 年												
		1月	2月	3月	4月	5月	6月	7月	8月	9月	10月	11月	12月	平均值
普通混凝土（C30 40石）	佛山	0.98	0.97	1.00	1.04	1.04	1.01	0.99	0.99	1.14	1.17	1.12	1.11	1.05
普通混凝土（C30）	东莞	1.01	1.01	1.00	1.05	1.08	1.06	1.02	1.01	1.15	1.27	1.23	1.17	1.09
	广州	0.96	0.96	0.96	0.99	0.99	0.96	0.95	0.95	1.02	1.11	1.09	1.05	1.00
	惠州	0.81	0.81	0.82	0.82	0.86	0.85	0.85	0.85	0.95	1.00	0.99	0.97	0.88
	珠海	0.97	0.96	0.98	1.01	1.01	0.99	0.97	0.97	1.12	1.25	1.22	1.19	1.05

材料名称	城市名称	2022 年													总平均值
		1月	2月	3月	4月	5月	6月	7月	8月	9月	10月	11月	12月	平均值	
普通混凝土（C30 40石）	佛山	1.11	1.11	1.09	1.06	1.03	1.00	0.97	0.95	0.94	0.95	0.95	0.95	1.01	1.00
普通混凝土（C30）	东莞	1.12	1.11	1.08	1.04	1.01	0.99	0.97	0.96	0.96	0.98	0.99	0.98	1.02	1.03
	广州	1.01	0.99	0.98	0.97	0.93	0.93	0.92	0.91	0.91	0.92	0.92	0.92	0.94	0.96
	惠州	0.93	0.92	0.91	0.90	0.90	0.88	0.88	0.87	0.88	0.88	0.86	0.85	0.89	0.88
	珠海	1.14	1.10	1.09	1.09	1.07	1.03	0.99	0.97	0.97	1.02	1.00	1.00	1.04	1.02

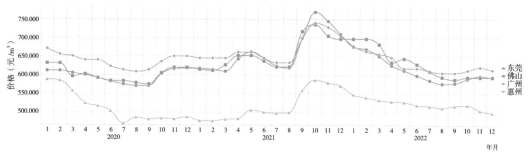

图 2-2-25 材料价格趋势分析（城市对比）

材料价格信息列表（单位：元 /m³） 表 2-2-25

材料名称	城市名称	2020 年												
		1月	2月	3月	4月	5月	6月	7月	8月	9月	10月	11月	12月	平均值
水下混凝土（C30）	东莞	611.42	611.42	605.29	599.72	592.23	583.07	575.52	571.20	571.20	602.96	616.47	618.01	596.54
	佛山	631.13	631.13	596.13	602.13	592.13	584.13	584.13	579.13	575.13	605.13	620.13	620.13	601.71
	广州	670.00	655.00	650.00	640.00	640.00	623.00	614.00	609.00	614.00	636.00	650.00	650.00	637.58
	惠州	587.61	584.96	557.52	524.78	516.81	503.54	470.80	486.73	481.42	484.07	482.30	487.61	514.01

材料名称	城市名称	2021 年												
		1月	2月	3月	4月	5月	6月	7月	8月	9月	10月	11月	12月	平均值
水下混凝土（C30）	东莞	618.01	614.30	609.99	642.65	661.99	645.39	624.43	619.07	698.39	768.39	743.97	709.06	662.97
	佛山	615.13	612.13	627.13	652.13	652.13	637.13	622.13	622.13	716.63	734.63	704.63	696.63	657.71
	广州	645.00	645.00	645.00	661.00	661.00	645.00	633.00	633.00	697.25	739.00	727.75	705.00	669.75
	惠州	477.88	476.99	481.42	483.19	506.19	500.88	498.23	500.00	558.41	586.73	579.65	571.68	518.44

材料名称	城市名称	2022 年													
		1月	2月	3月	4月	5月	6月	7月	8月	9月	10月	11月	12月	平均值	总平均值
水下混凝土（C30）	东莞	675.63	668.88	650.61	625.92	612.42	599.02	585.94	577.16	578.60	590.24	597.58	593.38	612.95	624.15
	佛山	696.63	696.63	681.63	633.63	643.63	628.63	609.63	594.63	588.63	594.63	594.63	594.63	629.80	629.74
	广州	678.00	663.00	656.00	647.00	618.00	618.00	611.00	606.00	606.00	613.00	621.00	614.00	629.25	645.53
	惠州	547.79	539.82	532.74	529.20	527.43	519.47	516.81	512.39	517.70	519.47	505.31	499.12	522.27	518.24

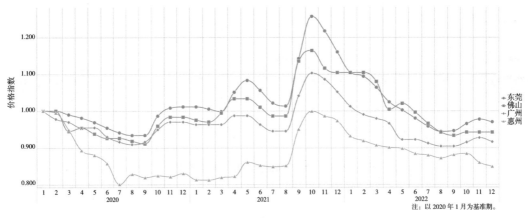

图 2-2-26　材料指数趋势分析（城市对比）

材料指数信息列表　　　　　　　　　　　　　表 2-2-26

材料名称	城市名称	2020 年												
		1月	2月	3月	4月	5月	6月	7月	8月	9月	10月	11月	12月	平均值
水下混凝土（C30）	东莞	1.00	1.00	0.99	0.98	0.97	0.95	0.94	0.93	0.93	0.99	1.01	1.01	0.98
	佛山	1.00	1.00	0.95	0.95	0.94	0.93	0.93	0.92	0.91	0.96	0.98	0.98	0.95
	广州	1.00	0.98	0.97	0.96	0.96	0.93	0.92	0.91	0.92	0.95	0.97	0.97	0.95
	惠州	1.00	1.00	0.95	0.89	0.88	0.86	0.80	0.83	0.82	0.82	0.82	0.83	0.87

材料名称	城市名称	2021 年												
		1月	2月	3月	4月	5月	6月	7月	8月	9月	10月	11月	12月	平均值
水下混凝土（C30）	东莞	1.01	1.01	1.00	1.05	1.08	1.06	1.02	1.01	1.14	1.26	1.22	1.16	1.08
	佛山	0.98	0.97	0.99	1.03	1.03	1.01	0.99	0.99	1.14	1.16	1.12	1.10	1.04
	广州	0.96	0.96	0.96	0.99	0.99	0.96	0.95	0.95	1.04	1.10	1.09	1.05	1.00
	惠州	0.81	0.81	0.82	0.82	0.86	0.85	0.85	0.85	0.95	1.00	0.99	0.97	0.88

材料名称	城市名称	2022 年												总平均值
		1月	2月	3月	4月	5月	6月	7月	8月	9月	10月	11月	12月	平均值	
水下混凝土（C30）	东莞	1.11	1.09	1.06	1.02	1.00	0.98	0.96	0.94	0.95	0.97	0.98	0.97	1.00	1.02
	佛山	1.10	1.10	1.08	1.00	1.02	1.00	0.97	0.94	0.93	0.94	0.94	0.94	1.00	1.00
	广州	1.01	0.99	0.98	0.97	0.92	0.92	0.91	0.90	0.90	0.92	0.93	0.92	0.94	0.96
	惠州	0.93	0.92	0.91	0.90	0.90	0.88	0.88	0.87	0.88	0.88	0.86	0.85	0.89	0.88

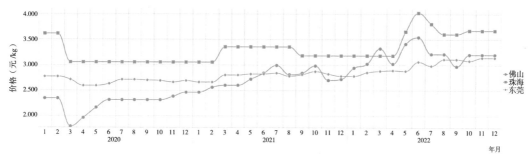

图2-2-27　材料价格趋势分析（城市对比）

材料价格信息列表（单位：元/kg）　　　　表2-2-27

材料名称	城市名称	2020年													
		1月	2月	3月	4月	5月	6月	7月	8月	9月	10月	11月	12月	平均值
乳化沥青	佛山	2.34	2.34	1.79	1.96	2.16	2.31	2.31	2.31	2.31	2.31	2.38	2.46	2.25
	珠海	3.61	3.61	3.05	3.05	3.05	3.05	3.05	3.05	3.05	3.05	3.05	3.05	3.14
乳化沥青（沥青含量50%）	东莞	2.77	2.77	2.71	2.59	2.59	2.63	2.71	2.71	2.70	2.69	2.66	2.69	2.69

材料名称	城市名称	2021年													
		1月	2月	3月	4月	5月	6月	7月	8月	9月	10月	11月	12月	平均值
乳化沥青	佛山	2.46	2.56	2.60	2.60	2.72	2.84	2.99	2.81	2.84	2.98	2.70	2.72	2.74
	珠海	3.05	3.05	3.35	3.35	3.35	3.35	3.35	3.35	3.18	3.18	3.18	3.18	3.24
乳化沥青（沥青含量50%）	东莞	2.66	2.66	2.80	2.80	2.82	2.82	2.84	2.78	2.81	2.87	2.82	2.78	2.79

材料名称	城市名称	2022年													总平均值
		1月	2月	3月	4月	5月	6月	7月	8月	9月	10月	11月	12月	平均值	
乳化沥青	佛山	2.94	3.02	3.32	3.02	3.41	3.54	3.21	3.21	2.97	3.20	3.20	3.20	3.19	2.72
	珠海	3.18	3.18	3.18	3.18	3.65	4.02	3.80	3.60	3.60	3.67	3.67	3.67	3.53	3.31
乳化沥青（沥青含量50%）	东莞	2.78	2.85	2.88	2.89	2.88	3.06	2.98	3.11	3.11	3.08	3.14	3.14	2.99	2.82

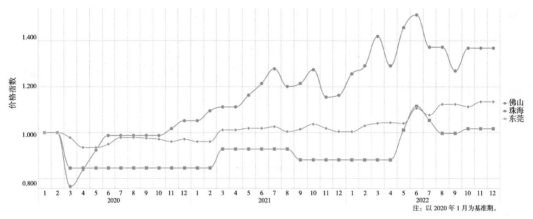

图 2-2-28　材料指数趋势分析（城市对比）

材料指数信息列表　　　　　　　　表 2-2-28

材料名称	城市名称	2020 年												
		1月	2月	3月	4月	5月	6月	7月	8月	9月	10月	11月	12月	平均值
乳化沥青	佛山	1.00	1.00	0.77	0.84	0.92	0.99	0.99	0.99	0.99	0.99	1.02	1.05	0.96
	珠海	1.00	1.00	0.85	0.85	0.85	0.85	0.85	0.85	0.85	0.85	0.85	0.85	0.87
乳化沥青（沥青含量50%）	东莞	1.00	1.00	0.98	0.94	0.94	0.95	0.98	0.98	0.98	0.97	0.96	0.97	0.97

材料名称	城市名称	2021 年												
		1月	2月	3月	4月	5月	6月	7月	8月	9月	10月	11月	12月	平均值
乳化沥青	佛山	1.05	1.09	1.11	1.11	1.16	1.21	1.28	1.20	1.21	1.27	1.15	1.16	1.17
	珠海	0.85	0.85	0.93	0.93	0.93	0.93	0.93	0.93	0.88	0.88	0.88	0.88	0.90
乳化沥青（沥青含量50%）	东莞	0.96	0.96	1.01	1.01	1.02	1.02	1.03	1.00	1.01	1.04	1.02	1.00	1.01

材料名称	城市名称	2022 年													
		1月	2月	3月	4月	5月	6月	7月	8月	9月	10月	11月	12月	平均值	总平均值
乳化沥青	佛山	1.26	1.29	1.42	1.29	1.46	1.51	1.37	1.37	1.27	1.37	1.37	1.37	1.36	1.16
	珠海	0.88	0.88	0.88	0.88	1.01	1.11	1.05	1.00	1.00	1.02	1.02	1.02	0.98	0.92
乳化沥青（沥青含量50%）	东莞	1.00	1.03	1.04	1.04	1.04	1.11	1.08	1.12	1.12	1.11	1.13	1.13	1.08	1.02

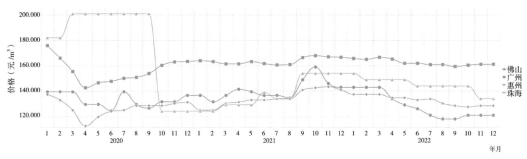

图 2-2-29　材料价格趋势分析（城市对比）

材料价格信息列表（单位：元 /m³）　　　　　　　　　表 2-2-29

材料名称	城市名称	2020 年												
		1 月	2 月	3 月	4 月	5 月	6 月	7 月	8 月	9 月	10 月	11 月	12 月	平均值
石屑	佛山	139.36	139.36	139.36	129.36	129.36	124.36	139.36	129.36	126.36	131.36	131.36	136.36	132.94
	广州	175.80	165.93	155.44	142.61	146.46	147.71	150.02	150.76	153.87	160.17	162.88	163.26	156.24
	惠州	137.17	132.74	124.78	112.39	119.47	123.89	124.78	128.32	128.32	128.32	130.09	130.97	126.77
	珠海	182.00	182.00	201.00	201.00	201.00	201.00	201.00	201.00	201.00	124.00	124.00	124.00	178.58

材料名称	城市名称	2021 年												
		1 月	2 月	3 月	4 月	5 月	6 月	7 月	8 月	9 月	10 月	11 月	12 月	平均值
石屑	佛山	136.36	131.36	136.36	141.36	139.36	136.36	136.36	134.36	148.86	158.86	145.86	142.86	140.69
	广州	163.88	163.18	161.32	161.32	163.11	161.63	160.53	160.81	166.29	167.86	166.93	166.58	163.62
	惠州	124.78	124.78	130.09	130.97	132.74	132.74	133.63	133.63	140.71	142.48	143.36	140.71	134.22
	珠海	124.00	124.00	129.00	129.00	129.00	139.00	134.00	134.00	154.00	154.00	154.00	154.00	138.17

材料名称	城市名称	2022 年													总平均值
		1 月	2 月	3 月	4 月	5 月	6 月	7 月	8 月	9 月	10 月	11 月	12 月	平均值	
石屑	佛山	142.86	142.86	142.86	133.86	128.86	125.86	120.86	117.86	117.86	120.86	120.86	120.86	128.03	133.89
	广州	165.59	164.85	166.55	165.11	161.83	161.83	160.78	160.77	159.37	160.46	161.18	161.18	162.46	160.77
	惠州	137.17	137.17	137.17	134.51	134.51	132.74	133.63	130.09	128.32	127.43	128.32	128.32	132.45	131.15
	珠海	154.00	149.00	149.00	149.00	149.00	144.00	144.00	144.00	144.00	144.00	134.00	134.00	144.83	153.86

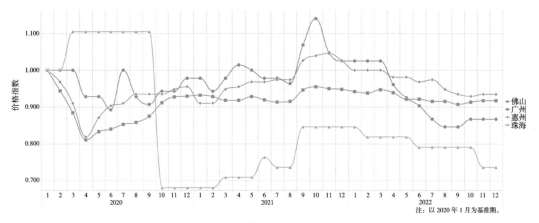

图 2-2-30　材料指数趋势分析（城市对比）

材料指数信息列表　　　　　　　　　　　　　　　　表 2-2-30

材料名称	城市名称	2020 年													
		1 月	2 月	3 月	4 月	5 月	6 月	7 月	8 月	9 月	10 月	11 月	12 月	平均值	
石屑	佛山	1.00	1.00	1.00	0.93	0.93	0.89	1.00	0.93	0.91	0.94	0.94	0.98	0.95	
	广州	1.00	0.94	0.88	0.81	0.83	0.84	0.85	0.86	0.88	0.91	0.93	0.93	0.89	
	惠州	1.00	0.97	0.91	0.82	0.87	0.90	0.91	0.94	0.94	0.94	0.95	0.96	0.92	
	珠海	1.00	1.00	1.10	1.10	1.10	1.10	1.10	1.10	1.10	0.68	0.68	0.68	0.98	
材料名称	城市名称	2021 年													
		1 月	2 月	3 月	4 月	5 月	6 月	7 月	8 月	9 月	10 月	11 月	12 月	平均值	
石屑	佛山	0.98	0.94	0.98	1.01	1.00	0.98	0.98	0.96	1.07	1.14	1.05	1.03	1.01	
	广州	0.93	0.93	0.92	0.92	0.93	0.92	0.91	0.92	0.95	0.96	0.95	0.95	0.93	
	惠州	0.91	0.91	0.95	0.96	0.97	0.97	0.97	0.97	1.03	1.04	1.05	1.03	0.98	
	珠海	0.68	0.68	0.71	0.71	0.71	0.76	0.74	0.74	0.85	0.85	0.85	0.85	0.76	
材料名称	城市名称	2022 年													总平均值
		1 月	2 月	3 月	4 月	5 月	6 月	7 月	8 月	9 月	10 月	11 月	12 月	平均值	
石屑	佛山	1.03	1.03	1.03	0.96	0.93	0.90	0.87	0.85	0.85	0.87	0.87	0.87	0.92	0.96
	广州	0.94	0.94	0.95	0.94	0.92	0.92	0.92	0.92	0.91	0.91	0.92	0.92	0.92	0.91
	惠州	1.00	1.00	1.00	0.98	0.98	0.97	0.97	0.95	0.94	0.93	0.94	0.94	0.97	0.96
	珠海	0.85	0.82	0.82	0.82	0.82	0.79	0.79	0.79	0.79	0.79	0.74	0.74	0.80	0.85

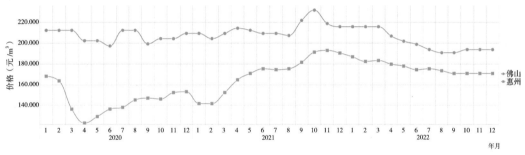

图 2-2-31　材料价格趋势分析（城市对比）

材料价格信息列表（单位：元/m³）　　表 2-2-31

材料名称	城市名称	2020 年													
		1月	2月	3月	4月	5月	6月	7月	8月	9月	10月	11月	12月	平均值	
碎石（10mm）	佛山	212.17	212.17	212.17	202.17	202.17	197.17	212.17	212.17	199.18	204.17	204.17	209.17	206.59	
	惠州	168.14	163.72	136.28	123.01	129.20	136.28	138.05	145.13	146.90	146.02	152.21	153.10	144.84	
材料名称	城市名称	2021 年													
		1月	2月	3月	4月	5月	6月	7月	8月	9月	10月	11月	12月	平均值	
碎石（10mm）	佛山	209.17	204.17	209.17	214.17	212.17	209.17	209.17	207.17	221.67	231.67	218.67	215.67	213.50	
	惠州	141.59	141.59	152.21	164.60	170.80	175.22	174.34	175.22	181.42	191.15	192.92	190.27	170.94	
材料名称	城市名称	2022 年													
		1月	2月	3月	4月	5月	6月	7月	8月	9月	10月	11月	12月	平均值	总平均值
碎石（10mm）	佛山	215.67	215.67	215.67	206.67	201.67	198.67	193.68	190.68	190.68	193.68	193.68	193.68	200.84	206.98
	惠州	186.73	182.30	183.19	179.65	177.88	174.34	175.22	173.45	170.80	170.80	170.80	170.80	176.33	164.04

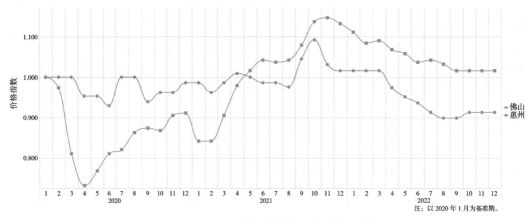

注：以2020年1月为基准期。

图 2-2-32　材料指数趋势分析（城市对比）

材料指数信息列表　　　　　　　　　　　　　　　　　　表 2-2-32

材料名称	城市名称	2020 年												
		1月	2月	3月	4月	5月	6月	7月	8月	9月	10月	11月	12月	平均值
碎石（10mm）	佛山	1.00	1.00	1.00	0.95	0.95	0.93	1.00	1.00	0.94	0.96	0.96	0.99	0.97
	惠州	1.00	0.97	0.81	0.73	0.77	0.81	0.82	0.86	0.87	0.87	0.91	0.91	0.86

材料名称	城市名称	2021 年												
		1月	2月	3月	4月	5月	6月	7月	8月	9月	10月	11月	12月	平均值
碎石（10mm）	佛山	0.99	0.96	0.99	1.01	1.00	0.99	0.99	0.98	1.05	1.09	1.03	1.02	1.01
	惠州	0.84	0.84	0.91	0.98	1.02	1.04	1.04	1.04	1.08	1.14	1.15	1.13	1.02

材料名称	城市名称	2022 年													总平均值
		1月	2月	3月	4月	5月	6月	7月	8月	9月	10月	11月	12月	平均值	
碎石（10mm）	佛山	1.02	1.02	1.02	0.97	0.95	0.94	0.91	0.90	0.90	0.91	0.91	0.91	0.95	0.98
	惠州	1.11	1.08	1.09	1.07	1.06	1.04	1.04	1.03	1.02	1.02	1.02	1.02	1.05	0.98

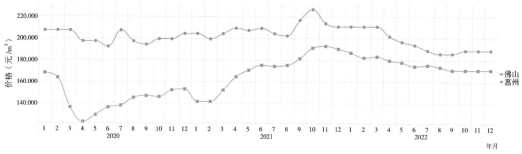

图 2-2-33　材料价格趋势分析（城市对比）

材料价格信息列表（单位：元 /m³）　　　　表 2-2-33

材料名称	城市名称	2020 年												
		1月	2月	3月	4月	5月	6月	7月	8月	9月	10月	11月	12月	平均值
碎石（20mm）	佛山	207.32	207.32	207.32	197.32	197.32	192.32	207.32	197.32	194.32	199.32	199.32	204.32	200.90
	惠州	168.14	163.72	136.28	123.01	129.20	136.28	138.05	145.13	146.90	146.02	152.21	153.10	144.84

材料名称	城市名称	2021 年												
		1月	2月	3月	4月	5月	6月	7月	8月	9月	10月	11月	12月	平均值
碎石（20mm）	佛山	204.32	199.32	204.32	209.32	207.32	209.17	204.32	202.32	216.82	226.82	213.82	210.82	209.06
	惠州	141.59	141.59	152.21	164.60	170.80	175.22	174.34	175.22	181.42	191.15	192.92	190.27	170.94

材料名称	城市名称	2022 年													
		1月	2月	3月	4月	5月	6月	7月	8月	9月	10月	11月	12月	平均值	总平均值
碎石（20mm）	佛山	210.82	210.82	210.82	201.82	196.82	193.82	188.88	185.88	185.88	188.88	188.88	188.88	196.02	201.99
	惠州	186.73	182.30	183.19	179.65	177.88	174.34	175.22	173.45	170.80	170.80	170.80	170.80	176.33	164.04

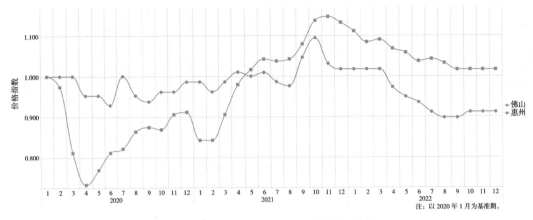

图 2-2-34　材料指数趋势分析（城市对比）

材料指数信息列表　　　　　　表 2-2-34

材料名称	城市名称	2020 年												
		1 月	2 月	3 月	4 月	5 月	6 月	7 月	8 月	9 月	10 月	11 月	12 月	平均值
碎石（20mm）	佛山	1.00	1.00	1.00	0.95	0.95	0.93	1.00	0.95	0.94	0.96	0.96	0.99	0.97
	惠州	1.00	0.97	0.81	0.73	0.77	0.81	0.82	0.86	0.87	0.87	0.91	0.91	0.86

材料名称	城市名称	2021 年												
		1 月	2 月	3 月	4 月	5 月	6 月	7 月	8 月	9 月	10 月	11 月	12 月	平均值
碎石（20mm）	佛山	0.99	0.96	0.99	1.01	1.00	1.01	0.99	0.98	1.05	1.09	1.03	1.02	1.01
	惠州	0.84	0.84	0.91	0.98	1.02	1.04	1.04	1.04	1.08	1.14	1.15	1.13	1.02

材料名称	城市名称	2022 年													总平均值
		1 月	2 月	3 月	4 月	5 月	6 月	7 月	8 月	9 月	10 月	11 月	12 月	平均值	
碎石（20mm）	佛山	1.02	1.02	1.02	0.97	0.95	0.94	0.91	0.90	0.90	0.91	0.91	0.91	0.95	0.97
	惠州	1.11	1.08	1.09	1.07	1.06	1.04	1.04	1.03	1.02	1.02	1.02	1.02	1.05	0.98

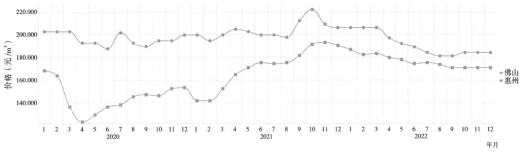

图 2-2-35　材料价格趋势分析（城市对比）

材料价格信息列表（单位：元 /m³）　　　　　　表 2-2-35

材料名称	城市名称	2020 年												
		1 月	2 月	3 月	4 月	5 月	6 月	7 月	8 月	9 月	10 月	11 月	12 月	平均值
碎石（40mm）	佛山	202.47	202.47	202.47	192.47	192.47	187.47	201.47	192.47	189.47	194.47	194.47	199.47	195.97
	惠州	168.14	163.72	136.28	123.01	129.20	136.28	138.05	145.13	146.90	146.02	152.21	153.10	144.84

材料名称	城市名称	2021 年												
		1 月	2 月	3 月	4 月	5 月	6 月	7 月	8 月	9 月	10 月	11 月	12 月	平均值
碎石（40mm）	佛山	199.47	194.47	199.47	204.47	202.47	199.47	199.47	197.47	211.97	221.97	208.97	205.97	203.80
	惠州	141.59	141.59	152.21	164.60	170.80	175.22	174.34	175.22	181.42	191.15	192.92	190.27	170.94

材料名称	城市名称	2022 年													总平均值
		1 月	2 月	3 月	4 月	5 月	6 月	7 月	8 月	9 月	10 月	11 月	12 月	平均值	
碎石（40mm）	佛山	205.97	205.97	205.97	196.97	191.97	188.97	184.08	181.08	181.08	184.08	184.08	184.08	191.19	196.99
	惠州	186.73	182.30	183.19	179.65	177.88	174.34	175.22	173.45	170.80	170.80	170.80	170.80	176.33	164.04

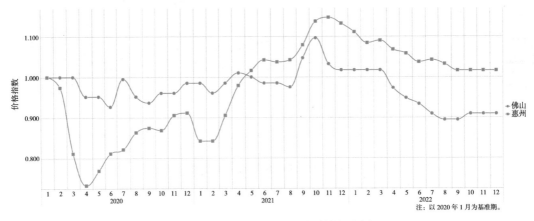

图 2-2-36　材料指数趋势分析（城市对比）

材料指数信息列表　　　　　　　　　　　　　　　　　　　表 2-2-36

材料名称	城市名称	2020 年												
		1 月	2 月	3 月	4 月	5 月	6 月	7 月	8 月	9 月	10 月	11 月	12 月	平均值
碎石（40mm）	佛山	1.00	1.00	1.00	0.95	0.95	0.93	1.00	0.95	0.94	0.96	0.96	0.99	0.97
	惠州	1.00	0.97	0.81	0.73	0.77	0.81	0.82	0.86	0.87	0.87	0.91	0.91	0.86

材料名称	城市名称	2021 年												
		1 月	2 月	3 月	4 月	5 月	6 月	7 月	8 月	9 月	10 月	11 月	12 月	平均值
碎石（40mm）	佛山	0.99	0.96	0.99	1.01	1.00	0.99	0.99	0.98	1.05	1.10	1.03	1.02	1.01
	惠州	0.84	0.84	0.91	0.98	1.02	1.04	1.04	1.04	1.08	1.14	1.15	1.13	1.02

材料名称	城市名称	2022 年												总平均值
		1 月	2 月	3 月	4 月	5 月	6 月	7 月	8 月	9 月	10 月	11 月	12 月	平均值	
碎石（40mm）	佛山	1.02	1.02	1.02	0.97	0.95	0.93	0.91	0.89	0.89	0.91	0.91	0.91	0.94	0.97
	惠州	1.11	1.08	1.09	1.07	1.06	1.04	1.04	1.03	1.02	1.02	1.02	1.02	1.05	0.98

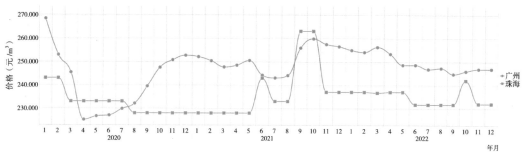

图 2-2-37　材料价格趋势分析（城市对比）

材料价格信息列表（单位：元 /m³）　　　　　　　　　表 2-2-37

材料名称	城市名称	2020 年												
		1 月	2 月	3 月	4 月	5 月	6 月	7 月	8 月	9 月	10 月	11 月	12 月	平均值
碎石 （ 20~40mm ）	广州	268.33	252.91	245.41	225.21	226.68	227.05	229.85	232.14	239.47	247.55	250.77	252.70	241.51
	珠海	243.00	243.00	233.00	233.00	233.00	233.00	233.00	228.00	228.00	228.00	228.00	228.00	232.58

材料名称	城市名称	2021 年												
		1 月	2 月	3 月	4 月	5 月	6 月	7 月	8 月	9 月	10 月	11 月	12 月	平均值
碎石 （ 20~40mm ）	广州	252.08	250.36	247.71	248.46	250.49	244.30	243.08	244.10	255.87	259.78	257.40	256.46	250.84
	珠海	228.00	228.00	228.00	228.00	228.00	243.00	233.00	233.00	263.00	263.00	237.00	237.00	237.42

材料名称	城市名称	2022 年													总平均值
		1 月	2 月	3 月	4 月	5 月	6 月	7 月	8 月	9 月	10 月	11 月	12 月	平均值	
碎石 （ 20~40mm ）	广州	254.92	254.05	256.23	253.31	248.64	248.64	246.81	247.25	244.74	245.97	246.88	246.88	249.53	247.29
	珠海	237.00	237.00	236.70	237.00	237.00	231.70	231.70	231.70	231.70	242.00	232.00	232.00	234.79	234.93

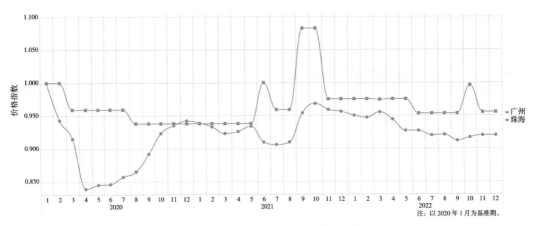

图2-2-38　材料指数趋势分析（城市对比）

材料指数信息列表　　　　　　　　　　　　　表2-2-38

材料名称	城市名称	2020 年												
		1月	2月	3月	4月	5月	6月	7月	8月	9月	10月	11月	12月	平均值
碎石（20~40mm）	广州	1.00	0.94	0.92	0.84	0.85	0.85	0.86	0.87	0.89	0.92	0.94	0.94	0.90
	珠海	1.00	1.00	0.96	0.96	0.96	0.96	0.96	0.94	0.94	0.94	0.94	0.94	0.96

材料名称	城市名称	2021 年												
		1月	2月	3月	4月	5月	6月	7月	8月	9月	10月	11月	12月	平均值
碎石（20~40mm）	广州	0.94	0.93	0.92	0.93	0.93	0.91	0.91	0.91	0.95	0.97	0.96	0.96	0.93
	珠海	0.94	0.94	0.94	0.94	0.94	1.00	0.96	0.96	1.08	1.08	0.98	0.98	0.98

材料名称	城市名称	2022 年													总平均值
		1月	2月	3月	4月	5月	6月	7月	8月	9月	10月	11月	12月	平均值	
碎石（20~40mm）	广州	0.95	0.95	0.96	0.94	0.93	0.93	0.92	0.92	0.91	0.92	0.92	0.92	0.93	0.92
	珠海	0.98	0.98	0.97	0.98	0.98	0.95	0.95	0.95	0.95	1.00	0.96	0.96	0.97	0.97

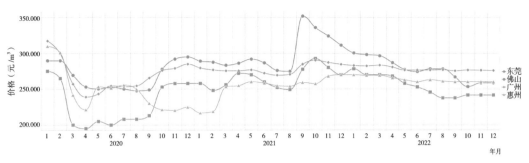

图 2-2-39　材料价格趋势分析（城市对比）

材料价格信息列表（单位：元 /m³）　　　　　　　表 2-2-39

材料名称	城市名称	2020 年												
		1 月	2 月	3 月	4 月	5 月	6 月	7 月	8 月	9 月	10 月	11 月	12 月	平均值
中砂	东莞	289.63	289.63	269.32	252.87	250.19	252.66	250.14	247.61	248.85	277.84	291.90	294.79	267.95
	佛山	275.00	265.00	200.00	195.00	205.00	200.00	208.00	208.00	213.00	253.00	258.00	258.00	228.17
	广州	317.00	299.50	257.00	238.87	243.19	254.61	253.36	254.61	265.57	275.97	278.97	284.84	268.62
	惠州	309.73	300.88	241.59	221.24	253.10	251.33	255.75	249.56	230.09	221.24	220.35	224.78	248.30

材料名称	城市名称	2021 年												
		1 月	2 月	3 月	4 月	5 月	6 月	7 月	8 月	9 月	10 月	11 月	12 月	平均值
中砂	东莞	288.89	287.45	283.15	285.98	291.70	286.39	275.96	274.58	351.55	335.49	323.80	310.98	299.66
	佛山	258.00	248.00	256.00	272.00	270.00	260.00	252.00	249.00	277.50	292.50	280.00	270.00	265.42
	广州	279.34	276.68	275.46	275.46	276.71	272.14	269.32	270.60	284.62	290.00	286.99	284.36	278.47
	惠州	216.81	218.58	253.10	254.87	260.18	258.41	254.87	253.98	259.29	257.52	268.14	269.91	252.14

材料名称	城市名称	2022 年												
		1 月	2 月	3 月	4 月	5 月	6 月	7 月	8 月	9 月	10 月	11 月	12 月	平均值	总平均值
中砂	东莞	300.17	297.92	296.28	286.58	277.06	274.28	277.91	277.91	266.79	253.45	258.52	258.52	277.12	281.58
	佛山	278.10	270.00	270.00	268.00	258.00	253.00	245.46	237.46	237.46	241.46	241.46	241.46	253.49	249.02
	广州	282.85	282.10	283.07	280.56	276.39	276.39	276.39	276.75	275.38	276.42	276.14	275.75	278.18	275.09
	惠州	269.91	269.03	269.03	265.49	262.83	260.18	262.83	261.06	260.18	260.18	260.18	260.18	263.42	254.62

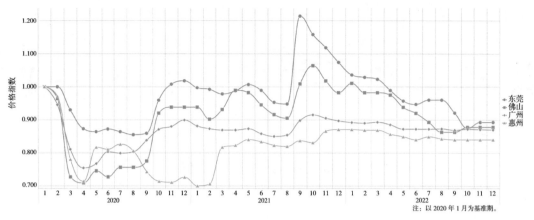

图 2-2-40　材料指数趋势分析（城市对比）

材料指数信息列表　　　　　　　　　　　　　　　　表 2-2-40

材料名称	城市名称	2020 年												
		1 月	2 月	3 月	4 月	5 月	6 月	7 月	8 月	9 月	10 月	11 月	12 月	平均值
中砂	东莞	1.00	1.00	0.93	0.87	0.86	0.87	0.86	0.86	0.86	0.96	1.01	1.02	0.93
	佛山	1.00	0.96	0.73	0.71	0.75	0.73	0.76	0.76	0.78	0.92	0.94	0.94	0.83
	广州	1.00	0.95	0.81	0.75	0.77	0.80	0.80	0.80	0.84	0.87	0.88	0.90	0.85
	惠州	1.00	0.97	0.78	0.71	0.82	0.81	0.83	0.81	0.74	0.71	0.71	0.73	0.80

材料名称	城市名称	2021 年												
		1 月	2 月	3 月	4 月	5 月	6 月	7 月	8 月	9 月	10 月	11 月	12 月	平均值
中砂	东莞	1.00	0.99	0.98	0.99	1.01	0.99	0.95	0.95	1.21	1.16	1.12	1.07	1.03
	佛山	0.94	0.90	0.93	0.99	0.98	0.95	0.92	0.91	1.01	1.06	1.02	0.98	0.97
	广州	0.88	0.87	0.87	0.87	0.87	0.86	0.85	0.85	0.90	0.92	0.91	0.90	0.88
	惠州	0.70	0.71	0.82	0.82	0.84	0.83	0.82	0.82	0.84	0.83	0.87	0.87	0.81

材料名称	城市名称	2022 年												总平均值
		1 月	2 月	3 月	4 月	5 月	6 月	7 月	8 月	9 月	10 月	11 月	12 月	平均值	
中砂	东莞	1.04	1.03	1.02	0.99	0.96	0.95	0.96	0.96	0.92	0.88	0.89	0.89	0.96	0.97
	佛山	1.01	0.98	0.98	0.98	0.94	0.92	0.89	0.86	0.86	0.88	0.88	0.88	0.92	0.91
	广州	0.89	0.89	0.89	0.89	0.87	0.87	0.87	0.87	0.87	0.87	0.87	0.87	0.88	0.87
	惠州	0.87	0.87	0.87	0.86	0.85	0.84	0.85	0.84	0.84	0.84	0.84	0.84	0.85	0.82

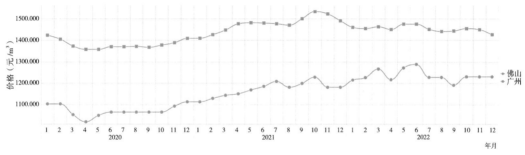

图 2-2-41　材料价格趋势分析（城市对比）

材料价格信息列表（单位：元/m³）　　　　　　　表 2-2-41

材料名称	城市名称	2020 年													
		1月	2月	3月	4月	5月	6月	7月	8月	9月	10月	11月	12月	平均值	
粗粒式普通沥青混凝土 AC花岗岩	佛山	1102.96	1102.96	1052.96	1019.70	1049.70	1064.70	1064.70	1064.70	1064.70	1064.70	1092.70	1112.70	1071.43	
	广州	1423.31	1404.49	1372.50	1357.56	1357.22	1369.92	1369.50	1370.96	1367.29	1377.62	1388.22	1408.74	1380.61	

材料名称	城市名称	2021 年													
		1月	2月	3月	4月	5月	6月	7月	8月	9月	10月	11月	12月	平均值	
粗粒式普通沥青混凝土 AC花岗岩	佛山	1112.70	1128.70	1142.70	1149.70	1167.70	1184.70	1207.70	1180.20	1198.20	1228.20	1180.20	1180.20	1171.74	
	广州	1409.06	1425.86	1447.10	1476.72	1481.16	1480.31	1476.73	1470.33	1500.28	1533.58	1522.28	1490.41	1476.15	

材料名称	城市名称	2022 年													
		1月	2月	3月	4月	5月	6月	7月	8月	9月	10月	11月	12月	平均值	总平均值
粗粒式普通沥青混凝土 AC花岗岩	佛山	1214.20	1226.20	1266.20	1216.20	1271.20	1288.20	1227.27	1227.27	1190.27	1230.27	1230.27	1230.27	1234.82	1159.33
	广州	1460.10	1454.02	1462.85	1449.90	1475.28	1475.28	1451.00	1440.91	1443.39	1454.09	1449.23	1426.31	1453.53	1436.76

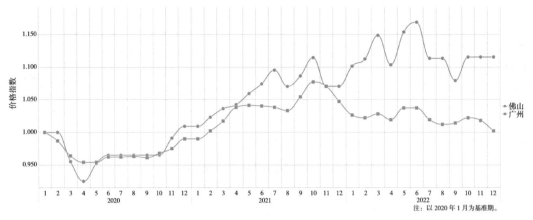

注：以2020年1月为基准期。

图 2-2-42　材料指数趋势分析（城市对比）

材料指数信息列表　　　　　　　　　　　　表 2-2-42

材料名称	城市名称	2020 年												
---	---	---	---	---	---	---	---	---	---	---	---	---	---	
		1月	2月	3月	4月	5月	6月	7月	8月	9月	10月	11月	12月	平均值
粗粒式普通沥青混凝土 AC 花岗岩	佛山	1.00	1.00	0.96	0.93	0.95	0.97	0.97	0.97	0.97	0.97	0.99	1.01	0.97
	广州	1.00	0.99	0.96	0.95	0.95	0.96	0.96	0.96	0.96	0.97	0.98	0.99	0.97

材料名称	城市名称	2021 年												
---	---	---	---	---	---	---	---	---	---	---	---	---	---	
		1月	2月	3月	4月	5月	6月	7月	8月	9月	10月	11月	12月	平均值
粗粒式普通沥青混凝土 AC 花岗岩	佛山	1.01	1.02	1.04	1.04	1.06	1.07	1.10	1.07	1.09	1.11	1.07	1.07	1.06
	广州	0.99	1.00	1.02	1.04	1.04	1.04	1.04	1.03	1.05	1.08	1.07	1.05	1.04

材料名称	城市名称	2022 年													
		1月	2月	3月	4月	5月	6月	7月	8月	9月	10月	11月	12月	平均值	总平均值
粗粒式普通沥青混凝土 AC 花岗岩	佛山	1.10	1.11	1.15	1.10	1.15	1.17	1.11	1.11	1.08	1.12	1.12	1.12	1.12	1.05
	广州	1.03	1.02	1.03	1.02	1.04	1.04	1.02	1.01	1.01	1.02	1.02	1.00	1.02	1.01

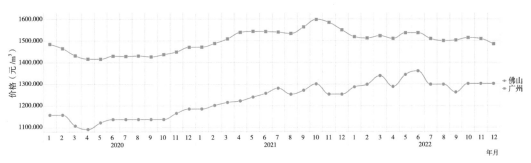

图 2-2-43　材料价格趋势分析（城市对比）

材料价格信息列表（单位：元 /m³）　　　　　　　　表 2-2-43

材料名称	城市名称	2020 年												
		1月	2月	3月	4月	5月	6月	7月	8月	9月	10月	11月	12月	平均值
中粒式普通沥青混凝土 AC 花岗岩	佛山	1157.48	1157.48	1107.48	1091.80	1121.80	1136.80	1136.80	1136.80	1136.80	1136.80	1164.80	1184.80	1139.14
	广州	1484.31	1464.42	1431.08	1415.94	1415.27	1429.07	1427.75	1429.65	1425.86	1436.47	1447.77	1469.78	1439.78

材料名称	城市名称	2021 年												
		1月	2月	3月	4月	5月	6月	7月	8月	9月	10月	11月	12月	平均值
中粒式普通沥青混凝土 AC 花岗岩	佛山	1184.80	1200.80	1214.80	1221.80	1239.80	1256.80	1279.80	1252.30	1270.30	1300.30	1252.30	1252.30	1243.84
	广州	1470.07	1486.87	1508.20	1538.17	1542.52	1541.76	1538.79	1532.49	1562.98	1597.06	1583.69	1549.36	1537.66

材料名称	城市名称	2022 年													
		1月	2月	3月	4月	5月	6月	7月	8月	9月	10月	11月	12月	平均值	总平均值
中粒式普通沥青混凝土 AC 花岗岩	佛山	1286.30	1298.30	1338.30	1288.30	1343.30	1360.30	1298.68	1298.68	1261.68	1301.68	1301.68	1301.68	1306.57	1229.85
	广州	1517.87	1511.72	1521.92	1509.26	1535.40	1535.40	1508.99	1499.28	1501.93	1513.08	1508.34	1484.38	1512.30	1496.58

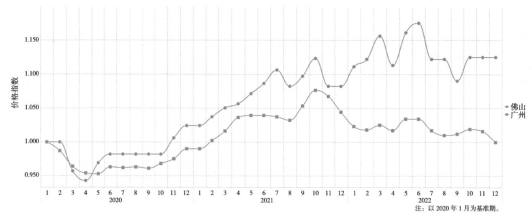

注：以2020年1月为基准期。

图2-2-44 材料指数趋势分析（城市对比）

材料指数信息列表 表 2-2-44

材料名称	城市名称	2020 年												
		1月	2月	3月	4月	5月	6月	7月	8月	9月	10月	11月	12月	平均值
中粒式普通沥青混凝土AC花岗岩	佛山	1.00	1.00	0.96	0.94	0.97	0.98	0.98	0.98	0.98	0.98	1.01	1.02	0.98
	广州	1.00	0.99	0.96	0.95	0.95	0.96	0.96	0.96	0.96	0.97	0.98	0.99	0.97

材料名称	城市名称	2021 年												
		1月	2月	3月	4月	5月	6月	7月	8月	9月	10月	11月	12月	平均值
中粒式普通沥青混凝土AC花岗岩	佛山	1.02	1.04	1.05	1.06	1.07	1.09	1.11	1.08	1.10	1.12	1.08	1.08	1.07
	广州	0.99	1.00	1.02	1.04	1.04	1.04	1.04	1.03	1.05	1.08	1.07	1.04	1.04

材料名称	城市名称	2022 年												总平均值
		1月	2月	3月	4月	5月	6月	7月	8月	9月	10月	11月	12月 平均值	
中粒式普通沥青混凝土AC花岗岩	佛山	1.11	1.12	1.16	1.11	1.16	1.18	1.12	1.12	1.09	1.13	1.13	1.13	1.13	1.06
	广州	1.02	1.02	1.03	1.02	1.03	1.03	1.02	1.01	1.01	1.02	1.02	1.00	1.02	1.01

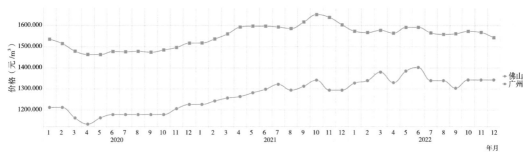

图 2-2-45　材料价格趋势分析（城市对比）

材料价格信息列表（单位：元/m³）　　　　表 2-2-45

材料名称	城市名称	2020年												
		1月	2月	3月	4月	5月	6月	7月	8月	9月	10月	11月	12月	平均值
细粒式普通沥青混凝土AC花岗岩	佛山	1212.00	1212.00	1162.00	1133.00	1163.00	1178.00	1178.00	1178.00	1178.00	1178.00	1206.00	1226.00	1183.67
	广州	1535.01	1514.24	1478.43	1462.91	1462.37	1476.87	1475.77	1477.47	1473.42	1484.07	1495.62	1516.56	1487.73

材料名称	城市名称	2021年												
		1月	2月	3月	4月	5月	6月	7月	8月	9月	10月	11月	12月	平均值
细粒式普通沥青混凝土AC花岗岩	佛山	1226.00	1242.00	1256.00	1263.00	1281.00	1298.00	1321.00	1293.50	1311.50	1341.50	1293.50	1293.50	1285.04
	广州	1516.82	1536.12	1559.82	1592.05	1596.68	1596.43	1592.53	1585.23	1616.20	1650.93	1637.63	1602.78	1590.27

材料名称	城市名称	2022年													
		1月	2月	3月	4月	5月	6月	7月	8月	9月	10月	11月	12月	平均值	总平均值
细粒式普通沥青混凝土AC花岗岩	佛山	1327.50	1339.50	1379.50	1329.50	1384.50	1401.50	1339.55	1339.55	1302.55	1342.55	1342.55	1342.55	1347.61	1272.11
	广州	1572.51	1566.53	1576.43	1563.62	1591.00	1591.00	1564.75	1557.46	1560.30	1571.88	1567.12	1542.04	1568.72	1548.91

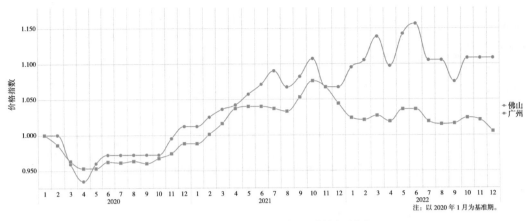

图 2-2-46 材料指数趋势分析（城市对比）

材料指数信息列表 表 2-2-46

材料名称	城市名称	2020 年												
		1月	2月	3月	4月	5月	6月	7月	8月	9月	10月	11月	12月	平均值
细粒式普通沥青混凝土AC花岗岩	佛山	1.00	1.00	0.96	0.94	0.96	0.97	0.97	0.97	0.97	0.97	1.00	1.01	0.98
	广州	1.00	0.99	0.96	0.95	0.95	0.96	0.96	0.96	0.96	0.97	0.97	0.99	0.97

材料名称	城市名称	2021 年												
		1月	2月	3月	4月	5月	6月	7月	8月	9月	10月	11月	12月	平均值
细粒式普通沥青混凝土AC花岗岩	佛山	1.01	1.03	1.04	1.04	1.06	1.07	1.09	1.07	1.08	1.11	1.07	1.07	1.06
	广州	0.99	1.00	1.02	1.04	1.04	1.04	1.04	1.03	1.05	1.08	1.07	1.04	1.04

材料名称	城市名称	2022 年													
		1月	2月	3月	4月	5月	6月	7月	8月	9月	10月	11月	12月	平均值	总平均值
细粒式普通沥青混凝土AC花岗岩	佛山	1.10	1.11	1.14	1.10	1.14	1.16	1.11	1.11	1.08	1.11	1.11	1.11	1.11	1.05
	广州	1.02	1.02	1.03	1.02	1.04	1.04	1.02	1.02	1.02	1.02	1.02	1.01	1.02	1.01

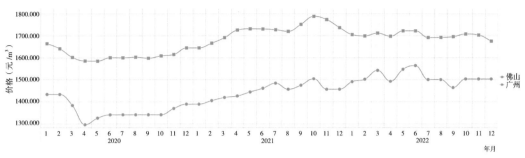

图 2-2-47　材料价格趋势分析（城市对比）

材料价格信息列表（单位：元 /m³）　　　　　　　　表 2-2-47

材料名称	城市名称	2020 年												
		1 月	2 月	3 月	4 月	5 月	6 月	7 月	8 月	9 月	10 月	11 月	12 月	平均值	
细粒式改性沥青混凝土 AC 花岗岩	佛山	1432.77	1432.77	1382.77	1295.50	1325.50	1340.50	1340.50	1340.50	1340.50	1340.50	1368.50	1388.50	1360.73	
	广州	1663.53	1640.97	1601.36	1585.40	1584.59	1600.39	1599.88	1602.19	1597.79	1608.29	1614.49	1644.17	1611.92	

材料名称	城市名称	2021 年												
		1 月	2 月	3 月	4 月	5 月	6 月	7 月	8 月	9 月	10 月	11 月	12 月	平均值	
细粒式改性沥青混凝土 AC 花岗岩	佛山	1388.50	1404.50	1418.50	1425.50	1443.50	1460.50	1483.50	1456.00	1474.00	1504.00	1456.00	1456.00	1447.54	
	广州	1644.37	1665.87	1690.57	1725.00	1730.56	1729.87	1726.70	1718.80	1750.81	1787.04	1772.41	1735.69	1723.14	

材料名称	城市名称	2022 年													总平均值
		1 月	2 月	3 月	4 月	5 月	6 月	7 月	8 月	9 月	10 月	11 月	12 月	平均值	
细粒式改性沥青混凝土 AC 花岗岩	佛山	1490.00	1502.00	1542.00	1492.00	1547.00	1564.00	1500.35	1500.35	1463.35	1503.35	1503.35	1503.35	1509.26	1439.18
	广州	1704.10	1698.19	1711.35	1696.62	1720.97	1720.97	1690.48	1691.49	1694.48	1706.83	1702.19	1674.61	1701.02	1678.69

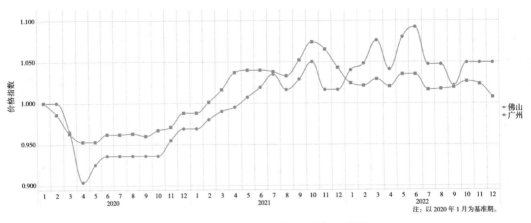

图 2-2-48　材料指数趋势分析（城市对比）

材料指数信息列表　　　　　　　　表 2-2-48

材料名称	城市名称	2020 年												
		1月	2月	3月	4月	5月	6月	7月	8月	9月	10月	11月	12月	平均值
细粒式改性沥青混凝土 AC 花岗岩	佛山	1.00	1.00	0.97	0.90	0.93	0.94	0.94	0.94	0.94	0.94	0.96	0.97	0.95
	广州	1.00	0.99	0.96	0.95	0.95	0.96	0.96	0.96	0.96	0.97	0.97	0.99	0.97

材料名称	城市名称	2021 年												
		1月	2月	3月	4月	5月	6月	7月	8月	9月	10月	11月	12月	平均值
细粒式改性沥青混凝土 AC 花岗岩	佛山	0.97	0.98	0.99	1.00	1.01	1.02	1.04	1.02	1.03	1.05	1.02	1.02	1.01
	广州	0.99	1.00	1.02	1.04	1.04	1.04	1.04	1.03	1.05	1.07	1.07	1.04	1.04

材料名称	城市名称	2022 年													总平均值
		1月	2月	3月	4月	5月	6月	7月	8月	9月	10月	11月	12月	平均值	
细粒式改性沥青混凝土 AC 花岗岩	佛山	1.04	1.05	1.08	1.04	1.08	1.09	1.05	1.05	1.02	1.05	1.05	1.05	1.05	1.00
	广州	1.02	1.02	1.03	1.02	1.04	1.04	1.02	1.02	1.02	1.03	1.02	1.01	1.02	1.01

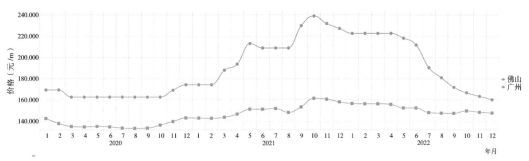

图 2-2-49　材料价格趋势分析（城市对比）

材料价格信息列表（单位：元 /m）　　　　　　　　表 2-2-49

材料名称	城市名称	2020 年												
		1 月	2 月	3 月	4 月	5 月	6 月	7 月	8 月	9 月	10 月	11 月	12 月	平均值
Ⅱ级钢筋混凝土排水管（承插口）（DN500,壁厚55mm）	佛山	169.24	169.24	162.47	162.47	162.47	162.47	162.47	162.47	162.47	162.47	168.97	174.04	165.10
	广州	142.50	137.80	134.97	134.56	135.09	134.60	133.55	133.22	133.45	136.34	139.70	143.04	136.57

材料名称	城市名称	2021 年												
		1 月	2 月	3 月	4 月	5 月	6 月	7 月	8 月	9 月	10 月	11 月	12 月	平均值
Ⅱ级钢筋混凝土排水管（承插口）（DN500,壁厚55mm）	佛山	174.04	174.04	187.97	193.60	212.96	208.71	208.71	208.71	229.58	238.76	231.60	226.96	207.97
	广州	142.87	142.71	143.70	146.67	151.27	151.27	151.84	148.14	153.31	161.36	160.52	158.05	150.98

材料名称	城市名称	2022 年													总平均值
		1 月	2 月	3 月	4 月	5 月	6 月	7 月	8 月	9 月	10 月	11 月	12 月	平均值	
Ⅱ级钢筋混凝土排水管（承插口）（DN500,壁厚55mm）	佛山	222.42	222.42	222.42	222.42	217.98	211.44	190.29	180.78	171.74	166.59	163.26	159.99	195.98	189.68
	广州	156.49	156.22	156.29	155.64	152.39	152.39	147.97	147.46	147.34	149.61	148.25	147.61	151.47	146.34

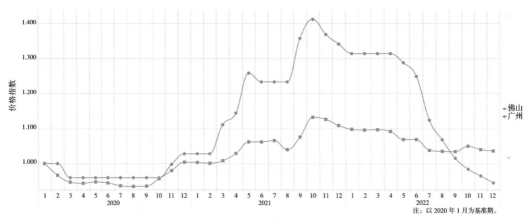

图 2-2-50　材料指数趋势分析（城市对比）

材料指数信息列表　　　　　　　表 2-2-50

材料名称	城市名称	2020 年												
		1 月	2 月	3 月	4 月	5 月	6 月	7 月	8 月	9 月	10 月	11 月	12 月	平均值
Ⅱ级钢筋混凝土排水管（承插口）（DN500，壁厚55mm）	佛山	1.00	1.00	0.96	0.96	0.96	0.96	0.96	0.96	0.96	0.96	1.00	1.03	0.98
	广州	1.00	0.97	0.95	0.94	0.95	0.95	0.94	0.94	0.94	0.96	0.98	1.00	0.96

材料名称	城市名称	2021 年												
		1 月	2 月	3 月	4 月	5 月	6 月	7 月	8 月	9 月	10 月	11 月	12 月	平均值
Ⅱ级钢筋混凝土排水管（承插口）（DN500，壁厚55mm）	佛山	1.03	1.03	1.11	1.14	1.26	1.23	1.23	1.23	1.36	1.41	1.37	1.34	1.23
	广州	1.00	1.00	1.01	1.03	1.06	1.06	1.07	1.04	1.08	1.13	1.13	1.11	1.06

材料名称	城市名称	2022 年												总平均值
		1 月	2 月	3 月	4 月	5 月	6 月	7 月	8 月	9 月	10 月	11 月	12 月	平均值	
Ⅱ级钢筋混凝土排水管（承插口）（DN500，壁厚55mm）	佛山	1.31	1.31	1.31	1.31	1.29	1.25	1.12	1.07	1.02	0.98	0.97	0.95	1.16	1.12
	广州	1.10	1.10	1.10	1.09	1.07	1.07	1.04	1.04	1.03	1.05	1.04	1.04	1.06	1.03

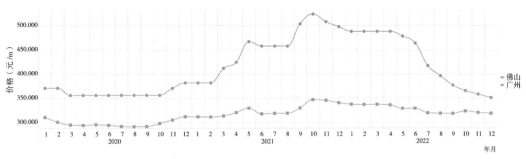

图 2-2-51　材料价格趋势分析（城市对比）

材料价格信息列表（单位：元 /m）　　　　　　　　　　表 2-2-51

材料名称	城市名称	2020 年												
		1 月	2 月	3 月	4 月	5 月	6 月	7 月	8 月	9 月	10 月	11 月	12 月	平均值
Ⅱ级钢筋混凝土排水管（承插口）（DN800,壁厚80mm）	佛山	370.79	370.79	355.96	355.96	355.96	355.96	355.96	355.96	355.96	355.96	370.20	381.30	361.73
	广州	310.82	300.83	295.04	294.22	295.37	294.28	291.93	291.17	291.73	297.90	304.87	311.85	298.33

材料名称	城市名称	2021 年												
		1 月	2 月	3 月	4 月	5 月	6 月	7 月	8 月	9 月	10 月	11 月	12 月	平均值
Ⅱ级钢筋混凝土排水管（承插口）（DN800,壁厚80mm）	佛山	381.30	381.30	411.81	424.16	466.58	457.25	457.25	457.25	502.97	523.09	507.40	497.25	455.63
	广州	311.52	311.22	313.27	319.92	329.20	317.33	318.58	318.71	329.55	346.59	345.25	340.08	325.10

材料名称	城市名称	2022 年													
		1 月	2 月	3 月	4 月	5 月	6 月	7 月	8 月	9 月	10 月	11 月	12 月	平均值	总平均值
Ⅱ级钢筋混凝土排水管（承插口）（DN800,壁厚80mm）	佛山	487.30	487.30	487.30	487.30	477.56	463.23	416.91	396.06	376.26	364.97	357.67	350.52	429.37	415.58
	广州	337.08	336.55	336.87	335.58	328.70	328.70	319.38	318.33	318.11	323.05	319.99	318.59	326.74	316.73

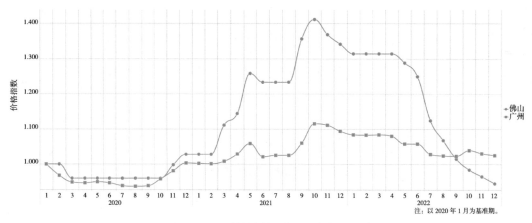

图2-2-52　材料指数趋势分析（城市对比）

材料指数信息列表　　　　　　　　　　　　　　　　表2-2-52

材料名称	城市名称	2020年												
		1月	2月	3月	4月	5月	6月	7月	8月	9月	10月	11月	12月	平均值
Ⅱ级钢筋混凝土排水管（承插口）（DN800，壁厚80mm）	佛山	1.00	1.00	0.96	0.96	0.96	0.96	0.96	0.96	0.96	0.96	1.00	1.03	0.98
	广州	1.00	0.97	0.95	0.95	0.95	0.95	0.94	0.94	0.94	0.96	0.98	1.00	0.96

材料名称	城市名称	2021年												
		1月	2月	3月	4月	5月	6月	7月	8月	9月	10月	11月	12月	平均值
Ⅱ级钢筋混凝土排水管（承插口）（DN800，壁厚80mm）	佛山	1.03	1.03	1.11	1.14	1.26	1.23	1.23	1.23	1.36	1.41	1.37	1.34	1.23
	广州	1.00	1.00	1.01	1.03	1.06	1.02	1.03	1.03	1.06	1.12	1.11	1.09	1.05

材料名称	城市名称	2022年													总平均值
		1月	2月	3月	4月	5月	6月	7月	8月	9月	10月	11月	12月	平均值	
Ⅱ级钢筋混凝土排水管（承插口）（DN800，壁厚80mm）	佛山	1.31	1.31	1.31	1.31	1.29	1.25	1.12	1.07	1.02	0.98	0.97	0.95	1.16	1.12
	广州	1.08	1.08	1.08	1.08	1.06	1.06	1.03	1.02	1.02	1.04	1.03	1.03	1.05	1.02

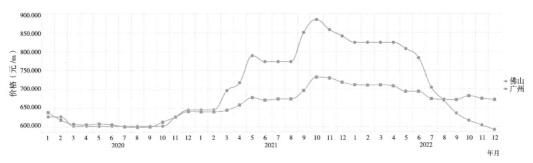

图 2-2-53　材料价格趋势分析（城市对比）

材料价格信息列表（单位：元 /m）　　　　　　　　表 2-2-53

材料名称	城市名称	2020 年												
		1 月	2 月	3 月	4 月	5 月	6 月	7 月	8 月	9 月	10 月	11 月	12 月	平均值
Ⅱ级钢筋混凝土排水管（承插口）（DN1200，壁厚120mm）	佛山	626.76	626.76	601.69	601.69	601.69	601.69	601.69	601.69	601.69	601.69	625.76	644.53	611.44
	广州	637.90	617.82	606.80	605.27	607.72	605.21	600.16	598.48	599.67	612.19	625.89	640.31	613.12

材料名称	城市名称	2021 年												
		1 月	2 月	3 月	4 月	5 月	6 月	7 月	8 月	9 月	10 月	11 月	12 月	平均值
Ⅱ级钢筋混凝土排水管（承插口）（DN1200，壁厚120mm）	佛山	644.53	644.53	696.09	716.97	788.67	772.90	772.90	772.90	850.19	884.19	857.67	840.52	770.17
	广州	639.50	639.77	644.06	657.64	677.01	670.46	673.31	673.40	696.08	731.61	729.34	718.06	679.19

材料名称	城市名称	2022 年													
		1 月	2 月	3 月	4 月	5 月	6 月	7 月	8 月	9 月	10 月	11 月	12 月	平均值	总平均值
Ⅱ级钢筋混凝土排水管（承插口）（DN1200，壁厚120mm）	佛山	823.70	823.70	823.70	823.70	807.23	783.01	704.71	669.48	636.00	616.92	604.58	592.49	725.77	702.46
	广州	711.16	710.18	711.10	708.22	693.64	693.64	674.09	671.94	671.49	681.85	675.08	672.07	689.54	660.61

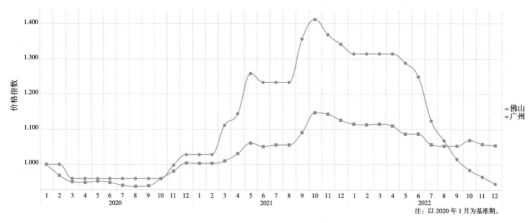

注：以2020年1月为基准期。

图2-2-54　材料指数趋势分析（城市对比）

材料指数信息列表
表 2-2-54

材料名称	城市名称	2020 年												
		1月	2月	3月	4月	5月	6月	7月	8月	9月	10月	11月	12月	平均值
Ⅱ级钢筋混凝土排水管（承插口）（DN1200,壁厚120mm）	佛山	1.00	1.00	0.96	0.96	0.96	0.96	0.96	0.96	0.96	0.96	1.00	1.03	0.98
	广州	1.00	0.97	0.95	0.95	0.95	0.95	0.94	0.94	0.94	0.96	0.98	1.00	0.96

材料名称	城市名称	2021 年												
		1月	2月	3月	4月	5月	6月	7月	8月	9月	10月	11月	12月	平均值
Ⅱ级钢筋混凝土排水管（承插口）（DN1200,壁厚120mm）	佛山	1.03	1.03	1.11	1.14	1.26	1.23	1.23	1.23	1.36	1.41	1.37	1.34	1.23
	广州	1.00	1.00	1.01	1.03	1.06	1.05	1.06	1.06	1.09	1.15	1.14	1.13	1.06

材料名称	城市名称	2022 年												总平均值
		1月	2月	3月	4月	5月	6月	7月	8月	9月	10月	11月	12月	平均值
Ⅱ级钢筋混凝土排水管（承插口）（DN1200,壁厚120mm）	佛山	1.31	1.31	1.31	1.31	1.29	1.25	1.12	1.07	1.02	0.98	0.97	0.95	1.16	1.12
	广州	1.12	1.11	1.12	1.11	1.09	1.09	1.06	1.05	1.05	1.07	1.06	1.05	1.08	1.04

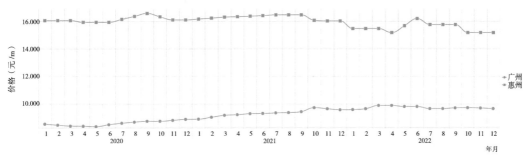

图 2-2-55　材料价格趋势分析（城市对比）

材料价格信息列表（单位：元 /m）　　　　　　　表 2-2-55

材料名称	城市名称	2020 年												
		1 月	2 月	3 月	4 月	5 月	6 月	7 月	8 月	9 月	10 月	11 月	12 月	平均值
HDPE 双壁波纹管（直管）4kN/m² （DN110）	广州	8.54	8.47	8.40	8.39	8.36	8.50	8.60	8.68	8.75	8.75	8.81	8.89	8.60
	惠州	16.05	16.05	16.05	15.92	15.92	15.92	16.13	16.35	16.56	16.32	16.09	16.09	16.12

材料名称	城市名称	2021 年												
		1 月	2 月	3 月	4 月	5 月	6 月	7 月	8 月	9 月	10 月	11 月	12 月	平均值
HDPE 双壁波纹管（直管）4kN/m² （DN110）	广州	8.90	9.04	9.18	9.22	9.29	9.31	9.35	9.37	9.43	9.73	9.65	9.57	9.34
	惠州	16.15	16.22	16.29	16.33	16.36	16.40	16.45	16.45	16.45	16.06	16.01	16.01	16.26

材料名称	城市名称	2022 年													总平均值
		1 月	2 月	3 月	4 月	5 月	6 月	7 月	8 月	9 月	10 月	11 月	12 月	平均值	
HDPE 双壁波纹管（直管）4kN/m² （DN110）	广州	9.59	9.65	9.89	9.89	9.81	9.81	9.66	9.66	9.71	9.72	9.70	9.66	9.73	9.22
	惠州	15.46	15.46	15.46	15.17	15.67	16.19	15.75	15.75	15.75	15.17	15.17	15.17	15.51	15.97

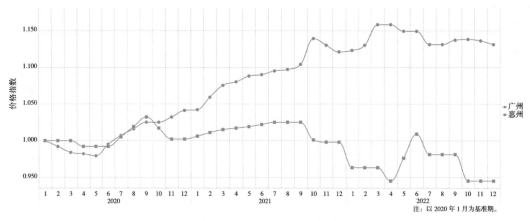

图 2-2-56　材料指数趋势分析（城市对比）

材料指数信息列表　　　　表 2-2-56

材料名称	城市名称	2020 年												
		1 月	2 月	3 月	4 月	5 月	6 月	7 月	8 月	9 月	10 月	11 月	12 月	平均值
HDPE 双壁波纹管（直管）4kN/m² （DN110）	广州	1.00	0.99	0.98	0.98	0.98	1.00	1.01	1.02	1.03	1.03	1.03	1.04	1.01
	惠州	1.00	1.00	1.00	0.99	0.99	0.99	1.01	1.02	1.03	1.02	1.00	1.00	1.00

材料名称	城市名称	2021 年												
		1 月	2 月	3 月	4 月	5 月	6 月	7 月	8 月	9 月	10 月	11 月	12 月	平均值
HDPE 双壁波纹管（直管）4kN/m² （DN110）	广州	1.04	1.06	1.08	1.08	1.09	1.09	1.10	1.10	1.10	1.14	1.13	1.12	1.09
	惠州	1.01	1.01	1.02	1.02	1.02	1.02	1.03	1.03	1.03	1.00	1.00	1.00	1.01

材料名称	城市名称	2022 年												总平均值
		1 月	2 月	3 月	4 月	5 月	6 月	7 月	8 月	9 月	10 月	11 月	12 月	平均值
HDPE 双壁波纹管（直管）4kN/m² （DN110）	广州	1.12	1.13	1.16	1.16	1.15	1.15	1.13	1.13	1.14	1.14	1.14	1.13	1.14	1.08
	惠州	0.96	0.96	0.96	0.95	0.98	1.01	0.98	0.98	0.98	0.95	0.95	0.95	0.97	0.99

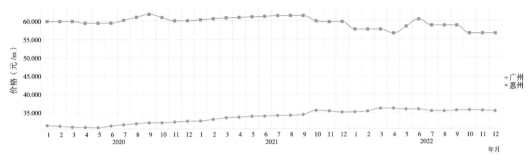

图 2-2-57　材料价格趋势分析（城市对比）

材料价格信息列表（单位：元 /m ）　　　　　　　　　　　　　　　表 2-2-57

材料名称	城市名称	2020 年												
		1月	2月	3月	4月	5月	6月	7月	8月	9月	10月	11月	12月	平均值
HDPE 双壁波纹管（直管）4kN/m²（DN225）	广州	31.57	31.36	31.12	31.05	30.96	31.40	31.71	32.00	32.24	32.24	32.44	32.66	31.73
	惠州	59.85	59.85	59.85	59.34	59.34	59.34	60.12	60.92	61.73	60.83	59.96	59.96	60.09

材料名称	城市名称	2021 年												
		1月	2月	3月	4月	5月	6月	7月	8月	9月	10月	11月	12月	平均值
HDPE 双壁波纹管（直管）4kN/m²（DN225）	广州	32.73	33.15	33.59	33.75	33.97	34.04	34.17	34.24	34.44	35.54	35.38	35.08	34.17
	惠州	60.21	60.47	60.73	60.86	60.99	61.13	61.33	61.33	61.33	59.88	59.65	59.68	60.63

材料名称	城市名称	2022 年													总平均值
		1月	2月	3月	4月	5月	6月	7月	8月	9月	10月	11月	12月	平均值	
HDPE 双壁波纹管（直管）4kN/m²（DN225）	广州	35.14	35.34	36.13	36.12	35.88	35.88	35.42	35.43	35.59	35.66	35.58	35.42	35.63	33.84
	惠州	57.63	57.63	57.63	56.55	58.42	60.37	58.71	58.71	58.71	56.55	56.55	56.55	57.83	59.52

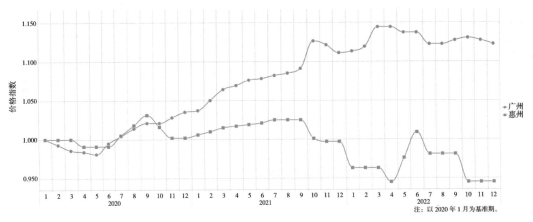

图2-2-58　材料指数趋势分析（城市对比）

材料指数信息列表　　　　　　　　　表2-2-58

材料名称	城市名称	2020年												
		1月	2月	3月	4月	5月	6月	7月	8月	9月	10月	11月	12月	平均值
HDPE双壁波纹管（直管）4kN/m²（DN225）	广州	1.00	0.99	0.99	0.98	0.98	1.00	1.00	1.01	1.02	1.02	1.03	1.04	1.01
	惠州	1.00	1.00	1.00	0.99	0.99	0.99	1.01	1.02	1.03	1.02	1.00	1.00	1.00

材料名称	城市名称	2021年												
		1月	2月	3月	4月	5月	6月	7月	8月	9月	10月	11月	12月	平均值
HDPE双壁波纹管（直管）4kN/m²（DN225）	广州	1.04	1.05	1.06	1.07	1.08	1.08	1.08	1.09	1.09	1.13	1.12	1.11	1.08
	惠州	1.01	1.01	1.02	1.02	1.02	1.02	1.03	1.03	1.03	1.00	1.00	1.00	1.01

材料名称	城市名称	2022年													总平均值
		1月	2月	3月	4月	5月	6月	7月	8月	9月	10月	11月	12月	平均值	
HDPE双壁波纹管（直管）4kN/m²（DN225）	广州	1.11	1.12	1.14	1.14	1.14	1.14	1.12	1.12	1.13	1.13	1.13	1.12	1.13	1.07
	惠州	0.96	0.96	0.96	0.95	0.98	1.01	0.98	0.98	0.98	0.95	0.95	0.95	0.97	0.99

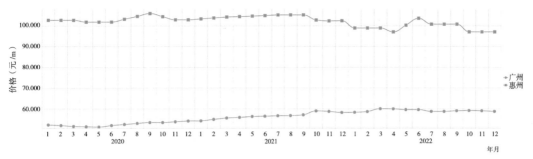

图 2-2-59　材料价格趋势分析（城市对比）

材料价格信息列表（单位：元 /m）　　　　　　　　表 2-2-59

材料名称	城市名称	2020 年												
---	---	---	---	---	---	---	---	---	---	---	---	---	---	
		1 月	2 月	3 月	4 月	5 月	6 月	7 月	8 月	9 月	10 月	11 月	12 月	平均值	
HDPE 双壁波纹管（直管）4kN/m^2（DN300）	广州	52.25	51.91	51.52	51.37	51.20	51.92	52.46	52.95	53.37	53.37	53.73	54.09	52.51	
	惠州	102.63	102.63	102.63	101.74	101.74	101.74	103.09	104.45	105.84	104.31	102.81	102.81	103.04	

材料名称	城市名称	2021 年												
---	---	---	---	---	---	---	---	---	---	---	---	---	---	
		1 月	2 月	3 月	4 月	5 月	6 月	7 月	8 月	9 月	10 月	11 月	12 月	平均值	
HDPE 双壁波纹管（直管）4kN/m^2（DN300）	广州	54.19	54.84	55.55	55.83	56.22	56.36	56.58	56.69	57.04	58.89	58.66	58.14	56.58	
	惠州	103.24	103.68	104.12	104.35	104.58	104.82	105.16	105.16	105.16	102.67	102.29	102.34	103.96	

材料名称	城市名称	2022 年												总平均值
		1 月	2 月	3 月	4 月	5 月	6 月	7 月	8 月	9 月	10 月	11 月	12 月	平均值	总平均值
HDPE 双壁波纹管（直管）4kN/m^2（DN300）	广州	58.24	58.58	59.94	59.92	59.51	59.51	58.69	58.70	58.97	59.08	58.95	58.67	59.06	56.05
	惠州	98.81	98.81	98.81	96.96	100.19	103.51	100.66	100.66	100.66	96.97	96.97	96.97	99.17	102.05

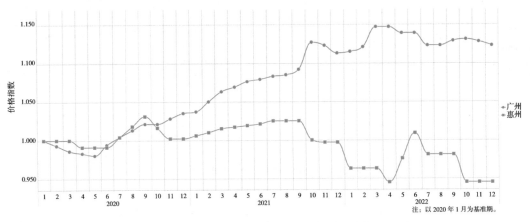

图 2-2-60　材料指数趋势分析（城市对比）

材料指数信息列表　　　　　　　　　　　　　　表 2-2-60

材料名称	城市名称	2020 年												
		1 月	2 月	3 月	4 月	5 月	6 月	7 月	8 月	9 月	10 月	11 月	12 月	平均值
HDPE 双壁波纹管（直管）4kN/m²（DN300）	广州	1.00	0.99	0.99	0.98	0.98	0.99	1.00	1.01	1.02	1.02	1.03	1.04	1.00
	惠州	1.00	1.00	1.00	0.99	0.99	0.99	1.00	1.02	1.03	1.02	1.00	1.00	1.00

材料名称	城市名称	2021 年												
		1 月	2 月	3 月	4 月	5 月	6 月	7 月	8 月	9 月	10 月	11 月	12 月	平均值
HDPE 双壁波纹管（直管）4kN/m²（DN300）	广州	1.04	1.05	1.06	1.07	1.08	1.08	1.08	1.09	1.09	1.13	1.12	1.11	1.08
	惠州	1.01	1.01	1.02	1.02	1.02	1.02	1.03	1.03	1.03	1.00	1.00	1.00	1.01

材料名称	城市名称	2022 年													总平均值
		1 月	2 月	3 月	4 月	5 月	6 月	7 月	8 月	9 月	10 月	11 月	12 月	平均值	
HDPE 双壁波纹管（直管）4kN/m²（DN300）	广州	1.12	1.12	1.15	1.15	1.14	1.14	1.12	1.12	1.13	1.13	1.13	1.12	1.13	1.07
	惠州	0.96	0.96	0.96	0.95	0.98	1.01	0.98	0.98	0.98	0.95	0.95	0.95	0.97	0.99

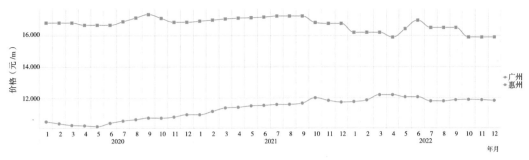

图 2-2-61　材料价格趋势分析（城市对比）

材料价格信息列表（单位：元/m）　　　　　　表 2-2-61

材料名称	城市名称	2020 年												
		1月	2月	3月	4月	5月	6月	7月	8月	9月	10月	11月	12月	平均值
HDPE 双壁波纹管（直管）8kN/m² （DN110）	广州	10.47	10.35	10.24	10.22	10.17	10.38	10.52	10.61	10.71	10.70	10.77	10.92	10.51
	惠州	16.81	16.81	16.81	16.66	16.66	16.66	16.88	17.12	17.34	17.09	16.84	16.84	16.88

材料名称	城市名称	2021 年												
		1月	2月	3月	4月	5月	6月	7月	8月	9月	10月	11月	12月	平均值
HDPE 双壁波纹管（直管）8kN/m² （DN110）	广州	10.92	11.13	11.35	11.39	11.48	11.51	11.57	11.58	11.65	12.00	11.83	11.72	11.51
	惠州	16.91	16.98	17.05	17.10	17.13	17.17	17.23	17.23	17.23	16.82	16.76	16.76	17.03

材料名称	城市名称	2022 年													总平均值
		1月	2月	3月	4月	5月	6月	7月	8月	9月	10月	11月	12月	平均值	
HDPE 双壁波纹管（直管）8kN/m² （DN110）	广州	11.75	11.85	12.19	12.19	12.05	12.05	11.79	11.79	11.86	11.88	11.86	11.82	11.92	11.31
	惠州	16.19	16.19	16.19	15.88	16.42	16.96	16.49	16.49	16.49	15.88	15.88	15.88	16.25	16.72

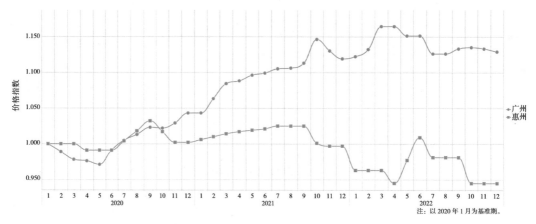

图 2-2-62　材料指数趋势分析（城市对比）

注：以 2020 年 1 月为基准期。

材料指数信息列表　　　　　表 2-2-62

材料名称	城市名称	2020 年												
		1月	2月	3月	4月	5月	6月	7月	8月	9月	10月	11月	12月	平均值
HDPE 双壁波纹管（直管）8kN/m²（DN110）	广州	1.00	0.99	0.98	0.98	0.97	0.99	1.01	1.01	1.02	1.02	1.03	1.04	1.00
	惠州	1.00	1.00	1.00	0.99	0.99	0.99	1.00	1.02	1.03	1.02	1.00	1.00	1.00

材料名称	城市名称	2021 年												
		1月	2月	3月	4月	5月	6月	7月	8月	9月	10月	11月	12月	平均值
HDPE 双壁波纹管（直管）8kN/m²（DN110）	广州	1.04	1.06	1.08	1.09	1.10	1.10	1.11	1.11	1.11	1.15	1.13	1.12	1.10
	惠州	1.01	1.01	1.01	1.02	1.02	1.02	1.03	1.03	1.03	1.00	1.00	1.00	1.01

材料名称	城市名称	2022 年													总平均值
		1月	2月	3月	4月	5月	6月	7月	8月	9月	10月	11月	12月	平均值	
HDPE 双壁波纹管（直管）8kN/m²（DN110）	广州	1.12	1.13	1.16	1.16	1.15	1.15	1.13	1.13	1.13	1.14	1.13	1.13	1.14	1.08
	惠州	0.96	0.96	0.96	0.95	0.98	1.01	0.98	0.98	0.98	0.95	0.95	0.95	0.97	0.99

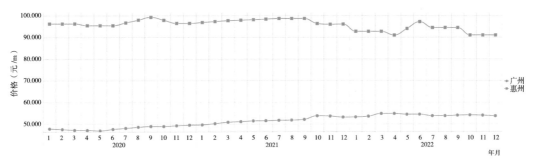

图 2-2-63　材料价格趋势分析（城市对比）

材料价格信息列表（单位：元 /m）　　　　　　　表 2-2-63

材料名称	城市名称	2020 年												
		1月	2月	3月	4月	5月	6月	7月	8月	9月	10月	11月	12月	平均值
HDPE 双壁波纹管（直管）8kN/m² （DN225）	广州	47.79	47.50	47.16	47.08	46.93	47.57	48.05	48.52	48.89	48.89	49.22	49.50	48.09
	惠州	96.19	96.19	96.19	95.37	95.37	95.37	96.63	97.91	99.21	97.78	96.37	96.37	96.58

材料名称	城市名称	2021 年												
		1月	2月	3月	4月	5月	6月	7月	8月	9月	10月	11月	12月	平均值
HDPE 双壁波纹管（直管）8kN/m² （DN225）	广州	49.61	50.21	50.83	51.09	51.39	51.50	51.68	51.79	52.11	53.77	53.60	53.15	51.73
	惠州	96.78	97.19	97.60	97.81	98.04	98.26	98.58	98.58	98.58	96.24	95.88	95.93	97.46

材料名称	城市名称	2022 年													总平均值
		1月	2月	3月	4月	5月	6月	7月	8月	9月	10月	11月	12月	平均值	
HDPE 双壁波纹管（直管）8kN/m² （DN225）	广州	53.23	53.53	54.77	54.75	54.40	54.40	53.72	53.73	53.98	54.08	53.96	53.70	54.02	51.28
	惠州	92.63	92.63	92.63	90.88	93.91	97.04	94.35	94.35	94.35	90.89	90.89	90.89	92.95	95.66

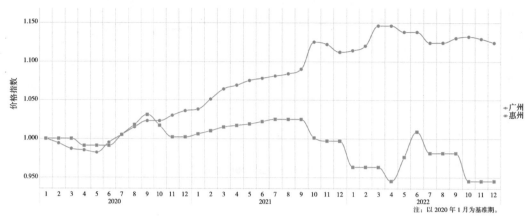

图2-2-64　材料指数趋势分析（城市对比）

材料指数信息列表　　　　　　　　　　　表2-2-64

材料名称	城市名称	2020 年												
		1月	2月	3月	4月	5月	6月	7月	8月	9月	10月	11月	12月	平均值
HDPE 双壁波纹管（直管）8kN/m² （DN225）	广州	1.00	0.99	0.99	0.99	0.98	1.00	1.01	1.02	1.02	1.02	1.03	1.04	1.01
	惠州	1.00	1.00	1.00	0.99	0.99	0.99	1.01	1.02	1.03	1.02	1.00	1.00	1.00

材料名称	城市名称	2021 年												
		1月	2月	3月	4月	5月	6月	7月	8月	9月	10月	11月	12月	平均值
HDPE 双壁波纹管（直管）8kN/m² （DN225）	广州	1.04	1.05	1.06	1.07	1.08	1.08	1.08	1.08	1.09	1.13	1.12	1.11	1.08
	惠州	1.01	1.01	1.02	1.02	1.02	1.02	1.03	1.03	1.03	1.00	1.00	1.00	1.01

材料名称	城市名称	2022 年													
		1月	2月	3月	4月	5月	6月	7月	8月	9月	10月	11月	12月	平均值	总平均值
HDPE 双壁波纹管（直管）8kN/m² （DN225）	广州	1.11	1.12	1.15	1.15	1.14	1.14	1.12	1.12	1.13	1.13	1.13	1.12	1.13	1.07
	惠州	0.96	0.96	0.96	0.95	0.98	1.01	0.98	0.98	0.98	0.95	0.95	0.95	0.97	0.99

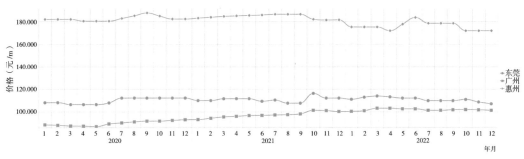

图 2-2-65　材料价格趋势分析（城市对比）

材料价格信息列表（单位：元 /m）　　　　　　表 2-2-65

材料名称	城市名称	2020 年												
		1 月	2 月	3 月	4 月	5 月	6 月	7 月	8 月	9 月	10 月	11 月	12 月	平均值
HDPE 双壁波纹管（直管）8kN/m² （DN300）	东莞	108.12	108.12	106.40	106.40	106.40	107.86	112.17	112.17	112.17	112.17	112.17	112.17	109.69
	广州	88.65	88.14	87.51	87.44	87.03	89.35	90.30	91.15	91.85	91.86	92.48	93.06	89.90
	惠州	181.76	181.76	181.76	180.19	180.19	180.19	182.58	185.00	187.45	184.74	182.08	182.08	182.48

材料名称	城市名称	2021 年												
		1 月	2 月	3 月	4 月	5 月	6 月	7 月	8 月	9 月	10 月	11 月	12 月	平均值
HDPE 双壁波纹管（直管）8kN/m² （DN300）	东莞	109.93	109.93	111.58	111.58	111.58	109.35	110.44	107.68	107.68	116.29	112.07	112.07	110.85
	广州	93.24	94.39	95.57	96.06	96.70	96.90	97.28	97.51	98.13	101.35	101.07	100.26	97.37
	惠州	182.85	183.63	184.41	184.81	185.23	185.65	186.25	186.25	186.25	181.84	181.17	181.25	184.13

材料名称	城市名称	2022 年												总平均值
		1 月	2 月	3 月	4 月	5 月	6 月	7 月	8 月	9 月	10 月	11 月	12 月	平均值	
HDPE 双壁波纹管（直管）8kN/m² （DN300）	东莞	111.09	112.86	113.99	113.20	112.06	112.06	109.82	109.82	109.82	110.92	108.70	107.07	110.95	110.50
	广州	100.39	100.95	103.22	103.17	102.60	102.60	101.35	101.36	101.83	102.02	101.79	101.30	101.88	96.38
	惠州	175.01	175.01	175.01	171.73	177.43	183.34	178.28	178.28	178.28	171.74	171.74	171.74	175.63	180.75

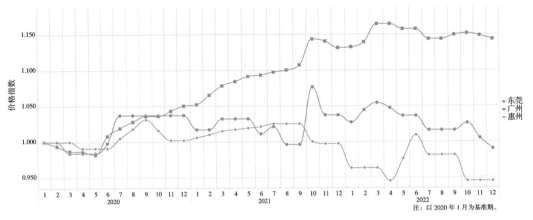

图2-2-66　材料指数趋势分析（城市对比）

材料指数信息列表　　　　　　　　表2-2-66

材料名称	城市名称	2020年												
		1月	2月	3月	4月	5月	6月	7月	8月	9月	10月	11月	12月	平均值
HDPE 双壁波纹管（直管）8kN/m² （DN300）	东莞	1.00	1.00	0.98	0.98	0.98	1.00	1.04	1.04	1.04	1.04	1.04	1.04	1.01
	广州	1.00	0.99	0.99	0.99	0.98	1.01	1.02	1.03	1.04	1.04	1.04	1.05	1.01
	惠州	1.00	1.00	1.00	0.99	0.99	0.99	1.01	1.02	1.03	1.02	1.00	1.00	1.00

材料名称	城市名称	2021年												
		1月	2月	3月	4月	5月	6月	7月	8月	9月	10月	11月	12月	平均值
HDPE 双壁波纹管（直管）8kN/m² （DN300）	东莞	1.02	1.02	1.03	1.03	1.03	1.01	1.02	1.00	1.00	1.08	1.04	1.04	1.03
	广州	1.05	1.07	1.08	1.08	1.09	1.09	1.10	1.10	1.11	1.14	1.14	1.13	1.10
	惠州	1.01	1.01	1.02	1.02	1.02	1.02	1.03	1.03	1.03	1.00	1.00	1.00	1.01

材料名称	城市名称	2022年													总平均值
		1月	2月	3月	4月	5月	6月	7月	8月	9月	10月	11月	12月	平均值	
HDPE 双壁波纹管（直管）8kN/m² （DN300）	东莞	1.03	1.04	1.05	1.05	1.04	1.04	1.02	1.02	1.02	1.03	1.01	0.99	1.03	1.02
	广州	1.13	1.14	1.16	1.16	1.16	1.16	1.14	1.14	1.15	1.15	1.15	1.14	1.15	1.09
	惠州	0.96	0.96	0.96	0.95	0.98	1.01	0.98	0.98	0.98	0.95	0.95	0.95	0.97	0.99

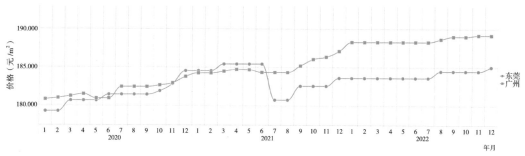

图2-2-67 材料价格趋势分析（城市对比）

材料价格信息列表（单位：元/m²） 表 2-2-67

材料名称	城市名称	2020 年												
		1月	2月	3月	4月	5月	6月	7月	8月	9月	10月	11月	12月	平均值
花岗岩人行道砖（灰白）（300mm×150mm×60mm）	东莞	179.28	179.28	180.66	180.66	180.66	181.44	181.44	181.44	181.44	181.90	182.83	184.53	181.30
	广州	180.81	180.99	181.24	181.49	180.94	180.94	182.43	182.43	182.43	182.65	182.95	183.78	181.92

材料名称	城市名称	2021 年												
		1月	2月	3月	4月	5月	6月	7月	8月	9月	10月	11月	12月	平均值
花岗岩人行道砖（灰白）（300mm×150mm×60mm）	东莞	184.53	184.53	185.41	185.41	185.41	185.41	180.72	180.72	182.53	182.53	182.53	183.57	183.61
	广州	184.23	184.23	184.46	184.69	184.66	184.32	184.32	184.32	185.18	186.04	186.33	187.09	184.99

材料名称	城市名称	2022 年													
		1月	2月	3月	4月	5月	6月	7月	8月	9月	10月	11月	12月	平均值	总平均值
花岗岩人行道砖（灰白）（300mm×150mm×60mm）	东莞	183.57	183.57	183.57	183.57	183.57	183.57	183.57	184.47	184.47	184.47	184.47	185.01	183.99	182.97
	广州	188.27	188.27	188.27	188.27	188.27	188.27	188.27	188.63	188.98	188.98	189.15	189.15	188.57	185.16

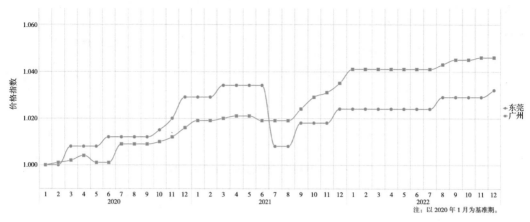

图2-2-68　材料指数趋势分析（城市对比）

材料指数信息列表　　　　　　　　　　　　　　　　　　　　表2-2-68

材料名称	城市名称	2020年													
		1月	2月	3月	4月	5月	6月	7月	8月	9月	10月	11月	12月	平均值
花岗岩人行道砖（灰白）（300mm×150mm×60mm）	东莞	1.00	1.00	1.01	1.01	1.01	1.01	1.01	1.01	1.01	1.02	1.02	1.03	1.01
	广州	1.00	1.00	1.00	1.00	1.00	1.00	1.01	1.01	1.01	1.01	1.01	1.02	1.01

材料名称	城市名称	2021年													
		1月	2月	3月	4月	5月	6月	7月	8月	9月	10月	11月	12月	平均值
花岗岩人行道砖（灰白）（300mm×150mm×60mm）	东莞	1.03	1.03	1.03	1.03	1.03	1.03	1.01	1.01	1.02	1.02	1.02	1.02	1.02
	广州	1.02	1.02	1.02	1.02	1.02	1.02	1.02	1.02	1.02	1.03	1.03	1.04	1.02

材料名称	城市名称	2022年													总平均值
		1月	2月	3月	4月	5月	6月	7月	8月	9月	10月	11月	12月	平均值	
花岗岩人行道砖（灰白）（300mm×150mm×60mm）	东莞	1.02	1.02	1.02	1.02	1.02	1.02	1.02	1.03	1.03	1.03	1.03	1.03	1.03	1.02
	广州	1.04	1.04	1.04	1.04	1.04	1.04	1.04	1.04	1.05	1.05	1.05	1.05	1.04	1.02

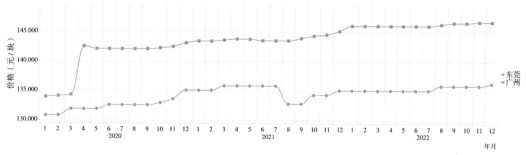

图 2-2-69 材料价格趋势分析（城市对比）

材料价格信息列表（单位：元/块） 表 2-2-69

材料名称	城市名称	2020 年												
		1 月	2 月	3 月	4 月	5 月	6 月	7 月	8 月	9 月	10 月	11 月	12 月	平均值
麻石花岗岩路侧石（1000mm×150mm×300mm）	东莞	130.79	130.79	131.87	131.87	131.87	132.55	132.55	132.55	132.55	132.93	133.59	135.04	132.41
	广州	133.92	134.08	134.28	142.47	142.04	142.04	142.04	142.04	142.04	142.21	142.45	143.05	140.22

材料名称	城市名称	2021 年												
		1 月	2 月	3 月	4 月	5 月	6 月	7 月	8 月	9 月	10 月	11 月	12 月	平均值
麻石花岗岩路侧石（1000mm×150mm×300mm）	东莞	135.04	135.04	135.81	135.81	135.81	135.81	135.81	132.77	132.77	134.26	134.26	135.02	134.85
	广州	143.38	143.38	143.56	143.74	143.72	143.45	143.45	143.45	143.85	144.26	144.49	145.07	143.82

材料名称	城市名称	2022 年													总平均值
		1 月	2 月	3 月	4 月	5 月	6 月	7 月	8 月	9 月	10 月	11 月	12 月	平均值	
麻石花岗岩路侧石（1000mm×150mm×300mm）	东莞	135.02	135.02	135.02	135.02	135.02	135.02	135.02	135.82	135.82	135.82	135.82	136.21	135.39	134.22
	广州	145.97	145.97	145.97	145.97	145.97	145.97	145.97	146.23	146.49	146.49	146.64	146.64	146.19	143.41

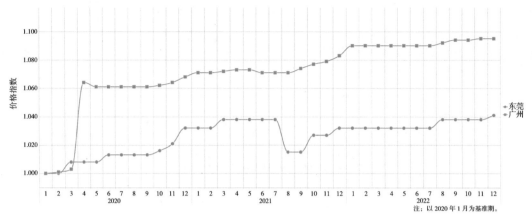

图 2-2-70　材料指数趋势分析（城市对比）

材料指数信息列表　表 2-2-70

材料名称	城市名称	2020 年												
		1 月	2 月	3 月	4 月	5 月	6 月	7 月	8 月	9 月	10 月	11 月	12 月	平均值
麻石花岗岩路侧石（1000mm×150mm×300mm）	东莞	1.00	1.00	1.01	1.01	1.01	1.01	1.01	1.01	1.01	1.02	1.02	1.03	1.01
	广州	1.00	1.00	1.00	1.06	1.06	1.06	1.06	1.06	1.06	1.06	1.06	1.07	1.05

材料名称	城市名称	2021 年												
		1 月	2 月	3 月	4 月	5 月	6 月	7 月	8 月	9 月	10 月	11 月	12 月	平均值
麻石花岗岩路侧石（1000mm×150mm×300mm）	东莞	1.03	1.03	1.04	1.04	1.04	1.04	1.04	1.02	1.02	1.03	1.03	1.03	1.03
	广州	1.07	1.07	1.07	1.07	1.07	1.07	1.07	1.07	1.07	1.08	1.08	1.08	1.07

材料名称	城市名称	2022 年													总平均值
		1 月	2 月	3 月	4 月	5 月	6 月	7 月	8 月	9 月	10 月	11 月	12 月	平均值	
麻石花岗岩路侧石（1000mm×150mm×300mm）	东莞	1.03	1.03	1.03	1.03	1.03	1.03	1.03	1.04	1.04	1.04	1.04	1.04	1.03	1.03
	广州	1.09	1.09	1.09	1.09	1.09	1.09	1.09	1.09	1.09	1.09	1.10	1.10	1.09	1.07

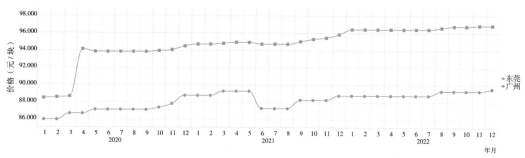

图2-2-71　材料价格趋势分析（城市对比）

材料价格信息列表（单位：元／块）　　　　　　　　表 2-2-71

材料名称	城市名称	2020 年												
		1月	2月	3月	4月	5月	6月	7月	8月	9月	10月	11月	12月	平均值
麻石花岗岩平石（1000mm×250mm×120mm）	东莞	85.98	85.98	86.69	86.69	87.14	87.14	87.14	87.14	87.14	87.39	87.82	88.77	87.09
	广州	88.47	88.56	88.66	94.11	93.82	93.82	93.82	93.82	93.82	93.93	94.05	94.48	92.61

材料名称	城市名称	2021 年												
		1月	2月	3月	4月	5月	6月	7月	8月	9月	10月	11月	12月	平均值
麻石花岗岩平石（1000mm×250mm×120mm）	东莞	88.77	88.77	89.28	89.28	89.28	87.28	87.28	87.28	88.26	88.26	88.26	88.76	88.40
	广州	94.70	94.70	94.81	94.92	94.91	94.72	94.72	94.72	95.00	95.29	95.44	95.83	94.98

材料名称	城市名称	2022 年													总平均值
		1月	2月	3月	4月	5月	6月	7月	8月	9月	10月	11月	12月	平均值	
麻石花岗岩平石（1000mm×250mm×120mm）	东莞	88.76	88.76	88.76	88.76	88.76	88.76	88.76	89.29	89.29	89.29	89.29	89.54	89.00	88.16
	广州	96.42	96.42	96.42	96.42	96.42	96.42	96.42	96.60	96.78	96.78	96.88	96.88	96.57	94.72

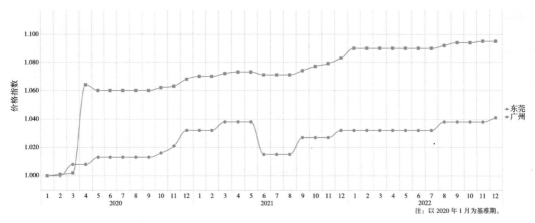

图 2-2-72　材料指数趋势分析（城市对比）

材料指数信息列表　　　　　　表 2-2-72

材料名称	城市名称	2020 年												
		1月	2月	3月	4月	5月	6月	7月	8月	9月	10月	11月	12月	平均值
麻石花岗岩平石（1000mm×250mm×120mm）	东莞	1.00	1.00	1.01	1.01	1.01	1.01	1.01	1.01	1.01	1.02	1.02	1.03	1.01
	广州	1.00	1.00	1.00	1.06	1.06	1.06	1.06	1.06	1.06	1.06	1.06	1.07	1.05

材料名称	城市名称	2021 年												
		1月	2月	3月	4月	5月	6月	7月	8月	9月	10月	11月	12月	平均值
麻石花岗岩平石（1000mm×250mm×120mm）	东莞	1.03	1.03	1.04	1.04	1.04	1.02	1.02	1.02	1.03	1.03	1.03	1.03	1.03
	广州	1.07	1.07	1.07	1.07	1.07	1.07	1.07	1.07	1.07	1.08	1.08	1.08	1.07

材料名称	城市名称	2022 年													总平均值
		1月	2月	3月	4月	5月	6月	7月	8月	9月	10月	11月	12月	平均值	
麻石花岗岩平石（1000mm×250mm×120mm）	东莞	1.03	1.03	1.03	1.03	1.03	1.03	1.03	1.04	1.04	1.04	1.04	1.04	1.03	1.02
	广州	1.09	1.09	1.09	1.09	1.09	1.09	1.09	1.09	1.09	1.09	1.10	1.10	1.09	1.07

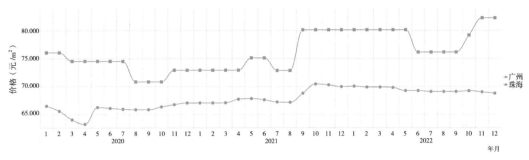

图 2-2-73 材料价格趋势分析（城市对比）

材料价格信息列表（单位：元 /m² ）　　　　　表 2-2-73

材料名称	城市名称	2020 年												
		1 月	2 月	3 月	4 月	5 月	6 月	7 月	8 月	9 月	10 月	11 月	12 月	平均值
原色人行道透水砖（60C35 透水系数≥ 0.1mm/s）	广州	66.46	65.53	63.99	63.20	66.22	66.06	65.89	65.82	65.82	66.31	66.71	67.02	65.75
	珠海	76.05	76.05	74.52	74.52	74.52	74.52	74.52	70.80	70.80	70.80	72.92	72.92	73.58

材料名称	城市名称	2021 年												
		1 月	2 月	3 月	4 月	5 月	6 月	7 月	8 月	9 月	10 月	11 月	12 月	平均值
原色人行道透水砖（60C35 透水系数≥ 0.1mm/s）	广州	67.02	67.02	67.05	67.69	67.79	67.57	67.18	67.13	68.75	70.39	70.24	69.92	68.15
	珠海	72.92	72.92	72.92	72.92	75.11	75.11	72.85	72.85	80.14	80.14	80.14	80.14	75.68

材料名称	城市名称	2022 年													总平均值
		1 月	2 月	3 月	4 月	5 月	6 月	7 月	8 月	9 月	10 月	11 月	12 月	平均值	
原色人行道透水砖（60C35 透水系数≥ 0.1mm/s）	广州	70.00	69.84	69.84	69.75	69.19	69.19	69.03	69.03	69.03	69.18	68.96	68.74	69.32	67.74
	珠海	80.14	80.14	80.14	80.14	80.14	76.13	76.13	76.13	76.13	79.18	82.27	82.27	79.08	76.11

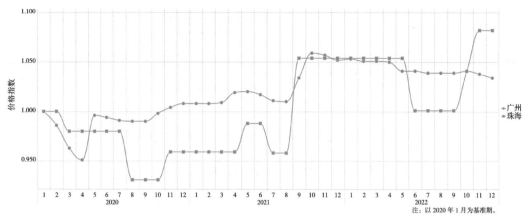

图 2-2-74　材料指数趋势分析（城市对比）

注：以 2020 年 1 月为基准期。

广州
珠海

材料指数信息列表　　　　　　　　　　　　　表 2-2-74

材料名称	城市名称	2020 年												
		1 月	2 月	3 月	4 月	5 月	6 月	7 月	8 月	9 月	10 月	11 月	12 月	平均值
原色人行道透水砖（60C35 透水系数 ≥ 0.1mm/s）	广州	1.00	0.99	0.96	0.95	1.00	0.99	0.99	0.99	0.99	1.00	1.00	1.01	0.99
	珠海	1.00	1.00	0.98	0.98	0.98	0.98	0.98	0.93	0.93	0.93	0.96	0.96	0.97

材料名称	城市名称	2021 年												
		1 月	2 月	3 月	4 月	5 月	6 月	7 月	8 月	9 月	10 月	11 月	12 月	平均值
原色人行道透水砖（60C35 透水系数 ≥ 0.1mm/s）	广州	1.01	1.01	1.01	1.02	1.02	1.02	1.01	1.01	1.03	1.06	1.06	1.05	1.03
	珠海	0.96	0.96	0.96	0.96	0.99	0.99	0.96	0.96	1.05	1.05	1.05	1.05	1.00

材料名称	城市名称	2022 年													总平均值
		1 月	2 月	3 月	4 月	5 月	6 月	7 月	8 月	9 月	10 月	11 月	12 月	平均值	
原色人行道透水砖（60C35 透水系数 ≥ 0.1mm/s）	广州	1.05	1.05	1.05	1.05	1.04	1.04	1.04	1.04	1.04	1.04	1.04	1.03	1.04	1.02
	珠海	1.05	1.05	1.05	1.05	1.05	1.00	1.00	1.00	1.00	1.04	1.08	1.08	1.04	1.00

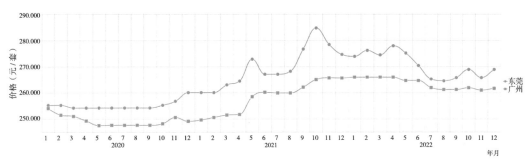

图 2-2-75 材料价格趋势分析（城市对比）

材料价格信息列表（单位：元／套）　　表 2-2-75

材料名称	城市名称	2020 年												
		1 月	2 月	3 月	4 月	5 月	6 月	7 月	8 月	9 月	10 月	11 月	12 月	平均值
球墨铸铁平入式进水井盖（球墨铸铁平入式收水井箅子）（640mm×390mm，承压等级：21t）	东莞	255.22	255.22	254.19	254.19	254.19	254.19	254.19	254.19	254.19	255.24	256.76	260.07	255.15
球墨铸铁平入式进水井盖（球墨铸铁平入式收水井箅子）（规格防盗 640mm×390mm，承压等级 21t）	广州	254.03	251.50	251.00	249.25	247.50	247.60	247.60	247.60	247.60	248.20	250.57	249.10	249.30

材料名称	城市名称	2021 年												
		1 月	2 月	3 月	4 月	5 月	6 月	7 月	8 月	9 月	10 月	11 月	12 月	平均值
球墨铸铁平入式进水井盖（球墨铸铁平入式收水井箅子）（640mm×390mm，承压等级：21t）	东莞	260.07	260.07	263.01	264.43	272.89	267.09	267.09	268.24	276.72	284.81	278.48	274.70	269.80
球墨铸铁平入式进水井盖（球墨铸铁平入式收水井箅子）（规格防盗 640mm×390mm，承压等级 21t）	广州	249.60	250.54	251.48	251.68	258.48	260.18	259.88	259.88	262.09	264.99	265.69	265.66	258.35

材料名称	城市名称	2022 年													总平均值
		1 月	2 月	3 月	4 月	5 月	6 月	7 月	8 月	9 月	10 月	11 月	12 月	平均值	
球墨铸铁平入式进水井盖（球墨铸铁平入式收水井箅子）（640mm×390mm，承压等级：21t）	东莞	273.95	276.19	274.50	277.96	275.21	270.42	265.25	264.53	265.79	268.93	265.79	268.93	270.62	265.19
球墨铸铁平入式进水井盖（球墨铸铁平入式收水井箅子）（规格防盗 640mm×390mm，承压等级 21t）	广州	265.95	265.95	265.95	265.95	264.64	264.64	261.91	261.21	261.21	261.90	260.97	261.65	263.49	257.05

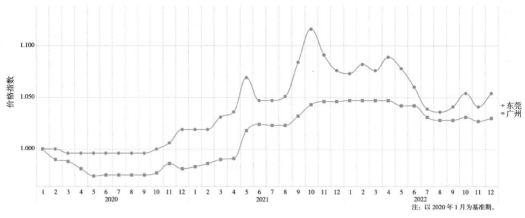

图 2-2-76　材料指数趋势分析（城市对比）

注：以 2020 年 1 月为基准期。

材料指数信息列表　　　　　　　　　　　　　表 2-2-76

材料名称	城市名称	2020 年												
		1月	2月	3月	4月	5月	6月	7月	8月	9月	10月	11月	12月	平均值
球墨铸铁平入式进水井盖（球墨铸铁平入式收水井箅子）（640mm×390mm，承压等级：21t）	东莞	1.00	1.00	1.00	1.00	1.00	1.00	1.00	1.00	1.00	1.00	1.01	1.02	1.00
球墨铸铁平入式进水井盖（球墨铸铁平入式收水井箅子）（规格防盗 640mm×390mm，承压等级 21t）	广州	1.00	0.99	0.99	0.98	0.97	0.98	0.98	0.98	0.98	0.98	0.99	0.98	0.98

材料名称	城市名称	2021 年												
		1月	2月	3月	4月	5月	6月	7月	8月	9月	10月	11月	12月	平均值
球墨铸铁平入式进水井盖（球墨铸铁平入式收水井箅子）（640mm×390mm，承压等级：21t）	东莞	1.02	1.02	1.03	1.04	1.07	1.05	1.05	1.05	1.08	1.12	1.09	1.08	1.06
球墨铸铁平入式进水井盖（球墨铸铁平入式收水井箅子）（规格防盗 640mm×390mm，承压等级 21t）	广州	0.98	0.99	0.99	0.99	1.02	1.02	1.02	1.02	1.03	1.04	1.05	1.05	1.02

材料名称	城市名称	2022 年													总平均值
		1月	2月	3月	4月	5月	6月	7月	8月	9月	10月	11月	12月	平均值	
球墨铸铁平入式进水井盖（球墨铸铁平入式收水井箅子）（640mm×390mm，承压等级：21t）	东莞	1.07	1.08	1.08	1.09	1.08	1.06	1.04	1.04	1.04	1.05	1.04	1.05	1.06	1.04
球墨铸铁平入式进水井盖（球墨铸铁平入式收水井箅子）（规格防盗 640mm×390mm，承压等级 21t）	广州	1.05	1.05	1.05	1.05	1.04	1.04	1.03	1.03	1.03	1.03	1.03	1.03	1.04	1.01

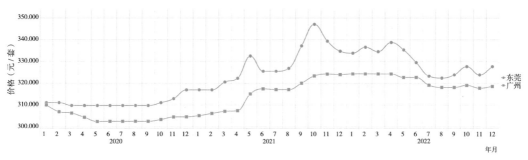

图 2-2-77　材料价格趋势分析（城市对比）

材料价格信息列表（单位：元/套）　　　　　　表 2-2-77

材料名称	城市名称	2020 年												
		1 月	2 月	3 月	4 月	5 月	6 月	7 月	8 月	9 月	10 月	11 月	12 月	平均值
球墨铸铁平入式进水井盖（球墨铸铁平入式收水井篦子）（750mm×450mm，承压等级：21t）	东莞	310.96	310.96	309.71	309.71	309.71	309.71	309.71	309.71	309.71	310.98	312.84	316.87	310.88
球墨铸铁平入式进水井盖（球墨铸铁平入式收水井篦子）（规格防盗 750mm×450mm，承压等级 21t）	广州	309.97	306.82	306.20	304.32	302.36	302.46	302.46	302.46	302.46	303.26	304.39	304.46	304.30

材料名称	城市名称	2021 年												
		1 月	2 月	3 月	4 月	5 月	6 月	7 月	8 月	9 月	10 月	11 月	12 月	平均值
球墨铸铁平入式进水井盖（球墨铸铁平入式收水井篦子）（750mm×450mm，承压等级：21t）	东莞	316.87	316.87	320.45	322.18	332.49	325.42	325.42	326.83	337.15	347.02	339.30	334.70	328.73
球墨铸铁平入式进水井盖（球墨铸铁平入式收水井篦子）（规格防盗 750mm×450mm，承压等级 21t）	广州	305.06	306.03	307.00	307.30	315.00	317.30	317.00	317.00	319.90	323.24	324.14	323.89	315.24

材料名称	城市名称	2022 年													总平均值
		1 月	2 月	3 月	4 月	5 月	6 月	7 月	8 月	9 月	10 月	11 月	12 月	平均值	
球墨铸铁平入式进水井盖（球墨铸铁平入式收水井篦子）（750mm×450mm，承压等级：21t）	东莞	333.78	336.51	334.45	338.67	335.31	329.48	323.18	322.30	323.84	327.66	323.84	327.66	329.72	323.11
球墨铸铁平入式进水井盖（球墨铸铁平入式收水井篦子）（规格防盗 750mm×450mm，承压等级 21t）	广州	324.23	324.23	324.23	324.23	322.58	322.58	319.01	318.01	318.01	318.95	317.66	318.50	321.02	313.52

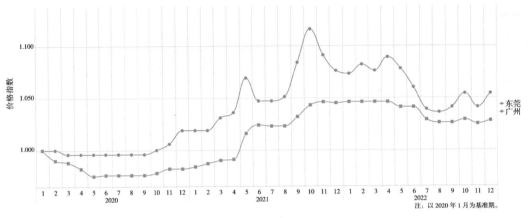

注：以 2020 年 1 月为基准期。

图 2-2-78　材料指数趋势分析（城市对比）

材料指数信息列表　　　　　　　　　　表 2-2-78

材料名称	城市名称	2020 年												
		1月	2月	3月	4月	5月	6月	7月	8月	9月	10月	11月	12月	平均值
球墨铸铁平入式进水井盖（球墨铸铁平入式收水井箅子）（750mm×450mm，承压等级：21t）	东莞	1.00	1.00	1.00	1.00	1.00	1.00	1.00	1.00	1.00	1.00	1.01	1.02	1.00
球墨铸铁平入式进水井盖（球墨铸铁平入式收水井箅子）（规格防盗 750mm×450mm，承压等级21t）	广州	1.00	0.99	0.99	0.98	0.98	0.98	0.98	0.98	0.98	0.98	0.98	0.98	0.98

材料名称	城市名称	2021 年												
		1月	2月	3月	4月	5月	6月	7月	8月	9月	10月	11月	12月	平均值
球墨铸铁平入式进水井盖（球墨铸铁平入式收水井箅子）（750mm×450mm，承压等级：21t）	东莞	1.02	1.02	1.03	1.04	1.07	1.05	1.05	1.05	1.08	1.12	1.09	1.08	1.06
球墨铸铁平入式进水井盖（球墨铸铁平入式收水井箅子）（规格防盗 750mm×450mm，承压等级21t）	广州	0.98	0.99	0.99	0.99	1.02	1.02	1.02	1.02	1.03	1.04	1.05	1.05	1.02

材料名称	城市名称	2022 年													总平均值
		1月	2月	3月	4月	5月	6月	7月	8月	9月	10月	11月	12月	平均值	
球墨铸铁平入式进水井盖（球墨铸铁平入式收水井箅子）（750mm×450mm，承压等级：21t）	东莞	1.07	1.08	1.08	1.09	1.08	1.06	1.04	1.04	1.04	1.05	1.04	1.05	1.06	1.04
球墨铸铁平入式进水井盖（球墨铸铁平入式收水井箅子）（规格防盗 750mm×450mm，承压等级21t）	广州	1.05	1.05	1.05	1.05	1.04	1.04	1.03	1.03	1.03	1.03	1.03	1.03	1.04	1.01

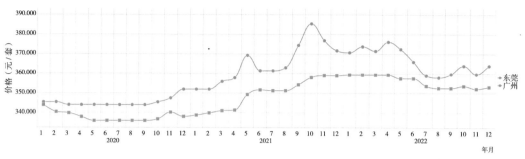

图 2-2-79　材料价格趋势分析（城市对比）

材料价格信息列表（单位：元/套）　　　　表 2-2-79

材料名称	城市名称	2020 年												
		1月	2月	3月	4月	5月	6月	7月	8月	9月	10月	11月	12月	平均值
球墨铸铁平入式进水井盖（球墨铸铁平入式收水井篦子）（750mm×450mm，承压等级：36t）	东莞	345.24	345.24	343.85	343.85	343.85	343.85	343.85	343.85	343.85	345.26	347.32	351.80	345.15
球墨铸铁平入式进水井盖（球墨铸铁平入式收水井篦子）（规格重型、防盗750mm×450mm，承压等级36t）	广州	343.75	340.27	339.65	337.77	335.72	335.82	335.82	335.82	335.82	336.62	340.09	337.92	337.92

材料名称	城市名称	2021 年												
		1月	2月	3月	4月	5月	6月	7月	8月	9月	10月	11月	12月	平均值
球墨铸铁平入式进水井盖（球墨铸铁平入式收水井篦子）（750mm×450mm，承压等级：36t）	东莞	351.80	351.80	355.78	357.69	369.15	361.29	361.29	362.86	374.32	385.27	376.71	371.60	364.96
球墨铸铁平入式进水井盖（球墨铸铁平入式收水井篦子）（规格重型、防盗750mm×450mm，承压等级36t）	广州	338.62	339.76	340.91	341.21	349.11	351.51	351.11	351.11	354.18	357.90	358.90	358.87	349.43

材料名称	城市名称	2022 年												
		1月	2月	3月	4月	5月	6月	7月	8月	9月	10月	11月	12月	平均值	总平均值
球墨铸铁平入式进水井盖（球墨铸铁平入式收水井篦子）（750mm×450mm，承压等级：36t）	东莞	370.57	373.60	371.32	376.00	372.27	365.80	358.81	357.83	359.54	363.78	359.54	363.78	366.07	358.73
球墨铸铁平入式进水井盖（球墨铸铁平入式收水井篦子）（规格重型、防盗750mm×450mm，承压等级36t）	广州	359.25	359.25	359.25	359.25	357.37	357.37	353.53	352.43	352.43	353.45	352.05	352.98	355.72	347.69

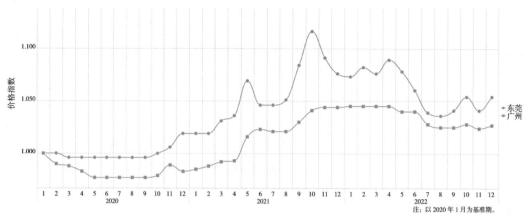

图2-2-80　材料指数趋势分析（城市对比）

注：以2020年1月为基准期。

材料指数信息列表

表 2-2-80

材料名称	城市名称	2020 年												
		1月	2月	3月	4月	5月	6月	7月	8月	9月	10月	11月	12月	平均值
球墨铸铁平入式进水井盖（球墨铸铁平入式收水井篦子）（750mm×450mm，承压等级：36t）	东莞	1.00	1.00	1.00	1.00	1.00	1.00	1.00	1.00	1.00	1.00	1.01	1.02	1.00	
球墨铸铁平入式进水井盖（球墨铸铁平入式收水井篦子）（规格重型、防盗750mm×450mm，承压等级36t）	广州	1.00	0.99	0.99	0.98	0.98	0.98	0.98	0.98	0.98	0.98	0.99	0.98	0.98	

材料名称	城市名称	2021 年												
		1月	2月	3月	4月	5月	6月	7月	8月	9月	10月	11月	12月	平均值
球墨铸铁平入式进水井盖（球墨铸铁平入式收水井篦子）（750mm×450mm，承压等级：36t）	东莞	1.02	1.02	1.03	1.04	1.07	1.05	1.05	1.05	1.08	1.12	1.09	1.08	1.06	
球墨铸铁平入式进水井盖（球墨铸铁平入式收水井篦子）（规格重型、防盗750mm×450mm，承压等级36t）	广州	0.99	0.99	0.99	0.99	1.02	1.02	1.02	1.02	1.03	1.04	1.04	1.04	1.02	

材料名称	城市名称	2022 年												总平均值
		1月	2月	3月	4月	5月	6月	7月	8月	9月	10月	11月	12月	平均值	
球墨铸铁平入式进水井盖（球墨铸铁平入式收水井篦子）（750mm×450mm，承压等级：36t）	东莞	1.07	1.08	1.08	1.09	1.08	1.06	1.04	1.04	1.04	1.05	1.04	1.05	1.06	1.04
球墨铸铁平入式进水井盖（球墨铸铁平入式收水井篦子）（规格重型、防盗750mm×450mm，承压等级36t）	广州	1.05	1.05	1.05	1.05	1.04	1.04	1.03	1.03	1.03	1.03	1.02	1.03	1.03	1.01